高等职业教育机电类专业工作手册式系列教材

电气控制技术与维修

主　编　张瑞敏　何　野　杨　敏
副主编　孙　露　黄钰婷　孟静静
主　审　魏建军

中国铁道出版社有限公司
CHINA RAILWAY PUBLISHING HOUSE CO., LTD.

内容简介

本书由基础篇、技能篇和实训报告册组成。基础篇主要介绍三相异步电动机、常用低压电器、三相异步电动机的基本控制线路和降压起动与制动线路、典型机床电气控制线路分析、PLC及其在电动机控制线路中的应用等。技能篇以典型任务为载体，与基础篇理论相匹配。实训报告册与技能篇配合使用，实操过程可模拟实际工作现场。

本书重视理论联系实际，学（基础篇）、做（技能篇）、评（实训报告册）三个环节完整，同时将工单和测评作为能力评价指标，系统而全面培养学生的职业素养和技能。

本书资源丰富，配套实操情景、原理动画等相结合的微课资源（读者可扫描书中二维码获取相关内容），适合作为高等职业院校机电类专业电气控制技术与维修相关课程的教材，也可作为维修电工技能鉴定训练的工作手册。

图书在版编目（CIP）数据

电气控制技术与维修 / 张瑞敏，何野，杨敏主编 .—北京：中国铁道出版社有限公司，2021.3（2024.6 重印）
高等职业教育机电类专业工作手册式系列教材
ISBN 978-7-113-27733-8

Ⅰ.①电… Ⅱ.①张… ②何… ③杨… Ⅲ.①电气控制 - 控制电路 - 高等职业教育 - 教材 Ⅳ.① TM571.2

中国版本图书馆 CIP 数据核字（2021）第 026280 号

书　　名：电气控制技术与维修
作　　者：张瑞敏　何　野　杨　敏

策　　划：李　彤　　　　**编辑部电话：**（010）63560043
责任编辑：李　彤　绳　超
封面设计：高博越
责任校对：苗　丹
责任印制：樊启鹏

出版发行：中国铁道出版社有限公司（100054，北京市西城区右安门西街 8 号）
网　　址：https://www.tdpress.com/51eds/
印　　刷：三河市航远印刷有限公司
版　　次：2021 年 3 月第 1 版　2024 年 6 月第 3 次印刷
开　　本：850 mm × 1 168 mm　1/16　**印张：**15　**字数：**319 千
书　　号：ISBN 978-7-113-27733-8
定　　价：45.00 元

高等职业教育机电类专业工作手册式系列教材

编审委员会

配套微课索引

前 言

党的二十大报告指出："教育、科技、人才是全面建设社会主义现代化国家的基础性、战略性支撑。""人才是第一资源"，要把技能人才作为第一资源来对待。"中国式现代化，是中国共产党领导的社会主义现代化，既有各国现代化的共同特征，更有基于自己国情的中国特色"。"新百年、新征程"加强大国技能建设、打造高技能人才队伍是实现中国式现代化的应然之举，也是作为职业教育人的共同目标。在此背景下，我们编写了《电气控制技术与维修》教材，以便更好地培养适应时代发展、满足行业需求的技能人才。

"电气控制技术与维修"课程是机电类专业进行工程实践能力培养的职业技能课，课程中所包含的知识技能需要和企业电气维修岗位标准相匹配。因此，本课程教材编写的内容和任务均是以校企合作项目为依托，经过编写团队与企业专家共同研讨，对企业相关岗位的典型工作任务进行分解，并满足中德合作办学"双元制"培养模式的要求，同时结合技能鉴定等级考试的考核标准而设置。

本书内容分三部分，分别是基础篇、技能篇和实训报告册。编写形式上重视理论联系实践，学（基础篇）、做（技能篇）、评（实训报告册）三个环节缺一不可，同时将工单和测评作为能力评价指标，系统而全面地培养学生的职业素养和技能。由于电气控制与PLC本是起源于同一体系，只是处于不同的发展阶段，因此本书在基础篇最后一章引入PLC，力求在理论和应用上做到一脉相承，并为后续深入学习PLC相关课程打下基础。本书突出实用性和丰富性的特点，可作为高等职业院校机电类专业电气控制技术与维修相关课程教材，也可作为维修电工技能鉴定训练的工作手册。

基础篇的六章内容与技能篇的十四个任务相辅相成，读者在学习过程中需明确：基础篇注重掌握基本知识，如熟悉标准电气图形符号、分析电气原理图、了解PLC硬件系统组成等；技能篇任务一强调实操过程的安全、有序进行；任务二强化使用电工工具和仪表的基本功底；任务三和任务四与基础篇第一章内容相对应，完成电动机的接线及绕组故障的检测与排除；任务五与基础篇第二章内容相对应，完成对控制线路中电气元件的检测；任务六～任务十二与基础篇第三章、第四章内容相对应，完成常用电气控制线路的安装、调试及排故，注重训练排除故障、解决实际问题的能力；任务十三和任务十四与基础篇第六章内容相对应，完成 PLC 控制三相异步电动机运行，初步掌握 PLC 硬件和软件的使用。

本书在使用过程中，建议基础篇单独学习，技能篇和实训报告册配合使用。建议教学学时为 96 学时，理论讲解和技能训练各占 48 学时。教学内容也可根据专业要求和教学学时数进行取舍，有些内容也可布置给学生自学。为便于学生自学和复习，本书配有生动而形象的微课讲解，内含实操情景、原理动画等丰富资源，读者通过扫描二维码即可获取。基础篇每章前面列出了本章的学习目标等，章末附有小结和习题。

本书由张瑞敏、何野、杨敏任主编，孙露、黄钰婷、孟静静任副主编，于雪梅、郝睿、张恩奎参与编写，全书由魏建军主审。基础篇编写分工如下：第一章由张瑞敏编写；第二章、第三章由于雪梅、孟静静、黄钰婷、郝睿、张瑞敏共同编写；第四章由孙露编写；第五章、第六章由何野编写。技能篇编写分工如下：任务一～任务五由张瑞敏编写；任务六由于雪梅编写；任务七由孟静静编写；任务八、任务九由黄钰婷编写；任务十由郝睿编写；任务十一、任务十二由孙露编写；任务十三、任务十四由何野编写。实训报告册编写分工与对应任务一致。全书绘图和附录部分由张恩奎完成。杨敏负责全书统稿工作。

本书在编写过程中，编者参阅了国内外许多专家、同行的教材、著作和论文。在此，向相关作者致以诚挚的谢意！

由于编者水平有限，书中难免存在疏漏之处，敬请广大读者批评指正。

编　者

2022 年 12 月

目 录

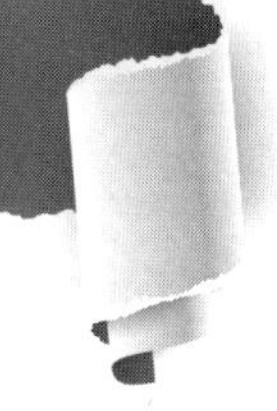

基 础 篇

技 能 篇

基础篇

内容提要

本篇共分为六章，包括三相异步电动机、常用低压电器、三相异步电动机基本控制线路、三相异步电动机的降压起动与制动线路、典型机床电气控制线路分析、PLC 及其在电动机控制线路中的应用。

前两章是理论基础；第三章是本篇重点内容，需要掌握几种基本控制线路的工作原理和工作过程；第四章是技能提升部分；第五章是在能熟练分析控制线路的基础上，对典型机床设备中复杂的电气控制线路进行分析；最后，介绍 PLC 如何控制电动机运行，为后续 PLC 课程打下基础。

特点

理论知识的学习由浅入深，控制线路的分析从简单到复杂，环环相扣，缺一不可。学生知识的积累会循序渐进，分析电路的能力也将逐步提升。

第一章 三相异步电动机

知识学习目标

笔记栏：

1. 了解电动机的分类及应用。
2. 掌握三相异步电动机的结构和工作原理。
3. 熟悉三相异步电动机的机械特性。
4. 掌握三相异步电动机的选择，及其起动、制动和调速方法。

能力培养目标

1. 明白电动机铭牌数据的含义。
2. 掌握电动机的结构组成，完成对电动机的拆装。
3. 根据工作条件和需求能够正确选择电动机的功率、种类和结构型式，并采取正确的起动、制动和调速方法。
4. 对电动机进行维护。

情感价值目标

1. 倡导学生树立工匠精神。
2. 通过分组实操训练，培养学生的团队精神。
3. 通过实操调试，培养学生分析问题和解决问题的能力。
4. 通过课内5S管理，培养学生职业精神。

电动机是根据电磁感应原理，将电能转换成机械能，输出机械转矩的设备。

电梯、扫地机器人、电动玩具、变频空调、智能汽车、机器人、电动工具、机械设备等的驱动，监控摄像头镜头角度的自动调整，都离不开电动机。可以说，通电即动的地方，就有电动机的存在。

根据所用电源的不同，电动机可分为直流电动机和交流电动机。交流电动机按其结构和工作原理的不同，又可分为同步电动机和异步电动机。异步电动机有单相异步电动机和三相异步电动机两种。三相异步电动机由于具有结构简单、价格低廉、坚固耐用、使用维修方便等一系列优点，是电动机家族中需求量最大，应用最广的电动机。

想一想：你能再说出几个电动机应用的实例吗？

第一节 三相异步电动机的结构与工作原理

一、三相异步电动机的结构

三相异步电动机结构的核心部分是固定不动的定子和旋转的转子，定子和转子之间有空气隙，此外还有端盖、风扇、接线盒等部分。三相异步电动机的结构及外形如图 1-1-1 所示。

笔记栏:

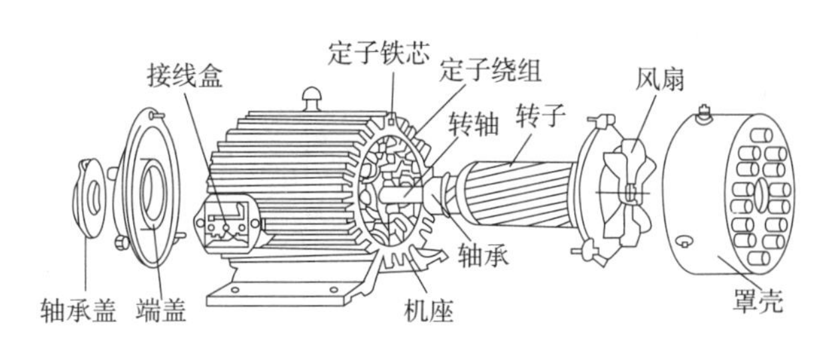

图 1-1-1　三相异步电动机的结构及外形

1. 定子

定子的作用是产生旋转磁场，主要由定子铁芯、定子绕组和机座三部分组成。

1）定子铁芯

定子铁芯是电动机磁路的一部分。由导磁性较好、厚度为 0.35 ~ 0.5 mm 的硅钢片叠压而成。硅钢片涂有绝缘漆，所以硅钢片间相互绝缘，减少了涡流损耗。定子铁芯内部有槽，用来嵌放定子绕组。制成后的定子铁芯压装在机座内。

2）定子绕组

定子绕组是电动机电路的一部分。由三相对称绕组组成，三相绕组在空间互成 120° 电角度依次嵌放在定子铁芯槽内。绕组与铁芯之间垫放绝缘纸，使它们之间具有良好的绝缘。

三相定子绕组分别用 U 相、V 相、W 相来表示，每相绕组有两个出线端，三相共有六个出线端。首端用 U1、V1、W1 来表示，尾端用 U2、V2、W2 来表示。为了便于改变三相绕组的联结方式，三相绕组的六个出线端均接在电动机机座外壳的接线盒内，并配有三片短接片，用作星形联结和三角形联结使用。接线盒中绕组尾端端子的排列是 W2、U2、V2，就是为了进行三角形联结时，短接片不跨接。

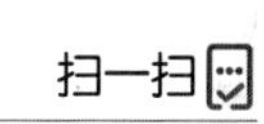

三相异步电动机的结构

三相异步电动机是三相对称负载，绕组可以联结成星形（Y）或三角形（△），如图 1-1-2 所示。

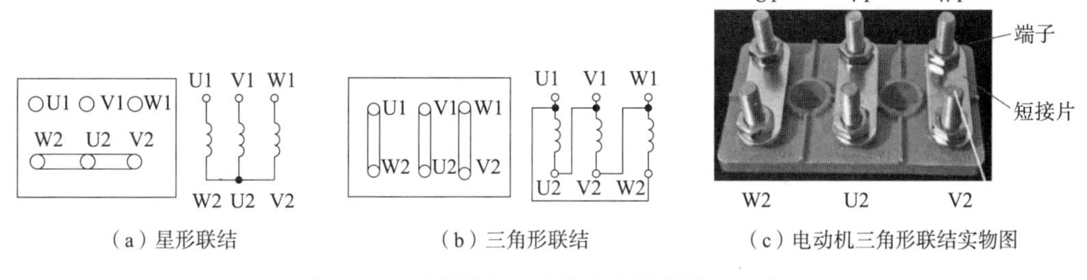

（a）星形联结　（b）三角形联结　（c）电动机三角形联结实物图

图 1-1-2 三相异步电动机定子绕组联结方式

3）机座

机座用铸铁或铸钢制成，其作用是固定定子铁芯和端盖，并具有散热功能。

笔记栏:

2. 转子

转子是电动机转动的部分，其主要作用是输出机械转矩，带动其他机械设备运行做功。转子主要由转子铁芯、转子绕组和转轴三部分组成。

1）转子铁芯

转子铁芯是电动机磁路的另一部分。同定子铁芯一样，也是由硅钢片叠压而成。硅钢片外圆上有均匀分布的槽，其作用是嵌放转子三相绕组。小容量电动机的转子铁芯直接压入转轴上，较大容量电动机的转子铁芯套在轴上的转子支架上。

2）转子绕组

转子绕组是电动机电路的另一部分。按照构造的不同，可分为鼠笼型（笼型）和绕线型。

（1）鼠笼型转子绕组

鼠笼型转子绕组是在转子铁芯槽内放置没有绝缘的裸导条，在伸出转子铁芯两端的槽口处，用端环短接起来。中小型鼠笼型电动机转子的导条和端环一般采用铸铝成笼型，同时在端环上铸出叶片作为冷却用的内风扇，如图 1-1-3 所示。也可用裸铜条焊成。为了改善电动机的起动性能，鼠笼型转子采用斜槽结构，即转子的槽不与轴线平行。

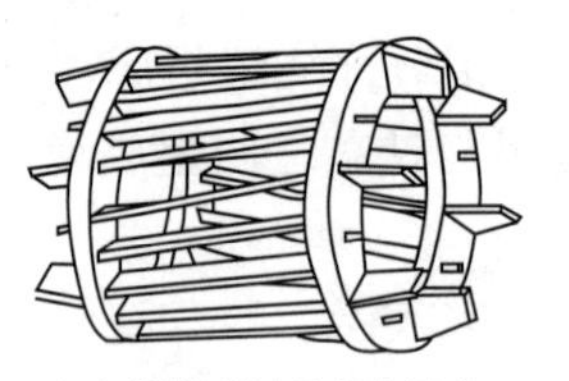

（a）鼠笼型转子和内风扇

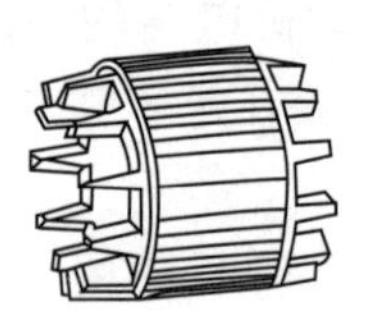

（b）铸铝转子

图 1-1-3　鼠笼型转子

（2）绕线型转子绕组

绕线型转子绕组与定子绕组相似，由绝缘导线制成绕组元件嵌放在转子铁芯槽内，一般连接成星形。其首端先与导电滑环相连，再与电刷和附加电阻（起动和调速用）相连，如图 1-1-4 所示。

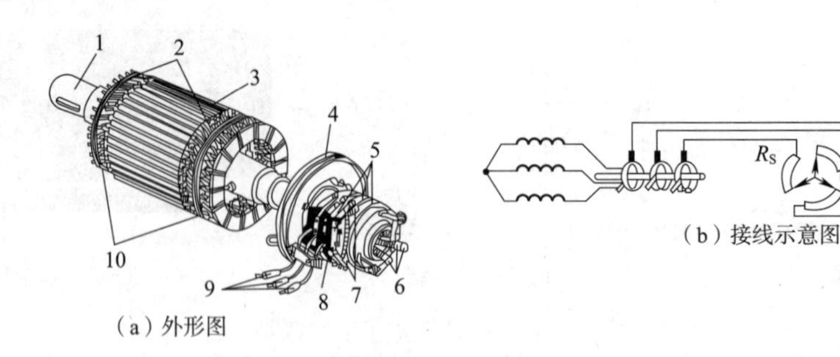

（a）外形图　（b）接线示意图

图 1-1-4　绕组转子外形图及接线示意图

1—转轴；2—三相转子绕组；3—转子铁芯；4—内风扇；5—集电环；6—转子绕组出线端子 7—电刷；8—刷架；9—电刷外接线；10—镀锌钢丝箍

笔记栏:

3）转轴

转轴的作用是支撑转子和传递转矩，并保证定子与转子之间有均匀的空气隙。空气隙是电动机磁路的又一部分，它与定子铁芯和转子铁芯一起构成电动机的完整磁路。

空气隙的大小决定了电动机的性能。空气隙越小，电动机的功率因数越高，空载电流越小。一般中小型异步电动机的空气隙为 0.2 ~ 1 mm。

3. 其他附件

三相异步电动机的结构除了上述定子和转子主要部件外，还有前、后端盖、轴承、外风扇、外风扇罩、接线盒、吊环和铭牌等各种附件。

二、三相异步电动机的工作原理

电动机是利用电磁感应原理来工作的。当三相异步电动机的定子绕组通入三相正弦交流电时，在定子和转子的空气隙中就会产生一个旋转磁场。转子导体在这一旋转磁场的作用下产生感生电流，该电流在旋转磁场的作用下又会受到力的作用从而产生电磁转矩，使转子转动起来。

1. 两极旋转磁场的产生

若将定子绕组联结成星形，在三相绕组的首端 U1、V1、W1 分别接入三相交流电 i_1、i_2、i_3 时，将会有三相电流流过绕组。

设流入 U 相的电流 i_1 初相位为零，则各相绕组电流的瞬时值表达式为：

$$i_1=I_m\sin\omega t$$

$$i_2=I_m\sin(\omega t-120^\circ)$$

$$i_3=I_m\sin(\omega t+120^\circ)$$

三相异步电动机的工作原理

如果三相电流在某瞬时为正值，规定电流从首端流入尾端流出，首端用正号“+”表示，尾端用点“•”表示；如果三相电流在某瞬时为负值，电流则从首端流出尾端流入，首端用点“•”表示，尾端用正号“+”表示，如图 1-1-5 所示。下面从几个不同的瞬间来分析三相交流电流入定子绕组后形成合成磁场的情况。

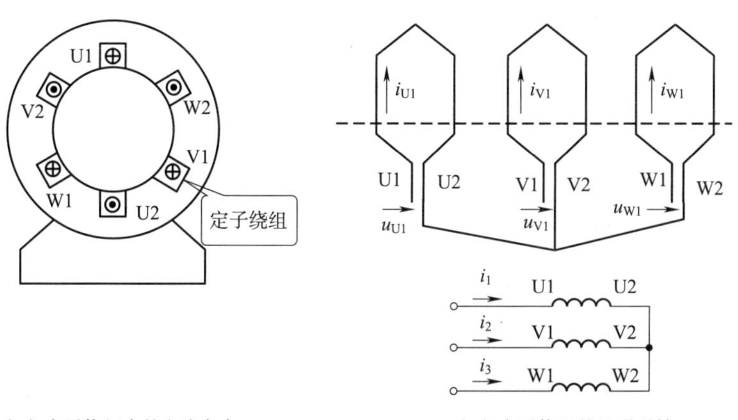

（a）定子绕组中的电流方向　　（b）定子绕组的星形联结

图 1-1-5　定子绕组通入三相交流电

笔记栏：

①当 ωt=0 时刻，即坐标原点处，U 相电流为 0，V 相电流为负，即从首端 V1 流出，尾端 V2 流入，首端 V1 用点“•”表示，尾端 V2 用正号“+”表示。W 相电流为正，即从首端 W1 流入，尾端 W2 流出。

用右手螺旋定则分析，此时合成磁场的方向是上 N，下 S，如图 1-1-6（a）所示。

②当 $\omega t=\pi/3$ 时刻，U 相电流为正，即从首端 U1 流入，尾端 U2 流出，首端用正号“+”表示，尾端用点“•”表示。V 相电流为负，即从首端 V1 流出，尾端 V2 流入，首端 V1 用点“•”表示，尾端 V2 用正号“+”表示。W 相电流为 0。

用右手螺旋定则分析，此时合成磁场方向右上为 N，左下为 S，如图 1-1-6（b）所示。

③当 $\omega t=\pi/2$ 时刻，U 相电流为正，电流从首端 U1 流入，尾端 U2 流出，即首端用正号“+”表示，尾端点“•”表示。V 相电流为负，即从首端 V1 流出，尾端 V2 流入，首端 V1 用点“•”表示，尾端 V2 用正号“+”表示。W 相电流为负，即从首端 W1 流出，尾端 W2 流入。

用右手螺旋定则分析，此时合成磁场方向是右 N，左 S，如图 1-1-6（c）所示。

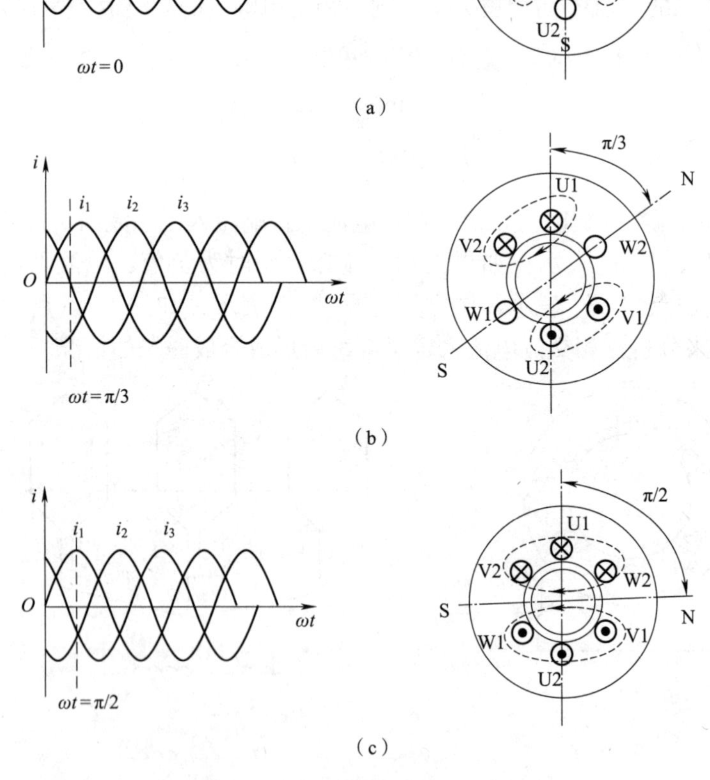

图 1-1-6　两极旋转磁场的产生

由以上分析可知，随着定子绕组中三相交流电的周期性变化，所产生的具有两个磁极的合成磁场也随之不断变化，交流电变化 90° 时，磁场随之顺时针旋转 90° 。可以继续分析当交流电流经过一个周期的变化时，磁场在空间也将顺时针转过 360° ，即旋转磁场。

2. 旋转磁场的方向

若要改变旋转磁场的转向，只要改变通入定子绕组的三相交流电相序，即将三根电源线中任意两根对调就可以实现反转。

3. 旋转磁场的磁极对数

电动机的磁极对数由电动机每相定子绕组中含有的绕组数决定，可以从电动机铭牌上的型号中读出。

若要增加旋转磁场的磁极数，则增加每相定子绕组中的绕组数即可。如图 1-1-7 所示，每相绕组中含有两个绕组，产生的旋转磁场的磁极数是 4，磁极对数 p 是 2。依次类推，如果每相绕组中含有三个绕组，则产生的旋转磁场的磁极数是 6，磁极对数 p 是 3；每相绕组中含四个绕组，产生的旋转磁场的磁极数是 8，磁极对数 p 是 4。

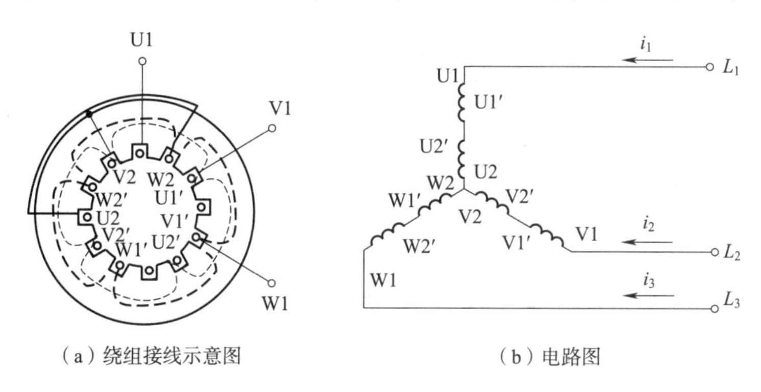

（a）绕组接线示意图　　（b）电路图

图 1-1-7　电动机定子绕组

4. 同步转速

同步转速即旋转磁场的旋转速度，用 n_1 表示。

由上面分析两极旋转磁场产生的过程可知，通入定子绕组的三相交流电变化一周，旋转磁场顺时针转过360° 同步旋转一周。可见同步转速与三相交流电的频率f成正比。如果再分析四极电动机的旋转磁场产生过程，可发现通入定子绕组的三相交流电变化一周，旋转磁场只转过 180° ，即半周，说明同步转速与电动机的磁极对数，成反比。则同步转速 n_1 的计算公式为

$$n_1 = \frac{60f}{p}$$

单位为 r/min（转 / 分）。

我国三相电源的标准频率为 50 Hz，因此，两极电动机的同步转速是 3 000 r/min，四极电动机的同步转速是 1 500 r/min，六极电动机的同步转速是 1 000 r/min。

例 1-1　某三相异步电动机的定子绕组可接成四极、六极和八极，当电源频率为

笔记栏:

50 Hz 时，试求在不同极数时的同步转速 n_1。

解

由公式 $n_1=60f/p$ 可知，

绕组接成四极时，$p=2$

$$n_1=60f/p=(60\times 50/2)\ \text{r/min}=1\ 500\ \text{r/min}$$

绕组接成六极时，$p=3$

$$n_1=60f/p=(60\times 50/3)\ \text{r/min}=1\ 000\ \text{r/min}$$

绕组接成八极时，$p=4$

$$n_1=60f/p=(60\times 50/4)\ \text{r/min}=750\ \text{r/min}$$

5. 三相异步电动机的工作原理

当三相异步电动机的定子绕组通入三相交流电流时，将在电动机定子和转子的空气隙中产生旋转磁场，旋转磁场将切割转子绕组产生感生电动势，如图 1-1-8 所示。

假定旋转磁场是逆时针方向旋转的，如果此时假设旋转磁场不转动，则相对于转子绕组沿顺时针方向旋转而切割磁感线，转子绕组中将产生感生电动势和感生电流，由右手定则可判断出转子上半部分导体的感应电流方向是流入纸面，下半部分导体的感生电流方向是流出纸面。

转子绕组有感应电流后又与旋转磁场相互作用从而产生电磁力。电磁力的方向用左手定则判定，于是形成电磁转矩，使转子顺着旋转磁场的方向转动起来。但转子的转速 n 永远低于旋转磁场的转速，即同步转速 n_1。

如果转子转速等于同步转速，即 $n=n_1$，则转子绕组与旋转磁场之间就不存在相对运动，转子绕组就不再切割磁感线，也不会产生感生电动势、感生电流和电磁转矩。

由此可见，转子总是顺着旋转磁场的方向以小于同步转速的大小而旋转的，所以把这种交流电动机称为异步电动机；又因为这种电动机的转子电流是由电磁感应产生的，所以又称感应电动机。

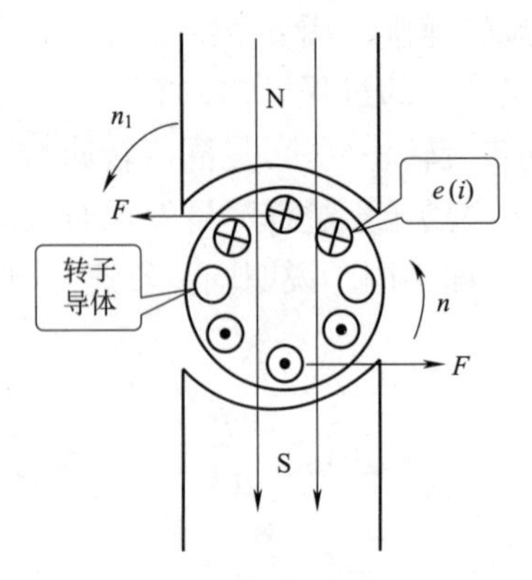

图 1-1-8　电动机转子的转动原理图

6. 转差率

三相异步电动机转子的转速 n 略小于同步转速 n_1，它们之间存在差值，这个差值

再除以同步转速 n_1，就称为转差率，用 s 表示，其公式为

$$s=(n_1-n)/n_1 \times 100\%$$

转子的转速也就是电动机的转速，由于电动机在运行过程中转速是变化的，所以转差率也是一个变化的值。

在电动机起动瞬间，此时已形成旋转磁场，其转速是 n_1，而转子尚未转动，$n=0$，此时 $s=1$；一旦转子转动后，转速开始上升，直至转速 n 接近 n_1 时，s 接近于 0。

可见，三相异步电动机的转差率是在 0 ~ 1 之间变化的。电动机转速越高，转差率越小，三相异步电动机在额定负载下运行时，其额定转差率 s_N 一般在 1% ~ 6% 之间；空载时转差率一般在 0.05% ~ 0.5% 之间。

例 1-2 某额定功率为 0.8 kW 的两极三相异步电动机，电源的额定频率 f=50 Hz，若额定转差率 s_N=5%，试求此电动机的额定转速 n_N。

$$n_1=60f/p=60 \times 50/1\ \text{r/min}=3\ 000\ \text{r/min}$$

$$n_N=(1-s)n_1=[(1-0.05) \times 3\ 000]\ \text{r/min}=2\ 850\ \text{r/min}$$

笔记栏：

想一想：如果把定子绕组与三相电源连接的三根导线全部对调，三相异步电动机的转向会改变吗？

第二节　三相异步电动机的电磁转矩及机械特性

一、三相异步电动机的电磁转矩

电动机要带动其他工作机械运转，电磁转矩是一个重要问题。三相异步电动机的转子电流 I_2 与旋转磁场相互作用产生了电磁力和电磁转矩 T 从而使转子旋转。

由于转子绕组电路中电感的作用，使转子电流 I_2 滞后感应电动势 E_2 一个相位角 φ_2 因而转子电流的有功分量为 $I_2\cos\varphi_2$，经数学推导，电磁转矩 T 的公式为

$$T = C_T \Phi I_2 \cos\varphi_2$$

式中：C_T ——转矩常数，由电动机结构决定；

Φ ——空气隙中合成旋转磁场的每极磁通量；

I_2 ——转子每相绕组电流；

$\cos\varphi_2$ ——转子绕组电路的功率因数。

由于 I_2 和 $\cos\varphi_2$ 分别等于：

$$I_2 = \frac{sE_{20}}{\sqrt{R_2^2 + (sX_{20})^2}} \qquad \cos\varphi_2 = \frac{R_2}{\sqrt{R_2^2 + (sX_{20})^2}}$$

式中：E_{20} ——电动机起动而转子未动时转子回路感应电动势；

R_2 ——转子绕组的电阻；

X_{20} ——转子绕组的漏电抗。

将这两式代入电磁转矩公式可得

扫一扫

三相异步电动机的机械特性

笔记栏:

$$T = C_T \Phi E_{20} \frac{sR_2}{R_2^2 + (sX_{20})^2}$$

由此电磁转矩公式可知，如果 $\cos\varphi_2$ 不变，而 I_2 又是转子绕组切割定子磁通 Φ 后产生的电动势形成的，与 Φ 成正比。因此，电磁转矩 T 又与 ΦI_2 成正比转换为与 φ_2 成正比，而磁通 Φ 的大小与外施电压 U_1 成正比，所以最终可得出电磁转矩与电源电压的二次方，即 U_1^2 成正比。即

$$T=KU_1^2$$

式中，K 是比例常数。

由此可见，若电源电压稍有降低，三相异步电动机的电磁转矩会大大降低。例如，电源电压降到额定值的 70%，则输出转矩将不足额定转矩的 1/2。

在电磁转矩公式中，R_2 和 X_{20} 是电动机的参数，为常数。当电源电压 U_1 和频率 f_1 不变时，E_{20} 和 Φ 都可以认为是不变的，因此，电动机的电磁转矩 T 是随转差率 s 而变化的。其变化曲线 $T=f(s)$ 称为三相异步电动机的转矩特性曲线，如图 1-1-9 所示。每台三相异步电动机都有它的特性曲线，即它的固有特性。

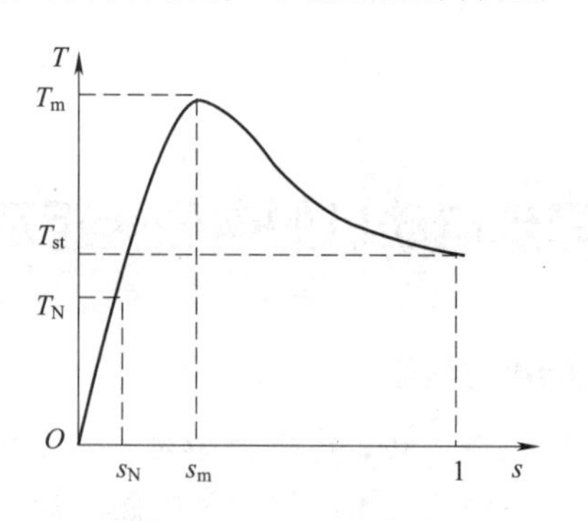

图 1-1-9　$T=f(s)$ 曲线

从三相异步电动机的转矩特性曲线可分析出：

在三相异步电动机起动瞬间，s=1，起动电流 I_2 虽然很大，但由于这时转子电路频率 $f_2=f$，使 $X_{20}>>R_2$，则 $\cos\varphi_2$ 很小，电流 I_2 的有功分量很小，产生的起动转矩 T_{st} 很小。

电动机起动后，转速 n 逐渐升高，转差率 s 逐渐减小，I_2 也逐渐减小，$\cos\varphi_2$ 逐渐增大。但 I_2 减小得比较缓慢，I_2 的有功分量 $I_2\cos\varphi_2$ 增加，所以电磁转矩 T 逐渐增加，当转速 n 继续增加，转差率减小到 s_m 时，电磁转矩达到最大值 T_m。

当电磁转矩达到最大值 T_m 后，转速 n 继续增加，转差率小于 s_m，此时 I_2 迅速减小，而 $\cos\varphi_2$ 提得并不快，从而使 $I_2\cos\varphi_2$ 减小，电磁转矩 T 也迅速降低。若三相异步电动机转速上升至同步转速 n_1，这时转差率 s=0，虽然 $\cos\varphi_2$=1，但转子电流等于 0，电磁转矩 T 也等于 0。

二、三相异步电动机的机械特性

在描述三相异步电动机特性时，更常用的是三相异步电动机的机械特性曲线，即电磁转矩 T 与转子转速 n 的关系曲线 $n=f(T)$。由于转差率 $s=(n_1-n)/n_1$，所以机械特性曲线可由电动机的转矩特性曲线 $T=f(s)$ 推导得出，如图 1-1-10 所示。

笔记栏：

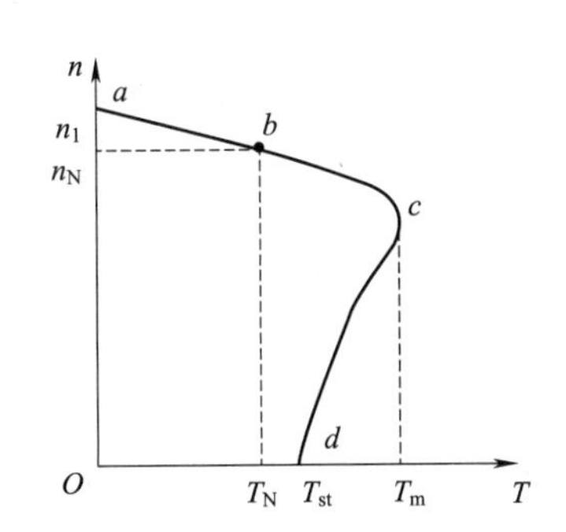

图 1-1-10　三相异步电动机机械特性曲线

1. 起动转矩 T_{st}

起动点 d 对应的转矩为起动转矩 T_{st}，在此运行点，三相异步电动机刚接入电源但尚未转动。起动转矩必须大于机械负载和阻力（如电动机风阻及摩擦等）产生的反抗转矩，电动机才能开始转动。通常用电动机的起动转矩 T_{st} 与额定转矩 T_N 的比值来衡量电动机的起动性能。一般三相异步电动机的这个比值为 0.95 ~ 2.0，特殊用途的三相异步电动机为 2.5 ~ 2.8。

2. 稳定运行区

三相异步电动机的稳定运行区在曲线的 c-b-a 部分。电动机接通电源后，当转子转轴上的起动转矩大于轴上负载反抗转矩和空载机械转矩时，电动机开始转动，从特性曲线中可以看出，转矩 T 随电动机转速 n 的增加沿曲线 d-c 部分上升，经过最大转矩 T_m 后，又沿着 c-a 部分下降。当电磁转矩降低到与负载的反抗转矩（包括空载机械转矩）相平衡时，就在某一转速下恒速旋转。但平衡是相对的，当电动机的负载发生变动或受外力影响时，都会破坏原来的转矩平衡关系，使电动机加速或减速，转矩降低或增大，直到达到新的平衡。

电动机工作在这一区域时，输出转矩可以随负载变化而自动调整，这种能力称为自适应负载的能力。

硬机械特性：c-b-a 曲线部分比较平坦。例如，车床电动机，当车削时吃刀量增大不希望电动机的转速有较大变化。

软机械特性：c-b-a 曲线部分斜率较大。例如，机车电动机的特性，当电车在平路上速度较快，爬坡时希望速度自动减慢。

电动机在额定值 b 点工作时，如果负载增大，电动机的转速 n 会下降，电磁转矩 T 沿 b-c 方向增大，直至与负载保持平衡，使电动机在稍低的转速下运行。如负载加大到超过了最大转矩 T_m，电动机的转速将会很快下降，同时电动机的转矩也随之降低（见曲线的 c-d 部分），必然导致电动机停转。此时，转子绕组电流、定子绕组电流剧增，若不切断电源，电动机将被烧毁。所以 c-d 曲线部分是电动机的不稳定运行区。

三相异步电动机的机械特性曲线表达了电磁转矩与转速的关系，不同型号的电动机有不同的机械特性曲线。

笔记栏：

3. 三相异步电动机的额定转矩与过载能力

（1）额定转矩 T_N

三相异步电动机的额定转矩是电动机在长期持续工作时，轴上输出的最大允许转矩，用 T_N 表示，单位为 N·m。三相异步电动机的额定转矩可由铭牌上的额定功率求得。

$$T_N = 9\,550 \frac{P_N(\text{kW})}{n_N(\text{r/min})}$$

三相异步电动机的额定转矩 T_N 应小于最大转矩 T_m，而且不能太接近最大转矩，否则电动机略一过载，便会立即停转。因此，只要负载所需要的转矩不超过电动机的最大转矩，电动机就可以短时过载运行而不至于引起过热。

（2）过载系数 λ

三相异步电动机的过载能力用过载系数 λ 来表示，公式为

$$\lambda = T_m/T_N$$

过载系数可以衡量电动机的短时过载能力和运行稳定性。三相异步电动机的过载系数一般在 1.8 ~ 2.5 之间，特殊用途如起重、冶金用的电动机过载系数可达 3.3 ~ 3.5 或更大。

三、三相异步电动机的能量损耗和效率

1. 能量损耗

电动机在运行时，输入的是从电源得到的电功率 P_1，输出的是带动负载的机械功率 P_2。由于运行中总会有能量损耗，所以输出功率 P_2 总是小于输入功率 P_1。

损耗包括：定子绕组和转子绕组中的损耗 P_{Cu}、铁芯损耗 P_{Fe}、机械损耗 P_j、附件损耗 P_{Fj}。

2. 效率 η

输出功率与输入功率之比的百分数，即电动机的效率，用 η 表示。公式为

$$\eta = (P_2/P_1) \times 100\%$$

三相异步电动机在小负载时，效率很低；负载增加，效率随之升高。通常在负载为（0.75 ~ 0.8）P_N 时，效率最高。一般异步电动机的额定效率在 75% ~ 92% 之间，容量越大，额定效率越高。

例 1-3　某台两极三相异步电动机，其额定功率 P_N 为 125 kW，额定电压为 380 V，额定转速 n_N 为 2 960 r/min，过载系数 λ=2.2，T_{st}/T_N=1.4，$\cos\varphi$=0.8，η_N=84%。试求：I_N，P_1，s_N，T_N，T_m，T_{st}。

解

$$I_N = \frac{P_N}{\sqrt{3}U_N\cos\varphi\eta_N} = \frac{125\times10^3}{\sqrt{3}\times380\times0.8\times0.84}\text{A} \approx 282.6\ \text{A}$$

$$P_1 = P_N/\eta_N = 125/0.84\ \text{kW} \approx 148.8\ \text{kW}$$

$$n_1 = 60f/p = 60\times50/1\ \text{r/min} = 3\,000\ \text{r/min}$$

$$s_N = (n_1 - n_N)/n_1 \times 100\% = (3\,000 - 2\,960)/3\,000 \times 100\% = 1.33\%$$

$$T_N=9.55P_N/n_N=(9.55\times1.25\times10^3/2\ 960)\ \text{N}\cdot\text{m}\approx403.3\ \text{N}\cdot\text{m}$$

$$T_m=\lambda T_N=2.2\times403.3\ \text{N}\cdot\text{m}=887.26\ \text{N}\cdot\text{m}$$

$$T_{st}=1.4T_N=1.4\times403.3\ \text{N}\cdot\text{m}=564.62\ \text{N}\cdot\text{m}$$

想一想：
若电动机的输出功率相同，转速不同，哪台电动机的输出转矩大？

第三节　三相异步电动机的使用

一、三相异步电动机的铭牌

每台电动机在出厂时，在机座上都有一块铭牌，上面标有电动机的型号、规格和有关技术数据，如图 1-1-11 所示。

笔记栏：

三相异步电动机			
型号	Y132M-4	工作方式	连接
功率	3千瓦	接法	Δ/Y
电压	220/380伏	绝缘等级	E
电流	11.2/6.48安	温升	65℃
转速	1440转/分	重量	45公斤
频率	50赫兹		电机厂×××
			×年×月

图 1-1-11　三相异步电动机铭牌及实物

1. 型号

为满足不同用途和不同工作环境的需要，电机制造厂把电动机制成各种不同系列，用不同型号来表示，见表 1-1-1。

表 1-1-1　异步电动机产品代号意义

序号	系列代号	系列名称	代号含义
1	Y Y2	三相异步电动机	Y: 异步电动机； 2：第二次改型设计
2	YZR YZ	起重冶金用三相异步电动机	Z: 起重冶金；R: 绕线转子
3	YZRW	起重及冶金用涡流制动 绕线转子三相异步电动机	W：涡流制动
4	YG	轨道用三相异步电动机	G：轨道
5	YD	变极多速三相异步电动机	D: 多速
6	YCT	电磁调速电动机	C: 电磁；T: 调速
7	YA	增安型三相异步电动机	A: 增安
8	YB	隔爆型三相异步电动机	B: 隔爆
9	YXJ	摆线针轮减速三相异步电动机	XJ：行星摆针轮减速
10	YEJ	电磁制动三相异步电动机	EJ: 圆盘型直流电磁制动器
11	YZD	起重用多速三相异步电动机	D: 多速
12	YR JR	绕线转子三相异步电动机	J: 老型号三相异步电动机
13	JS	三相异步电动机（中型）	S: 铸铝转子
14	YK	大型高压电动机	K: 快速
15	YKK	高压三相异步电动机	KK: 封闭带空 / 空冷却器

笔记栏：

续表

序号	系列代号	系列名称	代号含义
16	TK	同步电动机	T: 同步电动机；K: 配空压机
17	TDMK	矿山磨机用大型交流三相同步电动机	D: 电动机 M: 磨机；K: 矿山
18	Z2 Z4	小型直流电动机	Z: 直流；2、4：改型次数
19	YS	三相异步电动机	YS：取代 AO2
20	YU	单相电阻起动异步电动机	YU：取代 BO2
21	YC	单相电容起动异步电动机	YC：取代 CO2
22	YY	单相电容运转异步电动机	YY：取代 DO2

2. 接法

接法是指电动机三相定子绕组的连接方式。

三相异步电动机的连接方式有两种：星形（Y）和三角形（△）。通常功率 4 kW 以下的电动机接成星形，4 kW 以上的电动机接成三角形。

3. 电压

电压即三相异步电动机的额定电压。是三相异步电动机定子绕组在指定接法下应加的线电压。三相异步电动机的额定电压有 380 V、3 000 V 及 6 000 V 等多种。电动机允许电压波动范围不超过额定值的 ± 5%。

必须注意：在低于额定电压下运行时，最大转矩 T_m 和起动转矩 T_{st} 会显著降低，这对电动机的运行是不利的。

4. 电流

电流即三相异步电动机的额定电流，是三相异步电动机在指定接法下定子绕组的线电流。

当电动机空载时，转子转速接近于旋转磁场的转速，两者之间相对转速很小，所以转子电流近似为零，这时定子电流几乎全为建立旋转磁场的励磁电流。当输出功率增大时，转子电流和定子电流都随着相应增大。

5. 功率与效率

铭牌上所标的功率值是指电动机在规定的环境温度下，在额定运行时电极轴上输出的机械功率值。输出功率与输入功率不等，其差值等于电动机本身的损耗功率，包括铜损、铁损及机械损耗等。

所谓效率就是输出功率与输入功率的比值。

6. 功率因数

因为电动机是电感性负载，定子相电流比相电压滞后 φ 角，$\cos\varphi$ 就是电动机的功率因数。三相异步电动机的功率因数较低，在额定负载时为 0.7 ~ 0.9，而在轻载和空载时更低，空载时只有 0.2 ~ 0.3。所以在选择电动机时，应选择合适的容量，防止“大马拉小车”，并力求缩短空载时间。

笔记栏：

7. 转速

转速是指三相异步电动机额定运行时的转速，不同极数对应不同转速等级。

8. 绝缘等级

绝缘等级是按电动机绕组所用的绝缘材料在使用时容许的极限温度来分级的。所谓极限温度是指电动机绝缘结构中最热点的最高容许温度，见表 1-1-2。

表 1-1-2　绝缘等级

绝缘等级	环境温度 400℃时允许温升 /℃	极限允许温度 /℃
A	65	105
E	80	120
B	90	130

二、三相异步电动机的选择

在使用三相异步电动机时，能够正确选择电动机的功率、种类、型式是极为重要的，它涉及设备的投资成本和运行费用，也关系到设备运行的可靠性。

1. 功率的选择

根据负载的情况电动机要选择合适的功率。选大了虽然能保证正常运行，但是不经济，电动机的效率和功率因数都不高；而选小了则不能保证电动机和生产机械的正常运行，不能充分发挥生产机械的效能，并且电动机会由于过载而缩短使用寿命。

（1）连续运行电动机功率的选择

对连续运行的电动机，先算出生产机械的功率，所选电动机的额定功率等于或稍大于生产机械的功率即可。

（2）短时运行电动机功率的选择

如果没有合适的专为短时运行设计的电动机，可选用连续运行的电动机。但电动机的过载是受到限制的。通常是根据过载系数 λ 来选择短时运行电动机的功率。电动机的额定功率可以是生产机械所要求的功率的 $1/\lambda$。

2. 种类和结构型式的选择

1）种类的选择

选择电动机的种类是从交流或直流、机械特性、调速与起动性能、维护及价格等方面来考虑的。在考虑电动机性能必须满足生产机械的要求下，优先选用结构简单、价格便宜、运行可靠、维修方便的电动机。

（1）交、直流电动机的选择

如没有特殊要求，一般都应采用交流电动机。

（2）笼形与绕线式的选择

三相笼形异步电动机结构简单、坚固耐用、工作可靠、价格低廉、维护方便，但调速困难，功率因数较低，起动性能较差。因此，在要求机械特性较硬而无特殊调速要求的一般生产机械的拖动应尽可能采用笼形异步电动机。

笔记栏：

因此，只有在不方便采用笼形异步电动机时才采用绕线式异步电动机。

2）结构型式的选择

根据电动机工作的环境要求，可以选择以下几种结构型式：

（1）开启式

在构造上无特殊防护装置，用于干燥无灰尘的场所，通风非常好。

（2）防护式

在机壳或端盖下面有通风罩，以防止铁屑等杂物掉入。也有将外壳做成挡板状，以防止在一定角度内有雨水等溅入其中。

（3）封闭式

它的外壳严密封闭，靠自身风扇或外部风扇冷却，并在外壳带有散热片。可在灰尘多、潮湿或含有酸性气体的场所选用。

（4）防爆式

整个电动机严密封闭，用于有爆炸性气体的场所。

3）安装结构型式的选择

（1）机座带底脚，端盖无凸缘（B_3）

（2）机座不带底脚，端盖有凸缘（B_5）

（3）机座带底脚，端盖有凸缘（B_{35}）

4）电压和转速的选择

（1）电压的选择

电动机电压等级的选择，要根据电动机类型、功率以及使用地点的电源电压来决定。对于交流电动机，车间的低压供电系统一般为三相 380 V，所以中小型异步电动机的额定电压大都为 220 V/380 V（△/Y联结）和 380 V/660 V（△/Y联结）两种。当电动机功率较大时，为了节省铜材，并减小电动机的体积，可根据供电电源系统，选用 3 000 V、6 000 V、10 000 V 的高压电动机。

Y 系列笼形异步电动机的额定电压只有 380 V 一个等级。只有大功率异步电动机才采用 3 000 V 和 6 000 V。

（2）转速的选择

电动机的额定转速是根据生产机械的要求选定的。额定功率相同的电动机，转速越高，则电动机体积和质量越小，成本也越低，相应电动机的转子呈细长特点，此时，转子的飞轮惯性越小，在起动和制动的时间就越短。因此，从经济角度和提高系统快速性的角度看，选择高速电动机较为合适。但由于生产机械的工作速度是一定的，且较低，因此电动机转速越高，传动机构的传动比越大越复杂。所以在选择电动机的额定转速时，必须从电能损耗、设备投资、维护费用等方面全面考虑。

通常电动机的转速不低于 500 r/min，选在 750 ~ 1 500 r/min 为宜。因为当功率一定时，电动机的转速越低，则其尺寸越大，价格越高，且效率也越低。因此，就不

笔记栏：

如购买一台高速电动机再另配减速器来得合算。

三相异步电动机通常采用的磁极对数是 2，即同步转速 n_1=1 500 r/min。

三、三相异步电动机的起动、制动及调速

1. 三相异步电动机的起动

三相异步电动机的起动是指电动机在接通电源后，转子转速从零升至稳定转速的过程。

（1）起动电流 I_{st}

三相异步电动机在起动时，转子尚未转动，转子转速 n=0，而旋转磁场的转速是 n_1，此时转子与旋转磁场相对运动的速度较大，在转子绕组中将产生很大的感生电动势和感生电流。所以，电动机的起动电流很大。中小型笼形异步电动机的起动电流是额定值的 5 ~ 7 倍。

（2）起动电流大的危害

①在电动机频繁起动时，将造成热量积累，使电动机过热。

②大功率电动机起动时，将造成电网电压的降低，影响其他负载工作，尤其是电动机负载。

（3）减小起动电流的方法

①鼠形三相异步电动机采用降低起动电压的方法来减小起动电流。

②绕线转子三相异步电动机采用在转子电路串入变阻器的方法来减小起动电流。

（4）起动方法

①直接起动：对于 20 ~ 30 kW 以下的小型电动机，可以采用直接起动的方法。

②降压起动：对于中大型的电动机，可采用Y-△降压起动、自耦变压器降压起动；绕线转子异步电动机可采用转子绕组串电阻降压起动的方法。

2. 三相异步电动机的制动

三相异步电动机的制动是指电动机在切断电源后，使惯性旋转的转子迅速停转。制动的目的是实现某些生产机械需要的准确定位、提高劳动生产率及安全可靠性等。

三相异步电动机的制动方式有机械制动和电力制动两种。

1）机械制动

机械制动是利用机械装置来实现制动。常用的机械制动装置有电磁制动器（电磁抱闸）和电磁离合器。

2）电力制动

电力制动是依靠电动机本身产生一个与惯性旋转方向相反的电磁转矩即制动转矩，来实现的制动。常用的有反接制动、能耗制动和回馈制动等。

（1）反接制动

反接制动是电动机在停车时，将接电动机的电源任意两相调换，使旋转磁场和电

笔记栏：

磁转矩的方向与电动机转动的方向相反，电动机实现制动。

在采用反接制动的方法时需要注意的是：

①电动机转速下降后及时断电，否则电动机将反向起动。

②防止制动期间大电流烧坏电动机，制动时要在定子或转子回路中串电阻。

（2）能耗制动

能耗制动是在电动机切断三相交流电停车时，立即在定子绕组中接上直流电，产生制动转矩。

（3）回馈制动

回馈制动是指由于外部或内部的原因，当电动机的转速 n 高于同步转速时，电动机产生的电磁转矩与转子转动的方向相反，成为制动转矩，使电动机的转速降低。由于回馈制动时，电动机已转变为发电机状态，向电网倒送电能，所以又称再生发电制动。

回馈制动的原理是正常运行的异步电动机，如图 1-1-12 所示，当 $n>n_1$ 时，转子绕组切割磁感线的方向、转子绕组中感生电流的方向以及电磁转矩的方向都要发生改变，使电磁转矩成为制动转矩。

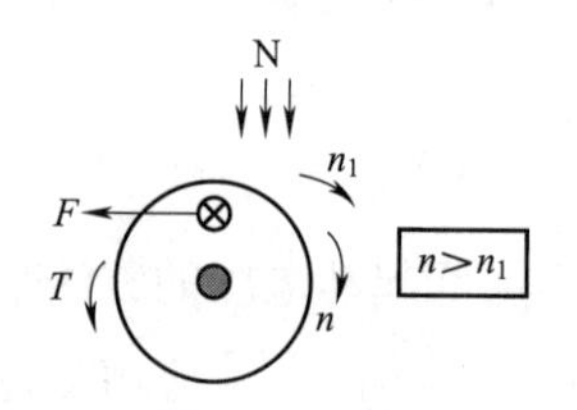

图 1-1-12　回馈制动原理图

回馈制动发生的外部原因是受位能负载作用，位能负载在下降时自动产生；内部原因是在电动机变频或变极调速中，当电动机由高速向低速变换时也会自动产生过渡性的回馈制动状态。

3. 三相异步电动机的调速

三相异步电动机的转速公式为

$$n=(1-s)n_1=(1-s)\frac{60f}{p}$$

从公式中可以看出，改变三相异步电动机的转速可以通过改变电源的频率 f、磁极对数 p 和转差率 s 来实现。

（1）改变电源频率调速（变频调速）

变频调速是改变电源的频率进行调速。变频调速的调速范围大，能实现无级调速，并且在调速时，能改善负载的起动性能。

（2）改变磁极对数调速

改变电动机磁极对数的调速方法是有级调速。通常是通过改变定子绕组的连接来实现。当采用改变磁极对数的方法进行调速时，三相异步电动机的转速是不连续变化的，属于断续调速。

（3）改变转差率调速

绕线转子异步电动机可以通过转子绕组外接电阻的方式来改变转差率，实现电动机的调速。当串入的电阻可以连续调节时，这种调速方式属于无级调速。

想一想：
在三相异步电动机降压起动方式中，Y-△降压起动和转子回路串电阻降压起动哪种方式更适合带负载起动？

四、三相异步电动机的控制及保护

1. 三相异步电动机的控制

在三相异步电动机带动负载运行时，可通过电动机控制线路上的低压电器，来实现由时间、位置、速度、电流等对电动机的运行状态自动控制。

（1）根据时间进行控制

根据时间控制是利用时间继电器按一定时间间隔来控制电动机的工作状态。

如在三相异步电动机的降压起动、制动及变速过程中，利用时间继电器按一定的时间间隔改变线路的接线方式，从而实现控制要求。

（2）根据位置进行控制

位置控制是根据生产机械运动部件的位置或行程，利用位置开关（行程开关）来控制电动机的工作状态。

如电动机控制运料小车的自动往返运行中，运料小车运行到规定位置后压合位置开关，来改变电动机正反转工作状态，从而改变运料小车的运行方向。

（3）根据速度进行控制

速度控制是根据电动机转速的变化，利用速度继电器来控制电动机的工作状态。如三相异步电动机的反接制动控制。

（4）根据电流进行控制

电流控制是根据电动机主电路电流的大小，利用电流继电器来控制电动机的工作状态。如三相绕线转子异步电动机串电阻降压起动控制线路。

2. 三相异步电动机的保护

在三相异步电动机带动负载运行的过程中，除了满足控制要求外，若线路上出现短路、过载、欠电压、失电压、过电流等现象时要能及时进行保护，即立即自动切断电源，防止和避免电气设备和机械设备损坏，保证操作人员的人身安全。

（1）短路保护

当控制线路上的电器及线路发生故障或是电动机绕组及导线的绝缘损坏时，线路将出现短路现象，此时保护电器需立即动作，迅速切断电源。

因为在发生短路故障时，线路中将会产生很大的短路电流，使电器、导线、电动机等电器设备严重损坏，所以必须在事故发生时立即切断电源。

常用的短路保护器件有熔断器和低压断路器。

（2）过载保护

当电动机带动的负载过大、起动操作频繁或是缺相运行时，电动机将发生过载现象，此时保护电器需立即动作，迅速切断电源。

笔记栏：

笔记栏：

因为电动机在过载状态下运行时，其工作电流超过额定电流，绕组将过热，温度升高超过其允许值，结果会导致电动机绝缘变脆，寿命缩短，严重时会损坏电动机。

常用的过载保护电器是热继电器。

（3）欠电压保护

当电网电压降低时，此时保护电器需立即动作，迅速切断电源。

因为电动机负载没有改变，所以在欠电压下电动机的转速将下降，定子绕组的电流将增加，而电流增加的幅度又不足以使熔断器和热继电器动作，也就是线路中的这两种电器起不到保护作用，电动机在欠电压状态下时间长了则会过热损坏；另外，欠电压会引起一些电磁类电器释放，使线路不能正常工作，也可能导致人身和设备的事故。一般当电网电压下降到额定电压的 85% 以下时，保护电器应立即动作，切断电源，使电动机脱离欠电压运行状态。

常用的欠电压保护电器是接触器和电磁式电压继电器。

（4）失电压（零电压）保护

当电网发生瞬间停电，正在运行的电动机和其所带负载将立即停止。通常情况下，操作人员不可能及时拉开电源开关，虽然电动机不工作，但并未脱离电源，当电源电压恢复正常时，电动机便会自行起动，很可能造成人身安全事故和机械设备事故，同时引起电网过电流和瞬间网络电压下降。所以在发生供电电源失电压（零电压）时，保护电器需立即动作，采取保护措施，防止电动机控制线路瞬间停电后又送电。

常用的失电压保护电器是接触器和中间继电器。

（5）过电流保护

为限制电动机的起动或制动电流，绕线转子三相异步电动机在转子回路中串入附加的限流电阻。

常用的过电流保护电器是电磁式过电流继电器。当电动机的电流达到过电流继电器的动作值时，过电流继电器动作，使电动机电源断开，电动机停止运行，达到过电流保护。

五、三相异步电动机在运行中的维护

正确使用三相异步电动机可保证电动机处于良好的运行状态，延长电动机的使用寿命，为此在使用电动机时，要做好以下三个步骤，即起动前的检查、起动时的观察和运行中的监视工作。

1. 起动前的检查

①新的或长期不用（停用超过三个月）的电动机，使用前都应用兆欧表检查各相绕组对地和各相绕组之间的绝缘电阻。一般电压为 380 V 的三相交流电动机绝缘电阻应大于 0.5 MΩ，若低于这个值，应将电动机进行烘干处理，达标后再使用。

②核对铭牌所示的电压、频率等与电源是否相符，接法是否正确，功率、转速等是否符合要求。

③扳动电动机转轴检查其传动机构是否灵活，有无卡位、窜动及不正常现象。同

笔记栏：

时还要检查电动机的安装是否牢固，接地是否可靠。

④检查电动机保护电路所配元件是否与电动机配套，安装是否完好。

⑤绕线转子异步电动机还应检查集电环上的电刷接触是否良好，压力是否合适，电刷机构是否灵活、正常。如果是新的或长期不用的还应检查集电环对地的绝缘电阻。

2. 起动时的观察

①新使用或长期放置过的电动机，应先空载运行，一切正常后再带负载投入工作。

②在同一线路上的电动机，特别是容量较大的电动机，不允许同时起动。应由大到小逐台起动或按操作顺序起动，以免起动时大起动电流影响电网电压。

③在电动机接入电源后，如果电动机不转或转速较低，或者发出异常声响，应立即切断电源，查找原因，排除故障。注意：禁止电动机在带电的情况下进行故障检查和故障排除。

④电动机起动后，要观察其旋转方向是否符合要求。对不允许反方向运行的工作机械，应在正式运行前先空载起动运行，观察电动机的转向是否正确。

3. 运行中的监视

电动机在运行中需要经常进行监视，以便及时发现问题并及时处理。

①电动机在运行时应保持通风良好，远离热源。保持清洁，防止水滴、油污或杂物落在机内。电动机上不可放置其他物品，如衣物或其他杂物，不可在电动机上坐、立。

②用钳形电流表测量电动机负载电流，检查三相电流是否平衡或在允许值内。

③监视电动机的温度不要超过允许值。可用手背小心触及电动机外壳，看电动机是否过热。

④用螺丝刀或听诊棒听电动机有无杂音。方法是一端顶到电动机轴承部位，另一端贴近耳朵。

⑤电动机在运行中要有良好的润滑。一般情况下，电动机运行半年应检查一次润滑情况。

⑥绕线转子异步电动机，应注意电刷与集电环间的接触情况及电刷的磨损情况。发现火花时应清理集电环表面，并校正电刷弹簧压力。

小　结

本章包含三部分内容。

第一节介绍了三相异步电动机的结构和工作原理。三相异步电动机是根据电磁感应原理制成的，核心结构是定子和转子。定子主要由定子铁芯和定子绕组组成。定子铁芯是磁路部分，定子绕组是电路部分。转子主要由转子铁芯和转子绕组组成。转子铁芯是磁路部分，转子绕组是电路部分。转子绕组自成闭合回路。三相异步电动机的工作原理是当电动机接入三相电源后，定子绕组将产生旋转磁场，转子绕组在旋转磁场中会感应出感生电流，流动感生电流的转子导体在旋转磁场中会受到力的作用，形成转动力矩，使电动机转动起来。

第二节介绍了三相异步电动机的电磁转矩和机械特性。电动机的电磁转矩与电源电压的二次方成正比。三相异步电动机的机械特性是用其机械特性曲线来描述的，表达的是电磁转矩与转速的关系，不同的电动机具有不同的机械特性曲线。当负载变化大但不希望转速随之有较大变化时，选用机械特性曲线具有硬特性的电动机；反之，则选用具有软特性的电动机。

第三节介绍了三相异步电动机的使用。包括电动机铭牌的识读，电动机的选择，电动机的起动、制动和调速以及电动机的运行维护等。从电动机铭牌的信息可以了解电动机的额定电压、额定电流、额定功率、端子的连接方式及结构等。电动机的选择是根据工作需求，在功率、电压、转速等方面选择合适的电动机。在电动机起动时，可采取直接起动和降压起动两种方式；在电动机制动时，可采取反接制动、能耗制动和回馈制动三种制动方式。在电动机使用运行时，做好电动机的维护也非常重要，新的或长期不用的电动机使用前应检查绝缘电阻、安装情况，运行时应注意转向、转速是否符合要求，温升是否在允许范围内，同时要保持通风、注意异常等。

习题

一、填空题

1. 三相异步电动机的铭牌上标识 380 V/220 V、Y/△，是指电源电压为(   )时采用Y联结；电源电压为(   )时采用△联结。

2. 三相异步电动机转子的转向由(   )的方向决定。旋转磁场方向与通入的三相交流电(   )有关。

3. 三相异步电动机主要由定子和(   )两大部分组成。

4. 三相异步电动机的输出转矩与(   )成正比。

5. 三相异步电动机的制动方式有(   )、(   )、(   )、(   )几种。

二、问答题

1. 为什么三相异步电动机又称三相感应电动机？

2. 三相异步电动机的铭牌有什么作用？说明铭牌上最重要的数据有哪几个？

3. 三相异步电动机接入电源起动时，如果转子被卡住无法旋转，对电动机是否有害？如果遇到此情况，该怎么办？

4. 说明三相异步电动机转动原理。

5. 三相异步电动机的起动方法有几种？各适用什么场合？

三、计算题

1. 有一台四极三相异步电动机，电源的频率是 50 Hz，带负载运行时转差率是 0.03，试求同步转速和实际转速。

2. 某台电动机的技术数据如下：型号 Y3-100L1-4，额定功率 P_N 为 2.2 kW，额定转速 n_N 为 1 430 r/min，电流为 5.1 A，效率 η_N 为 81%，功率因数 $\cos\varphi$ 为 0.81。试求此电动机的额定转差率、额定转矩、起动电流、起动转矩、最大转矩和输入功率。

第二章 常用低压电器

知识学习目标

1. 掌握常用低压电器的功能和使用场合。
2. 了解常用低压电器的动作原理。
3. 掌握常用低压电器在电动机控制线路中的作用。

能力培养目标

1. 通过对低压电器实物的认识和拆装，掌握常用低压电器的结构、原理和作用。
2. 正确使用万用表，并能识别器件的好坏。

情感价值目标

1. 倡导学生树立工匠精神。
2. 通过分组实操训练，培养学生的团队精神。
3. 通过实操调试，培养学生分析问题、解决问题的能力。
4. 通过课内5S管理，培养学生职业精神。

电器可分为高压电器和低压电器。工作在交流额定电压1 200 V及以下、直流额定电压1 500 V及以下的电器称为低压电器。

低压电器在电路中起通断、保护、控制、转换或调解作用。

低压电器根据它在电气线路中所处的地位和作用，可分为低压配电电器和低压控制电器两大类。按照它的动作方式可分为自动切换电器和非自动切换电器两类。

自动切换电器在完成接通、分断或起动、反向以及停止等动作时，依靠其本身参数的变化或外来信号而自动进行工作；非自动切换电器主要依靠外力直接操作来进行切换等动作。

本章只介绍用于电动机控制线路的常用低压电器。

想一想：你能说出几个在日常生活中看到的低压开关吗？

第一节 低压开关

低压开关主要作隔离、转换、接通和分断电路用，多数用作机床电路的电源开关和局部照明电路的控制开关，有时也可用于直接控制小容量电动机的起动、停止和正反转。

低压开关一般为非自动切换电器，常用的主要类型有刀开关、组合开关和低压断路器。

笔记栏：

一、刀开关

刀开关又称闸刀开关或隔离开关，是一种结构最简单且应用最广泛的手控低压电器，广泛应用在照明电路和小容量（5.5 kW）、不频繁起动的动力电路的控制线路中。刀开关的主要类型有负荷开关和板形开关。在电力拖动控制线路中最常用的是由刀开关和熔断器组合而成的负荷开关。负荷开关分为开启式负荷开关和封闭式负荷开关两种。下面以开启式负荷开关为例加以介绍。

1. 刀开关的型号及含义

开启式负荷开关又称瓷底胶盖刀开关，简称闸刀开关。常用的刀开关有 HD 型单投刀开关、HS 型双投刀开关（刀形转换开关）、HR 型熔断器式刀开关、HZ 型组合开关、HK 型闸刀开关、HY 型倒顺开关和 HH 型铁壳开关等。生产中常用的是 HK 型开启式负荷开关。刀联的型号及含义如图 1-2-1 所示。

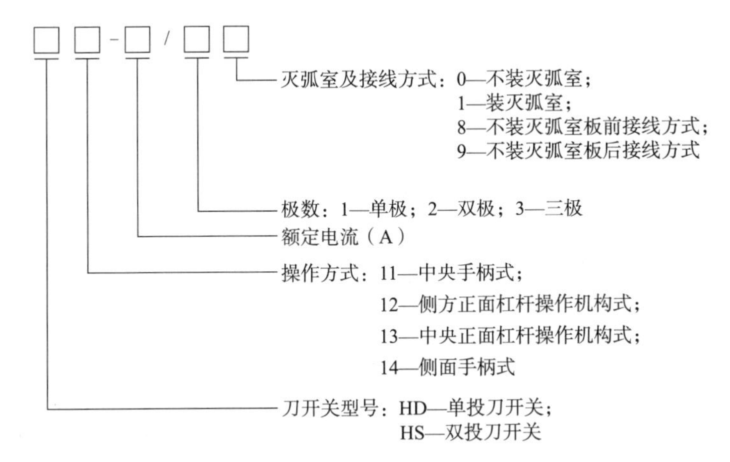

图 1-2-1　刀开关的型号及含义

扫一扫

刀开关

2. 刀开关的结构与工作原理

HK 型开启式负荷开关由刀开关和熔断器组合而成。工作时，动触点—触刀通过与底座上的静触点—刀夹座相接触闭合（或分离），以接通（或分断）电路，如图 1-2-2 所示。

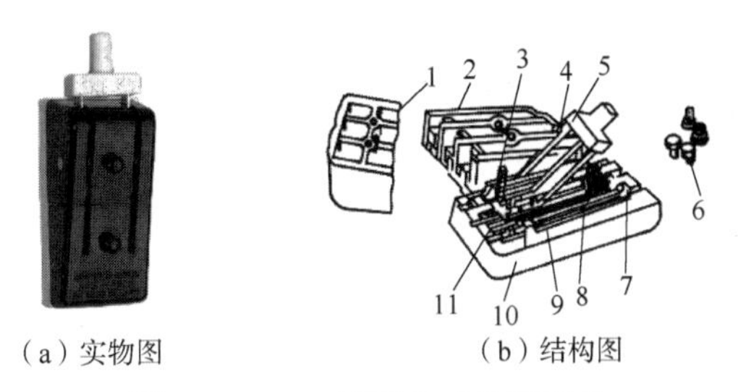

（a）实物图　（b）结构图

图 1-2-2　HK 型开启式负荷开关

1—上胶盖；2—下胶盖；3—插座；4—触刀；5—瓷柄；6—胶盖紧固螺母；7—出线座；8—熔线；9—触刀座；10—瓷底板；11—进线座

笔记栏：

3. 刀开关的图形符号及文字符号

刀开关的图形符号及文字符号如图 1-2-3 所示。

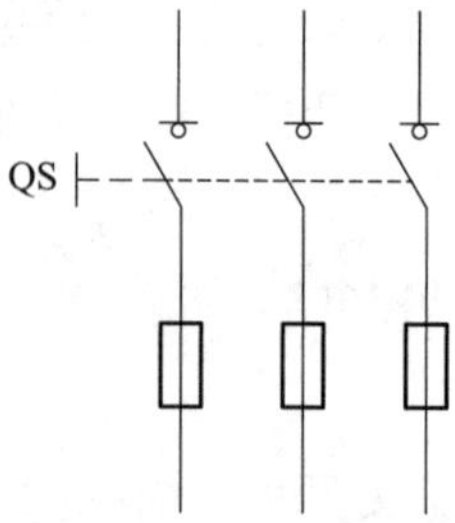

QS

图 1-2-3 刀开关的图形符号及文字符号

4. 刀开关的主要技术参数

刀开关的主要技术参数有额定电流、额定电压、极数、控制容量等。

5. 刀开关的选择

刀开关选择应注意以下几点：

①根据使用场合，选择刀开关的类型、极数及操作方式。

②刀开关额定电压应大于或等于线路电压。

③刀开关额定电流应等于或大于线路的额定电流。对于负载，开启式负荷开关额定电流可取电动机额定电流的 3 倍；封闭式负荷开关额定电流可取电动机额定电流的 1.5 倍。

6. 刀开关的安装与使用

①开启式负荷开关必须垂直安装在控制屏或开关板上，且合闸状态时手柄应朝上，不允许倒装或平装，以避免由于重力自动下落而引起误合闸事故。

②接线时应把电源进线接在静触点一边的进线座，负载接在动触点一边的出线座，这样在开关断开后，刀开关的刀片与电源隔离，既便于更换熔丝，又可防止可能发生的意外事故。

③更换熔体时，必须在闸刀断开的情况下按原规格更换。

④在分闸和合闸操作时，应动作迅速，使电弧尽快熄灭。

7. 刀开关的常见故障及处理方法

刀开关常见故障及处理方法，见表 1-2-1。

表 1-2-1 刀开关常见故障及处理方法

故障现象	产生原因	处理方法
合闸后一相或两相没电	（1）插座弹性消失或开口过大； （2）熔丝熔断或接触不良； （3）插座、触刀氧化或有污垢； （4）电源进线或出线头氧化	（1）更换插座； （2）更换熔丝； （3）清洁插座或触刀； （4）检查进出线头
触刀和插座过热或烧坏	（1）开关容量太小； （2）分、合闸时动作太慢造成电弧过大，烧坏触点； （3）夹座表面烧毛； （4）触刀与插座压力不足； （5）负载过大	（1）更换较大容量的开关； （2）改进操作方法； （3）用细锉刀修整； （4）调整插座压力； （5）减轻负载或调换大容量的开关

笔记栏：

续表

故障现象	产生原因	处理方法
封闭式负荷开关的操作手柄带电	（1）外壳接地线接触不良； （2）电源线绝缘损坏碰壳	（1）检查接地线； （2）更换导线

二、组合开关

组合开关又称转换开关，实质为刀开关。它体积小、触点对数多、灭弧性能比刀开关好，接线方式灵活、操作方便，常用于交流 50 Hz，380 V 以下及直流 220 V 以下的电气线路中，非频繁地接通和分断电路，换接电源和负载以及控制 5 kW 以下小容量感应电动机的起动、停止和正反转。组合开关的种类很多，有单极、双极、三极和四极，常用的是三极组合开关。

1. 组合开关的型号及含义（见图 1-2-4）

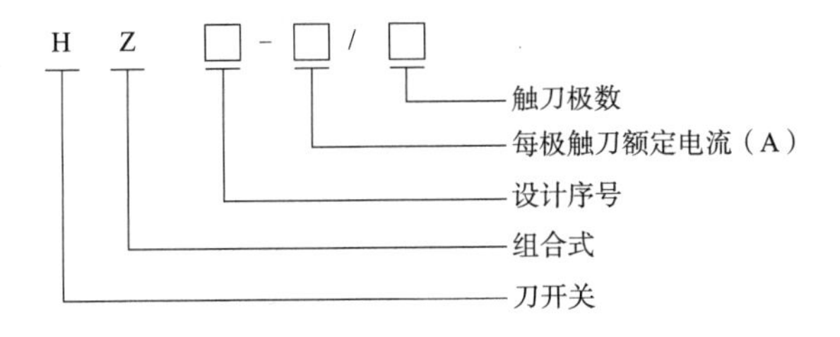

图 1-2-4　组合开关的型号及含义

2. 组合开关的结构及工作原理

HZ 系列组合开关有 HZ1、HZ2、HZ3、HZ4、HZ5 以及 HZ10 等系列产品。其中，HZ10 系列是全国统一设计的产品，其通用性强，具有可靠、结构简单、组合性强、寿命长等优点。

HZ10-10/3 的三对静触点分别装在三层绝缘垫板上，并附有接线柱。用于与电源及用电设备相接。

动触点是由磷铜片和具有良好灭弧性能的绝缘钢纸板铆合而成，并和绝缘垫板一起套在附有手柄的方形绝缘转轴上。手柄和转轴能在平行于安装面的平面内，沿顺时针或逆时针方向每次转动 90°，带动三个动触点分别与三对静触点接触或分离，实现接通和分断电气的目的。开关的顶盖部分是由滑板、凸轮、扭簧和手柄等构成的操作机构。由于采用了扭簧储能，可使触点快速闭合或分断，从而提高了开关的通断能力。

组合开关的绝缘垫板可以一层层组合起来，最多可达六层。按不同的方式配置动触头和静触头，可得到不同类型的组合开关，以满足不同的控制要求。组合开关的结构图及图形符号如图 1-2-5 所示。

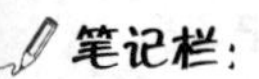

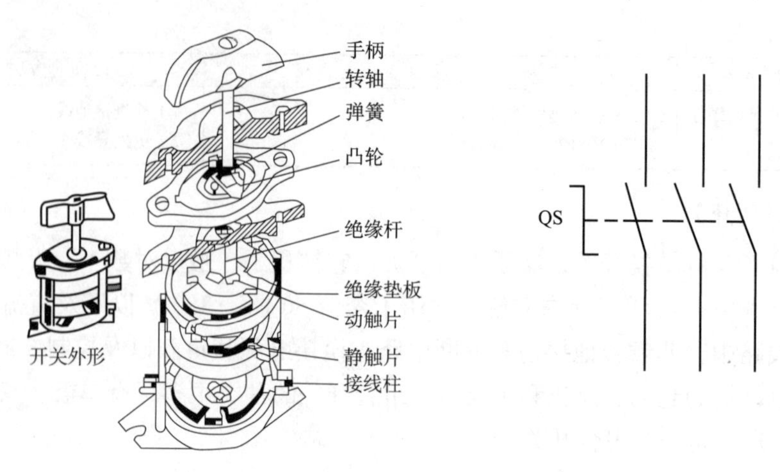

图 1-2-5 HZ10 系列组合开关结构图及图形符号

组合开关中，HZ3-132 型是专为控制小容量三相异步电动机的正反转而设计生产的，又称倒顺开关或可逆转换开关。开关的手柄有“倒”、“停”、“顺”三个位置。实物图及图形符号如图 1-2-6 所示。转轴上固定着六副触头，手柄位于“顺”位置时，L1、L2、L3 分别与 U、V、W 接通；手柄位于“倒”位置时，L1、L2、L3 分别与 W、V、U 接通；手柄位于“停”位置时，触头不接通。

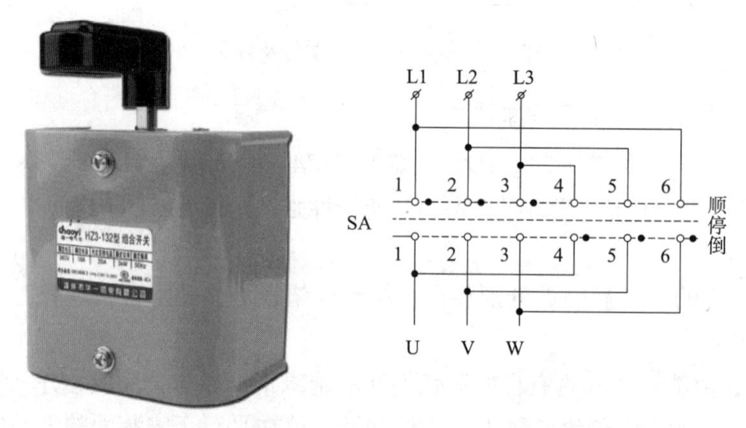

图 1-2-6 HZ3-132 型倒顺开关实物图及图形符号

3. 组合开关的安装与使用

HZ10 系列组合开关应安装在控制箱（或壳体）内，其操作手柄最好在控制箱的前面或侧面，开关为断开状态时应使手柄在水平旋转位置。HZ3 系列组合开关外壳上的接地螺钉应可靠接地。

①若需在箱内操作，开关最好装在箱内右上方，并且在它的上方不安装其他电器，否则应采取隔离或绝缘措施。

②组合开关的通断能力较低，不能用来分断故障电流。用于控制异步电动机的正反转时，必须在电动机完全停止转动后才能反向起动，且每小时的接通次数不能超过 15~20 次。

③当操作频率过高或负载功率因数较低时，应降低开关的容量使用，以延长其使用寿命。

④倒顺开关接线时，应将开关两侧进出线中的一相互换，并看清开关接线端的标记，切忌接错，以免产生电源两相短路故障。

4. 组合开关的常见故障及处理方法

组合开关的常见故障及处理方法见表 1-2-2。

表 1-2-2　组合开关的常见故障及处理方法

故障现象	可能的原因	处理方法
手柄转动后，内部触头未动	手柄上的轴孔磨损变形	调换手柄
	绝缘杆变形（由方形磨为圆形）	更换绝缘杆
	手柄与方轴，或轴与绝缘杆配合松动	紧固松动部件
	操作机构损坏	修理更换
手柄转动后，动、静触点不能按要求动作	组合开关的型号选用不正确	更换开关
	触点角度装配不正确	重新装配
	触点失去弹性或接触不良	更换触点或清除氧化层、尘污
接线柱间短路	铁屑或油污附着接线柱部，形成导电层，将胶木烧焦，绝缘损坏而形成短路	更换开关

三、自动空气开关

自动空气开关又称低压断路器。它是按规定条件，对配电电路、电动机或其他用电设备实行不频繁通断操作、线路转换，当电路内出现过载、短路或欠电压等情况时，能自动分断电路的开关电器，是低压配电系统中的主要电气元件。

1. 低压断路器的外形及结构

低压断路器的外形如图 1-2-7 所示，实物结构图如图 1-2-8 所示。

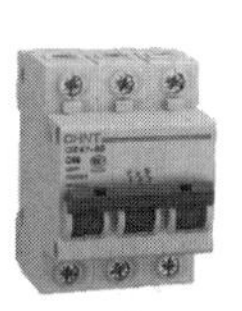

图 1-2-7　低压断路器的外形

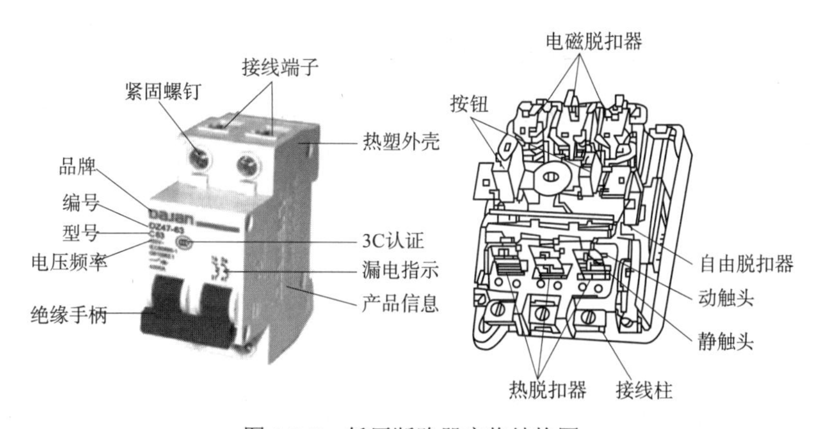

图 1-2-8　低压断路器实物结构图

笔记栏：

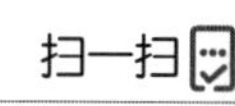

自动空气开关

笔记栏：

2. 低压断路器的工作原理

低压断路器工作原理如图 1-2-9 所示。使用时，断路器的三副主触点串联在被控制的三相电路中，按下接通按钮时，外力使锁扣克服反作用弹簧的反作用力，将固定在锁链上面的动触点与静触点闭合，并由搭钩锁住锁链，使动、静触点保持闭合，开关处于接通状态。

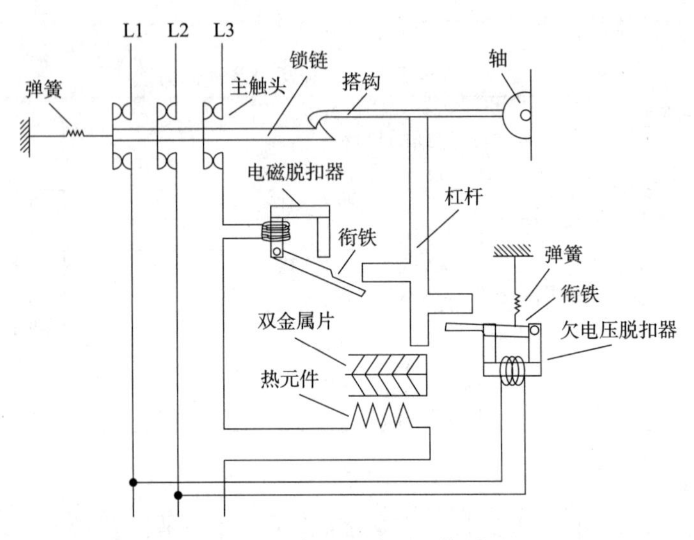

图 1-2-9 低压断路器工作原理

当线路发生过载时，过载电流流过热元件产生一定的热量，使双金属片受热向上弯曲，通过杠杆推动搭钩与锁链脱开，在反作用弹簧的推动下，动、静触点分开，从而切断电路，使用电设备不致因过载而烧毁。

当线路发生短路时，短路电流超过电磁脱扣器的瞬时脱扣整定电流，电磁脱扣器产生足够大的吸力将衔铁吸合，通过杠杆推动搭钩与锁链分开，从而切断电路，实现短路保护。

当线路电压正常时，欠电压脱扣器的衔铁被吸合，衔铁与杠杆脱离，断路器的主触点能够闭合；当线路上的电压消失或下降到某一数值时，衔铁在弹簧作用下向上撞击杠杆，将搭钩顶开，使触点分断。

3. 低压断路器的图形符号及文字符号

低压断路器的图形符号及文字符号如图 1-2-10 所示。

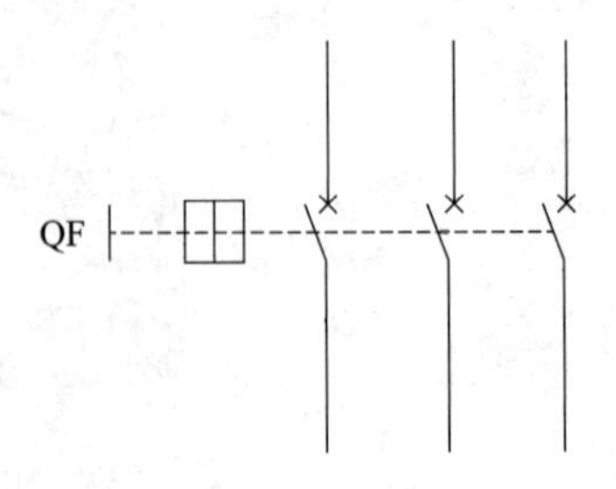

图 1-2-10 低压断路器的图形符号及文字符号

笔记栏：

4. DZ5–20 型低压断路器的型号及含义

DZ5-20 型低压断路器的型号及含义如图 1-2-11 所示。

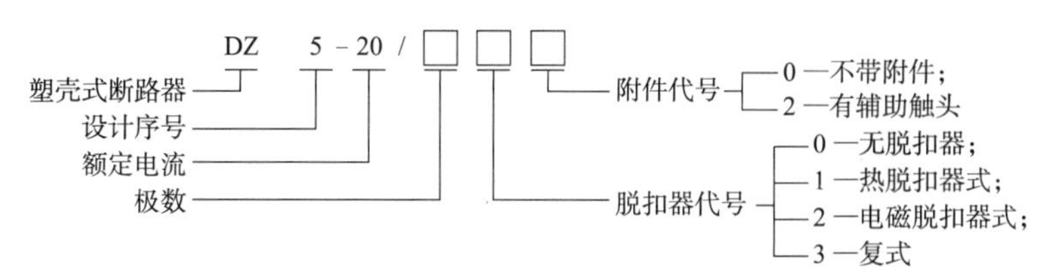

图 1-2-11　DZ5-20 型自动空气开关的型号及含义

5. 低压断路器的选用原则

①低压断路器的额定电压和额定电流应不小于线路的正常工作电压和计算负载电流。

②热脱扣器的整定电流应等于所控制负载的额定电流。

③电磁脱扣器的瞬时脱扣整定电流应大于负载正常工作时可能出现的峰值电流。用于控制电动机的断路器，其瞬时脱扣整定电流可按下式选取：

$$I_Z \geqslant KI_{st}$$

式中，K 为安全系数，可取 1.5 ~ 1.7；I_{st} 为电动机的起动电流。

④欠电压脱扣器的额定电压应等于线路的额定电压。

6. 低压断路器的常见故障及处理方法

下面列举一些低压断路器的常见故障及处理方法，见表 1-2-3。

表 1-2-3　低压断路器的常见故障及处理方法

故障现象	故障原因	处理方法
不能合闸	（1）欠电压脱扣器无电压或线圈损坏； （2）储能弹簧变形； （3）反作用弹簧力过大； （4）机构不能复位再扣	（1）检查施加电压或更换线圈； （2）更换储能弹簧； （3）重新调整； （4）调整再扣接触面至规定值
电流达到整定值，断路器不动作	（1）热脱扣器双金属片损坏； （2）电磁脱扣器的衔铁与铁芯距离太大或电磁线圈损坏； （3）主触点熔焊	（1）更换双金属片； （2）调整衔铁与铁芯距离或更换断路器； （3）检查原因并更换主触点
起动电动机时断路器立即分断	（1）电磁脱扣器瞬动整定值过小； （2）电磁脱扣器某些零件损坏	（1）调高整定值至规定值； （2）更换脱扣器
断路器闭合后经一定时间自行分断	热脱扣器整定值过小	调高整定值至规定值
断路器温升过高	（1）触点压力过小； （2）触点表面过分磨损或连接不良； （3）两个导电零件连接螺钉松动	（1）调整触点压力或更换弹簧； （2）更换触点或修整接触面； （3）重新拧紧

扫一扫

熔断器

第二节　熔断器

熔断器是在控制系统中用作短路保护的电器，使用时串联在被保护的电路中，当

笔记栏：

电路发生短路故障时，通过熔断器的电流达到或超过某一规定值时，以其自身的热量使熔体熔断，从而分断电路，起到保护作用。

1. 熔断器的结构

熔断器主要由熔体（俗称“熔丝”）、安装熔体的熔管和熔座三部分组成。

熔体是熔断器的核心，常做成丝状、片状或栅状，制作熔体的材料一般有铅锡合金、锌、铜、银等。其作用为当电路发生短路或严重过载时，熔体熔断保护电路。

熔管是熔体的保护外壳，用耐热绝缘材料制成，在熔体熔断时兼有灭弧作用。

熔座是熔断器的底座，作用是固定熔管和外接引线。

熔断器的外形、图形符号和文字符号如图 1-2-12 所示。

图 1-2-12　熔断器的外形、图形符号和文字符号

熔断器按照结构形式分为半封闭插入式、无填料封闭管式、有填料封闭管式、螺旋自复式等。

2. 熔断器的型号及含义（见图 1-2-13）

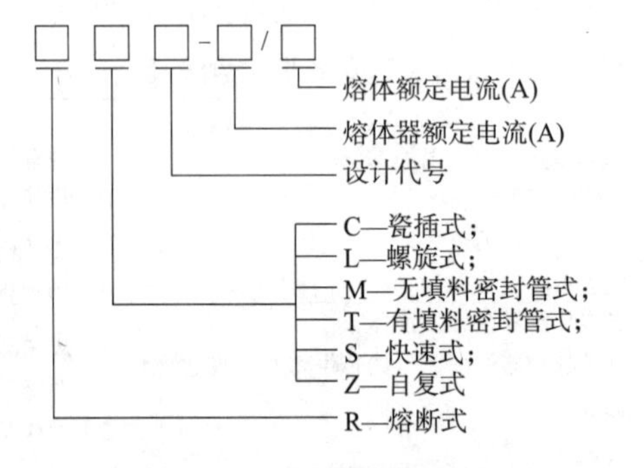

图 1-2-13　熔断器的型号及含义

常见熔断器的型号有 RL1、RT0、RT15、RT18 等，选用时应根据使用场合酌情选择。

3. 熔断器的主要技术参数

额定电压：熔断器长期工作所能承受的电压。

额定电流：保证熔断器能长期正常工作的电流。

分断能力：在规定的使用和性能条件下，在规定电压下熔断器能分断的预期分断电流值。

时间 - 电流特性：又称保护特性，表示熔断器的熔断时间与流过熔体电流的关系。熔断器的熔断时间随着电流的增大而减小，即反时限保护特性。

想一想：

①熔断器的主要作用是什么？

②画出熔断器的图形符号。

笔记栏：

4. 熔断器的选用

熔断器是一种短路保护电器，只有经过正确的选择才能起到应有的保护作用。选择熔断器有以下基本原则：

①对照明和电热等的短路保护，熔体的额定电流应等于或稍大于负载的额定电流。

②对一台不经常起动且起动时间不长的电动机的短路保护，应有：

$$I_{RN} \geqslant (1.5 \sim 2.5) I_N$$

注：对于频繁起动或起动时间较长电动机，其系数应增加到 3 ～ 3.5 倍。

③对多台电动机的短路保护，应有：

$$I_{RN} \geqslant (1.5 \sim 2.5) I_{Nmax} + \sum I_N$$

5. 熔断器的安装与使用

①用于安装使用的熔断器应完整无损。

②熔断器安装时应保证熔体与夹头、夹头与夹座接触良好。

③熔断器内要安装合格的熔体。

④更换熔体或熔管时，必须切断电源。

⑤对 RM10 系列熔断器，在切断过三次相当于分断能力的电流后，必须更换熔断管。

⑥熔体熔断后，应分析原因并排除故障后，再更换新的熔体。

⑦熔断器兼作隔离器件使用时，应安装在控制开关的电源进线端。

6. 熔断器的常见故障及处理方法

熔断器的常见故障及处理方法见表 1-2-4。

表 1-2-4 熔断器的常见故障及处理方法

故障现象	故障原因	处理方法
误熔断	（1）接触不良，使接触部位过热； （2）熔体氧化腐蚀或安装时有机械损伤使熔体接触面变小，电阻增大； （3）熔断器周围介质温度与被保护对象介质温度相差太大	（1）修整动、静接触部位； （2）更换熔体； （3）加强通风
熔体烧损、爆裂	熔管内的填料洒落或瓷插座的隔热物丢掉	安装时认真细心，更换熔管
熔体未熔，但电路不通	熔体两端接触不良	坚固接触面

第三节 接触器

接触器是一种自动的电磁式开关，适用于远距离频繁地接通或断开交、直流电路及大容量控制电路。

主要控制对象是电动机，也可用于控制其他负载，如电热设备，电焊机以及电容器组等。它不仅能实现远距离自动操作和欠电压释放保护功能，而且具有控制容量大、工作可靠、操作频率高、使用寿命长等优点。

扫一扫

交流接触器

1. 接触器的分类

接触器按主触点通过的电流种类，分为交流接触器和直流接触器两种。

笔记栏:

①常用的交流接触器：包括 CJ20、CJX1、CJX2、CJ12 和 CJ10 等系列。引进品种：德国 BBC 公司的 B 系列、德国 SIEMENS 公司的 3TB 系列、法国 TE 公司的 LC1 系列等。

②常用的直流接触器：包括 CZ18、CZ21、CZ22、CZ10 和 CZ2 等系列，CZ18 系列是取代 CZ0 系列的新产品。

部分接触器实物图如图 1-2-14 所示。

（a）专用接触器

（b）机械联锁可逆接触器

（c）电磁式接触器

（d）直流接触器

图 1-2-14 部分接触器实物图

2. 接触器的结构及符号

接触器主要由电磁系统、触点系统、灭弧系统及辅助系统等组成。交流接触器的结构原理及图形符号如图 1-2-15 所示。

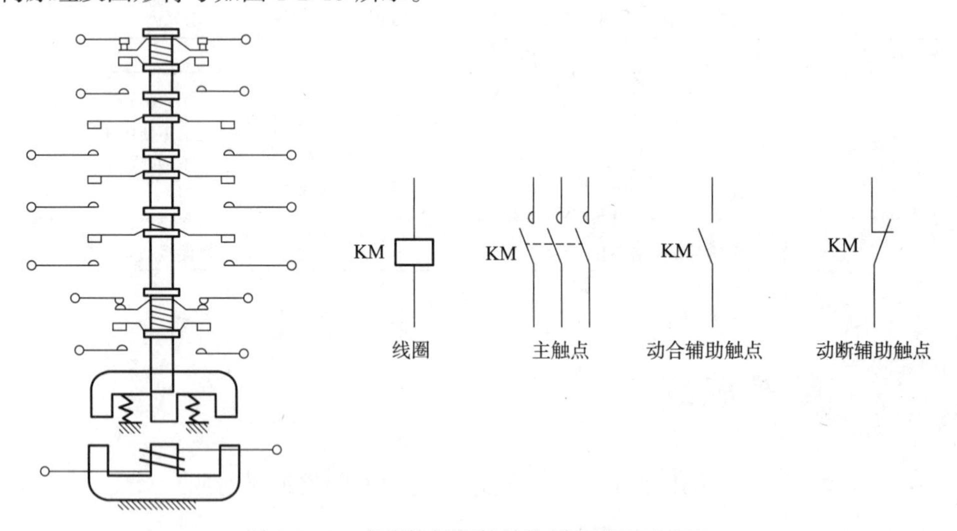

图 1-2-15 交流接触器的结构原理及图形符号

（1）电磁系统

交流接触器的电磁系统主要由线圈、铁芯（静铁芯）和衔铁（动铁芯）三部分组成。其作用是利用电磁线圈的通电或断电，使衔铁和铁芯吸合或释放，从而带动动触点与静触点闭合或分断，实现接通或断开电路的目的。

笔记栏：

（2）触点系统

触点系统是接触器的执行元件，用来接通或断开被控制的电路。根据其所控制的电路可分为主触点和辅助触点。主触点用于接通或断开主电路，允许通过较大的电流，多为常开触点；辅助触点用于接通或断开控制电路，只能通过较小的电流。所谓触点的常开和常闭，是指电磁系统未通电动作时触点的状态。常开触点和常闭触点是联动的。当线圈通电时，常闭触点先断开，常开触点随后闭合。而线圈断电时，常开触点首先恢复断开，随后常闭触点恢复闭合。两种触点在改变工作状态时，先后有个时间差，尽管这个时间差很短，但对分析线路的控制原理却很重要。

当线圈得电后，衔铁在电磁吸力的作用下吸向铁芯，带动全部动触点移动，实现全部触点状态的切换。

（3）灭弧装置

容量在 10 A 以上的接触器都有灭弧装置，对于小容量的接触器，常采用双断口桥式触点以利于灭弧，触点上带有灭弧罩；对于大容量的接触器，常采用纵缝灭弧罩及灭弧栅。

（4）辅助部件

交流接触器的辅助部件有反作用弹簧、缓冲弹簧、触点压力弹簧、传动机构及底座、接线柱等。

反作用弹簧安装在动铁芯和线圈之间，其作用是线圈断电后，推动衔铁释放，使各触点恢复原状态。缓冲弹簧安装在静铁芯与线圈之间，其作用是缓冲衔铁在吸合时对静铁芯和外壳的冲击力，保护外壳。触点压力弹簧安装在动触点上面，其作用是增加动、静触点之间的压力，从而增大接触面积，以减小接触电阻，防止触点过热灼伤。传动机构的作用是在衔铁或反作用弹簧的作用下，带动动触点实现与静触点的接通或分断。

3. 接触器的技术参数与选型

（1）技术参数

接触器的主要技术参数有：

①额定电压。接触器的额定电压是指主触点的额定电压。常用额定电压等级：直流接触器的 110 V、220 V、440 V、660 V；交流接触器的 127 V、220 V、380 V、500 V 及 660 V。

②额定电流。接触器的额定电流是指主触点的额定电流。常用额定电流等级：直流接触器的 5 A、10 A、20 A、40 A、60 A、100 A、150 A、250 A、400 A、600 A；交流接触器的 5 A、20 A、40 A、60 A、100 A、150 A、250 A、400 A、600 A。

③电磁线圈的额定电压。该额定电压是指保证衔铁可靠吸合的线圈工作电压。常用的电压等级：直流线圈的 24 V、48 V、110 V、220 V 及 440 V 和交流线圈的 36 V、110 V、127 V、220 V 及 380 V。线圈的额定电压可与触点的额定电压相同也可不同。

④额定操作频率。接触器的额定操作频率是指每小时的接通次数。通常交流接触器的额定操作频率为 600 次 /h；直流接触器为 1 200 次 /h。操作频率直接影响到接触

笔记栏：

器的寿命，对交流接触器还影响到线圈的温升。

⑤接通和分断能力。接触器的接通和分断能力是指主触点在规定条件下能可靠地接通和分断的电流值（此值远大于额定电流）。在此电流值下，接通时主触点不应发生熔焊，分断时主触点不应发生长时间燃弧。电路中超出此电流值的分断任务则由熔断器、低压断路器等保护电路承担。

⑥机械寿命和电气寿命。机械寿命是指接触器在需要修理或更换机构零件前所能承受的无载操作次数；电气寿命是指在规定的正常工作条件下，接触器不需修理或更换的有载操作次数。

⑦使用类别。接触器用于不同负载时，其对主触点的接通和分断能力要求不同，按不同使用条件来选用相应使用类别的接触器便能满足其要求。在电力拖动控制系统中，常见接触器的使用类别及典型用途见表1-2-5。

表1-2-5　常见接触器的使用类别及典型用途

电流种类	使用类别	典型用途
AC（交流）	AC-1	无感或微感负载、电阻炉
	AC-2	绕线转子异步电动机的起动和分断
	AC-3	笼形异步电动机的起动、运转中分断
	AC-4	笼形异步电动机的起动、反接制动、反向和点动
DC（直流）	DC-1	无感或微感负载、电阻炉
	DC-3	并励电动机的起动、反接制动和点动
	DC-5	串励电动机的起动、反接制动和点动
	DC-6	白炽灯的通断

（2）选型

接触器型号众多，应根据被控对象的类型和参数合理选用，保证接触器可靠运行。接触器的选用依据主要有以下几个方面：

①选择接触器的类型。通常根据接触器所控制电路的电流种类来确定接触器的类型，即交流负载应选用交流接触器，直流负载应选用直流接触器。

②选择接触器的使用类别。根据控制负载的工作任务来选择相应使用类别的接触器（见表1-2-5）。如负载是一般任务则选用AC-3类别；负载为重任务则一般选用AC-4类别；负载为一般任务与重任务混合时，则可根据实际情况选用AC-3或AC-4类接触器，如选用AC-3类别时，接触器的容量应降低一级使用，即使这样，其寿命仍有不同程度的降低。

③选择接触器的额定电压。通常所选择接触器主触点的额定电压应大于或等于负载回路的额定电压。

④选择接触器的额定电流。当接触器控制电阻性负载时，主触点的额定电流应等于负载的工作电流；当接触器控制电动机时，所选接触器的主触点的额定电流应大于负载电流的1.5倍。接触器如在频繁起动、制动和频繁正反转的场合下使用，容量应增大一倍以上。

⑤选择线圈的电压。接触器线圈的额定电压应与接入此线圈的控制电路的额定电压相等。

⑥选择接触器的触点数量及触点类型。接触器的触点数量和种类应满足主电路和控制电路的要求。

4. 接触器的安装与使用

（1）安装前的检查

①检查接触器铭牌与线圈的技术数据（如额定电压、电流、操作频率等）是否符合实际使用要求。

②检查接触器外观，应无机械损伤。用手推动接触器可动部分时，接触器应动作灵活，无卡阻现象；灭弧罩应完整无损，固定牢固。

③将铁芯极面上的防锈油脂或粘在极面上的铁垢用煤油擦净，以免多次使用后衔铁被粘住，造成断电后不能释放。

④测量接触器的线圈电阻和绝缘电阻。

（2）接触器的安装

①接触器一般应安装在垂直面上，倾斜度不得超过5°；若有散热孔，则应将有孔的一面放在垂直方向上，以利散热，并按规定留有适当的飞弧空间，以免飞弧烧坏相邻电器。

②安装和接线时，注意不要将零件失落或掉入接触器内部。安装孔的螺钉应装有弹簧垫圈和平垫圈，并拧紧螺钉以防振动松脱。

③安装完毕，检查接线正确无误后，在主触点不带电的情况下操作几次，然后测量产品的动作值和释放值，所测数值应符合产品的规定要求。

（3）日常维护

①应对接触器做定期检查，观察螺钉有无松动，可动部分是否灵活等。

②接触器的触点应定期清扫，保持清洁，但不允许涂油。当触点表面因电灼作用形成金属小颗粒时，应及时清除。

③拆装时注意不要损坏灭弧罩。带灭弧罩的交流接触器绝不允许不带灭弧罩或带破损的灭弧罩运行，以免发生电弧短路故障。

5. 接触器的常见故障及处理方法

接触器的常见故障及处理方法见表1-2-6。

笔记栏：

想一想：

线圈电压为220 V的交流接触器，误接入380 V交流电源会发生什么问题？为什么？

表1-2-6 接触器的常见故障及处理方法

故障现象	可能原因	处理方法
接触器不吸合或吸不牢	（1）电源电压过低； （2）线圈短路； （3）线圈技术参数与使用条件不符； （4）铁芯机械卡阻	（1）调高电源电压； （2）调换线圈； （3）调换线圈； （4）排除卡阻物
线圈断电，接触器不释放或释放缓慢	（1）触点熔焊； （2）铁芯表面有油垢； （3）触点弹簧压力过小或反作用弹簧损坏； （4）机械卡阻	（1）排除熔焊故障； （2）清理铁芯极面油垢； （3）调整触点弹簧压力或更换反作用弹簧； （4）排除卡阻物

笔记栏:

续表

故障现象	可能原因	处理方法
触点熔焊	（1）操作频率过高或过负载作用； （2）负载侧短路； （3）触点弹簧压力过小； （4）触点表面有电弧灼伤； （5）机械卡阻	（1）调换合适的接触器或减小负载； （2）排除短路故障，更换触点； （3）调整触点弹簧压力； （4）清理触点表面； （5）排除卡阻物
铁芯噪声过大	（1）电源电压过低； （2）短路环断裂； （3）铁芯机械卡阻； （4）铁芯极面有油垢或磨损不平； （5）触点弹簧压力过大	（1）检查线路并提高电源电压； （2）调换铁芯或短路环； （3）排除卡阻物； （4）用汽油清洗极面或调换铁芯； （5）调整触点弹簧压力
线圈过热或烧毁	（1）线圈匝间短路； （2）操作频率过高； （3）线圈参数与实际使用不符； （4）铁芯机械卡阻	（1）更换线圈并找出故障原因； （2）调换合适的接触器； （3）调换线圈或接触器； （4）排除卡阻物

第四节 热继电器

热继电器是利用流过热继电器的电流所产生的热效应而反时限动作的继电器。所谓反时限动作，是指热继电器动作时间随电流的增大而减小的性能。热继电器主要应用于电动机的过载、断相、三相电流不平衡运动的保护及其他电气设备发热状态的控制。

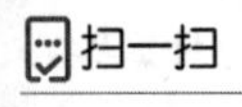
扫一扫

热继电器

1. 热继电器的分类

热继电器的形式有多种，其中双金属片式热继电器应用最多。热继电器按极数可分为单极、双极和三极三种，其中三极的又包括带断相保护装置的和不带断相保护装置的；按复位方式分，有自动复位式（触点动作后能自动返回原来位置）和手动复位式。目前常用的有国产的JR16、JR20等系列，以及国外的T系列和3UA等系列产品。

2. 热继电器的型号及含义（见图1-2-16）

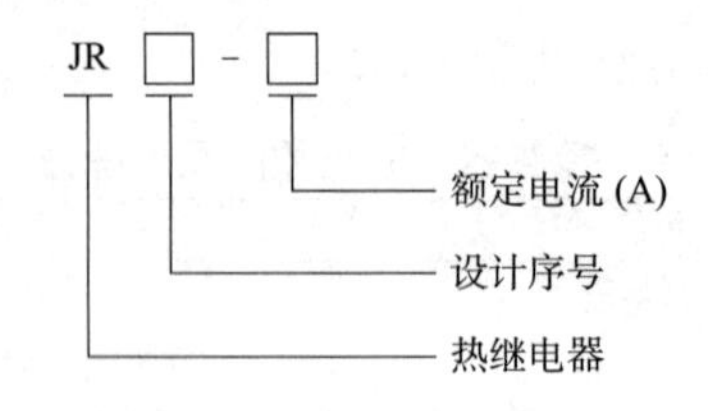

图1-2-16　热继电器的型号及含义

3. 热继电器的结构及工作原理

（1）热继电器的结构

热继电器的结构主要由加热元件、动作机构和复位机构三大部分组成。动作

笔记栏：

系列常设有温度补偿装置，保证在一定的温度范围内，热继电器的动作特性基本不变。典型的热继电器结构如图 1-2-17 所示，实物图、图形符号及文字符号如图 1-2-18 所示。

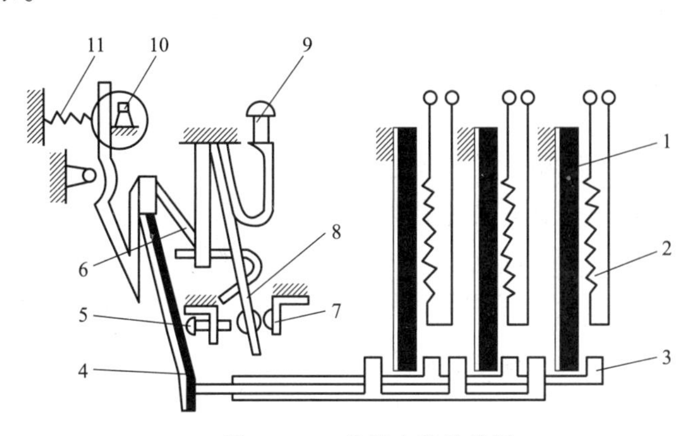

图 1-2-17 热继电器结构图

1—主双金属片；2—电阻丝；3—导板；4—补偿双金属片；5—螺钉；6—推杆；7—静触点；8—动触点；9—复位按钮；10—调节凸轮；11—弹簧

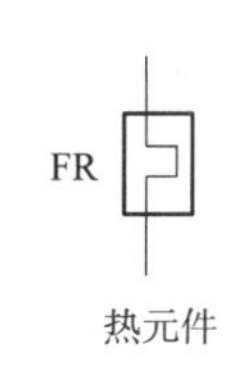

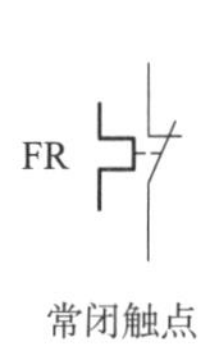

图 1-2-18 热继电器实物图、图形符号及文字符号

①热元件。热继电器主要由主双金属片和绕在外面的电阻丝组成。主双金属片是由两种膨胀系数不同的金属片复合而成，金属片的材料多为铁镍铬合金和铁镍合金。电阻丝一般用康铜或镍铬合金等材料制成。

②动作机构和触点系统。动作机构利用杠杆传递及弓簧式瞬跳机构保证触点动作的迅速、可靠。触点为单断点弓簧跳跃式动作，一般为一个常开触点，一个常闭触点。

③电流整定装置。通过旋钮和电流调节凸轮调节推杆间隙，改变推杆移动距离，从而调节整定电流值。

④温度补偿元件。温度补偿元件也为双金属片，其受热弯曲的方向与主双金属片一致，它能保证热继电器的动作特性在 -30 ~ +40 ℃的环境范围内基本上不受周围介质温度的影响。

⑤复位机构。复位机构有手动和自动两种形式。可根据要求通过调节螺钉来自由调整选择。一般自动复位时间不得大于 5 min，手动复位时间不得大于 2 min。

（2）热继电器的工作原理

将热继电器的三相热元件分别串联在电动机的三相主电路中，常闭触点接在控制

笔记栏：

电路的接触器线圈回路中。

当电动机过载时，流过电阻丝的电流超过整定电流，电阻丝发热，主双金属片向左弯曲，推动导板向左移动，通过温度补偿双金属片推动推杆转动，推动触点系统工作，动触点与静触点分开，使接触器线圈断电，接触器触点断开，将电源切断。电源切断后，主双金属片逐渐冷却恢复原位，靠触点弓簧自动复位。

热继电器也可手动复位，以防止故障排除前设备带故障再次使用。将复位调节螺钉向外调节到一定位置，使动触点弓簧的转动超过一定角度失去反弹性，此时即使主双金属片冷却复原，动触点也不能自动复位，必须采取手动复位。按下复位按钮，推动动触点弓簧恢复到具有弹性的角度，推动动触点和静触点恢复闭合。

4. 热继电器的使用

热继电器使用时，热元件接在电动机控制线路的主电路中，常闭触点串入控制回路，常开触点可接入信号回路或 PLC 控制时的输入接口的电路。

三相异步电动机的电源或绕组断相是导致电动机过热烧毁的主要原因之一，尤其是定子绕组采用三角形接法的电动机必须采用三相结构带断相保护装置的热继电器实行断相保护。

5. 热继电器的选择

（1）选用依据

所保护电动机的额定电流。

（2）选用原则

①一般情况下，热继电器的额定电流稍大于电动机的额定电流。

②双金属片式热继电器一般用于轻载、不频繁起动的过载保护。对于重载、频繁起动的电动机则可用过电流继电器（延时型）作它的过载保护。

③对于频繁正反转和频繁起制动工作的电动机不宜采用热继电器来保护。

6. 热继电器的常见故障及处理方法

热继电器的常见故障及处理方法见表 1-2-7。

表 1-2-7 热继电器的常见故障及处理方法

故障现象	产生原因	处理方法
热继电器误动作	（1）整定值偏小； （2）连接导线太细； （3）操作频率过高	（1）整定值调大； （2）调换导线； （3）从线路采取措施，或起动过程中将热继电器短接
热继电器拒绝动作	（1）整定值偏大； （2）热元件烧断或虚焊； （3）触点接触不良； （4）动作机构卡住	（1）调整整定值； （2）更换热元件或补焊； （3）清理触点表面； （4）排除卡阻，但不随意调整
热元件烧断	（1）负载处短路； （2）操作频率过高； （3）机械故障	（1）排除故障，更换热元件； （2）合理选用热继电器； （3）排除机械故障及更换热元件

想一想：
热继电器有哪些主要用途？

笔记栏:

第五节　主令电器

主令电器是用在自动控制系统中发出指令的操纵电器。用它来控制接触器、继电器或其他电器，使电路接通或分断来实现生产机械的自动控制。常用的主令电器有按钮、万能转换开关、主令控制器和位置开关（行程开关）等。

下面以按钮为例进行介绍。

按钮是一种具有用人体某一部分（一般为手指或手掌）所施加力而操作的操动器，并具有储能（弹簧）复位的一种控制开关，属于主令电器的一种。

按钮的触点允许通过的电流较小，一般不超过 5 A，因此一般情况下它不直接控制主电路的通断，而是在控制电路中发出指令或信号去控制接触器、继电器等电器，再由它们去控制主电路的通断、功能转换或电气联锁。

1. 按钮的型号及含义（见图 1-2-19）

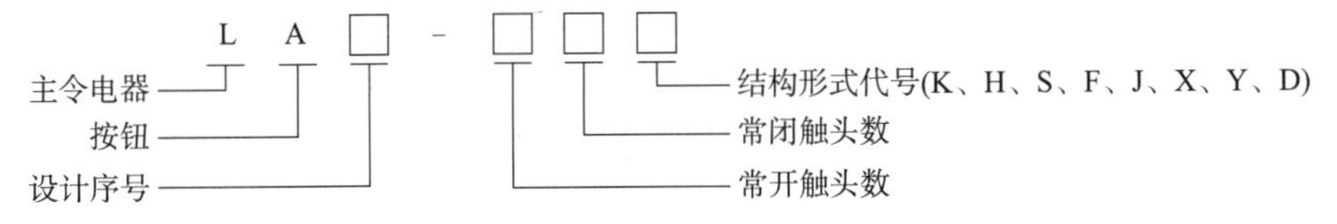

图 1-2-19　按钮的型号及含义

其中结构形式代号的含义如下：

K 表示开启式，适用于嵌装在操作面板上；

H 表示保护式，带保护外壳，可防止内部零件受机械损伤或人偶然触及带电部分；

S 表示防水式，具有密封外壳，可防止雨水侵入；

F 表示防腐式，能防止腐蚀性气体进入；

J 表示紧急式，带有红色大蘑菇钮头（突出在外），作紧急切断电源用；

X 表示旋钮式，用旋钮旋转进行操作，有通和断两个位置；

Y 表示钥匙操作式，用钥匙插入进行操作，可防止误操作或供专人操作；

D 表示光标按钮，按钮内装有信号灯，兼作信号指示。

扫一扫

按钮

2. 按钮的外形及结构

按钮的外形如图 1-2-20 所示。

图 1-2-20　按钮的外形

笔记栏：

按钮一般由按钮帽、复位弹簧、桥式动触点、静触点、支柱连杆及外壳等部分组成，如图 1-2-21 所示。

按钮按静态（不受外力作用）时触点的分合状态，可分为常开按钮（起动按钮）、常闭按钮（停止按钮）和复合按钮（常开、常闭组合为一体的按钮）。

常开按钮：未按下时，触点是断开的；按下时，触点闭合；松开后，按钮自动复位。

常闭按钮：与常开按钮相反，未按下时，触点是闭合的；按下时，触点断开；松开后，按钮自动复位。

复合按钮：将常开和常闭按钮组合为一体。按下复合按钮时，其常闭触点先断开，然后常开触点再闭合；而松开时，常开触点先断开，然后常闭触点再闭合。

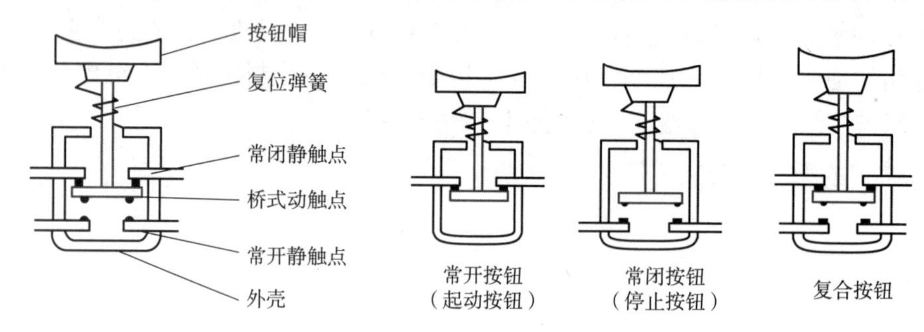

图 1-2-21 按钮的结构

想一想：你在生活中见到过哪些按钮？有什么应用？

3. 按钮的种类及图形符号

按钮有常开按钮、常闭按钮和复合按钮三种。它们的图形符号如图 1-2-22 所示。

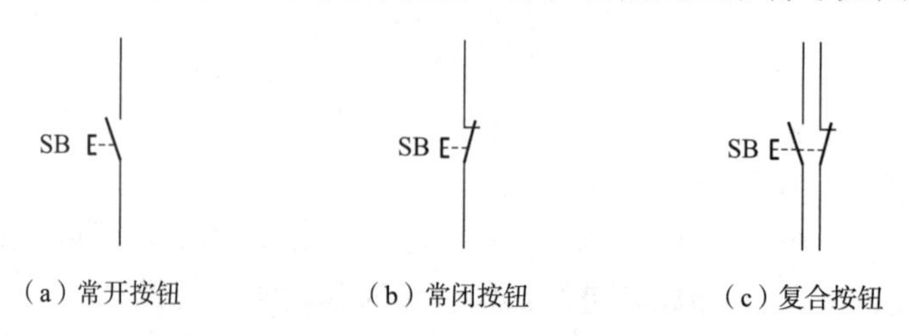

图 1-2-22 按钮的文字符号及图形符号

4. 按钮的选择及使用

①只用常闭按钮，在控制电路中作停止按钮。

②只用常开按钮，在控制电路中作起动按钮。

③常开按钮、常闭按钮同时使用，按下其中一个按钮，在控制电路中，停止、起动同时进行。

5. 按钮使用注意事项

按钮选择使用时应从使用场合、所需触点数及按钮帽的颜色等因素考虑。

一般红色表示停止；绿色表示起动；黄色表示应急或干预。

主令电器除按钮外，位置开关也属于主令电器。关于位置开关的结构、工作原理及应用将在第三章第六节介绍。

小　结

低压电器的种类繁多，本章介绍了三相异步电动机基本控制线路所用的低压电器。包括刀开关、低压断路器、熔断器、接触器、热继电器和主令电器。着重介绍了它们的结构、工作原理、型号、技术参数、选择、使用及故障分析与排除，以及图形符号与文字符号，为正确选择、使用和维修低压电器打下基础。

习　题

一、填空题

1. 热继电器主要用于电动机的（　　　　）保护。

2. 熔断器在低压配电系统和电力驱动系统中主要起（　　　　）保护作用，因此熔断器属于保护电器。

3. 热继电器在电路中的接线原则是热元件串联在主电路中，（　　　　）触点串联在控制电路中。

4. 交流接触器由（　　　　）、（　　　　）、（　　　　）、（　　　　）四部分组成。

5. 开关电器在（　　　　）时会产生电弧。

二、问答题

1. 什么是低压电器？

2. 低压断路器具有哪些保护功能？

3. 熔断器主要由哪几部分组成？各部分的作用是什么？

4. 熔断器在电路中一般用于什么保护？

5. 熔断器为什么一般不能作为过载保护？

6. 热继电器是否可以作为短路保护？为什么？

7. 组合开关能否分断故障电流？

第三章 三相异步电动机基本控制线路

知识学习目标

笔记栏：

1. 了解三相异步电动机的基本控制线路的种类及应用。
2. 掌握三相异步电动机的基本控制线路的原理及设计方法。
3. 掌握三相异步电动机的基本控制线路的安装与调试。

能力培养目标

1. 能设计及安装三相异步电动机的基本控制线路。
2. 能对三相异步电动机的基本控制线路进行调试及故障排查。

情感价值目标

1. 倡导学生树立工匠精神。
2. 通过分组实操训练，培养学生的团队精神。
3. 通过实操调试，培养学生分析问题、解决问题的能力。
4. 通过课内5S管理，培养学生职业精神。

由于各种生产机械的工作性质和加工工艺不同，使得它们对电动机的控制要求不同。要使电动机按照生产机械的要求正常安全地运转，必须配备一定的电器，组成一定的控制线路，才能达到目的。

在生产实践中，一台生产机械的控制线路可以比较简单，也可能相当复杂，但任何复杂的控制线路总是由一些基本控制线路有机组合起来的。

电动机常见的基本控制线路有以下几种：点动控制线路、正转控制线路、正反转控制线路、位置控制线路、顺序控制线路、多地控制线路、降压起动控制线路、调速控制线路和制动控制线路等。

想一想：

在工厂实习或在日常生活中你见到过三相异步电动机的基本控制线路吗？

第一节 绘制与识读电气控制线路图的原则

电动机的电气控制系统图一般有三种：电气原理图、电气安装接线图和电气元件布置图。

一、电气原理图

电气原理图是为了便于阅读与分析控制线路，根据简单、清晰的原则，采用电气元件展开的形式绘制而成的图样。它包括所有电气元件的导电部分和接线端点，但并不按照电气元件的实际布置位置来绘制，也不反映电气元件的大小。

笔记栏：

电气原理图是电气控制图中最重要的种类之一，也是识图的重点和难点。

电气原理图的绘制、识读的基本原则：

①电气原理图一般分电源电路、主电路和辅助电路三部分绘制。

a. 电源电路画成水平线，三相交流电源、中性线、地线自上而下依次画出，电源开关要水平画出。

b. 主电路就是从电源到电动机通过的路径。主电路要画在电路图的左侧并垂直电源电路。

c. 辅助电路包括控制电路、照明电路、信号电路及保护电路等。辅助电路一般按照控制电路、指示电路和照明电路的顺序依次垂直画在主电路的右侧，且电路中与下边电源线相连的耗能元件要画在电路图的下方，而电气元件的触点要画在耗能元件与上边电源线之间。

②原理图中各电气元件不画实际的外形图，而采用国家规定的统一标准图形符号和文字符号。

③原理图中各电气元件和部件在控制线路中的位置，应根据便于读图和功能顺序的原则安排。同一电气元件的各个部分可以不画在一起。例如，接触器、继电器的线圈和触点可以不画在一起或一张图上。

④图中元件、器件和设备的可动部分，都按没有通电和没有外力作用时的开关状态画出。

⑤原理图的绘制应布局合理、排列均匀，可以水平布置，也可以垂直布置。

⑥电气元件应按功能布置，相关功能器件应尽量画在一起，也可以按工作顺序排列，其布局顺序应该是从上到下，从左到右。电路垂直布置时，类似项目宜横向对齐；水平布置时，类似项目应纵向对齐。

⑦电气原理图中，有直接电联系的十字交叉导线连接点，要用黑圆点表示；无直接电联系的十字交叉导线连接点不画黑圆点。

⑧电气原理图采用电路编号法，即对电路中的各个接点用字母或数字编号。

a. 主电路在电源开关的出线端按相序依次编号为 U11、V11、W11。然后按从上至下、从左至右的顺序，每经过一个电气元件后，编号要递增，如 U12、V12、W12。单台三相交流电动机（或设备）的三根引出线按相序依次编号为 U、V、W。对于多台电动机引出线的编号，为了不致引起误解和混淆，可在字母前用不同的数字加以区别，如 1U、1V、1W 等。

b. 辅助电路编号按“等电位”原则从上至下、从左至右的顺序用数字依次编号，每经过一个电气元件后，编号要依次递增。控制电路编号的起始数字必须是 1，其他辅助电路编号的起始数字依次递增 100，如照明电路编号从 101 开始；指示电路编号从 201 开始等。

二、电气安装接线图

电气安装接线图是根据电气设备和电气元件的实际位置和安装情况绘制的，只用

笔记栏：

来表示电气设备和电气元件的位置、配线方式和接线方式，而不表示电气动作原理。主要用于安装接线、线路的检查维修和故障处理。

绘制、识读电气安装接线图应遵循以下原则：

①接线图中一般示出如下内容：电气设备和电气元件的相对位置、文字符号、导线号、导线类型、导线截面积、屏蔽和导线绞合等。

②所有的电气设备和电气元件都按其所在的实际位置绘制在图纸上，且同一电气设备的各元件根据其实际结构，使用与电气原理图相同的图形符号画在一起，并用点画线框上，其文字符号以及接线端子的编号应与电路图中的标注一致，以便对照检查接线。

③接线图中的导线有单根导线、导线组、电缆等之分，可用连续线和中断线来表示。凡导线走向相同的可以合并，用线束来表示，到达接线端子板或电气元件的连接点时再分别画出。在用线束表示导线组、电缆等时可用加粗的线条表示，在不引起误解的情况下也可采用部分加粗。另外，导线及电缆的型号、根数和规格应标注清楚。

三、电气元件布置图

电气元件布置图是根据电气元件在控制板上的实际位置，采用简化的外形符号（如正方形、矩形、圆形等）而绘制成的一种简图。它不表达各电气元件的具体结构、作用、接线情况以及工作原理，主要用于电气元件的布置和安装。图中各电气的文字符号必须与电气原理图和电气安装接线图的标注相一致。

绘制、识读电气元件布置图应遵循以下原则：

①在电气元件布置图中，机床的轮廓线用细实线或点画线表示，电气元件均用粗实线绘制出简单的外形轮廓。

②在电气元件布置图中，电动机要和被拖动的机械装置画在一起；行程开关应画在获取信息的地方；操作手柄应画在便于操作的地方。

③在电气元件布置图中，各电气元件之间，上、下、左、右应保持一定的间距，并且应考虑器件的发热和散热因素，应便于布线、接线和检修。

在实际中，电气原理图、电气安装接线图和电气元件布置图要结合起来使用。

第二节 电动机基本控制线路的安装步骤

电动机基本控制线路的安装，一般应按以下步骤进行。

①识读电路图，明确线路所用元件及其应用，熟悉线路的工作原理。

②根据电气原理图或元件明细表配齐电气元件，并进行校验。

③根据电气元件选配安装工具和控制面板。

④根据电气原理图绘制电气元件布置图和电气安装接线图，然后按要求在控制面板上固定电气元件（电动机除外），并贴上醒目的文字符号。

⑤根据电动机容量选配主电路导线截面。控制线路导线一般采用截面为 1 mm^2

的铜芯线，按钮线一般采用截面为 0.75 mm^2 的铜芯线，接地线一般采用截面不小于 1.5 mm^2 的铜芯线。

⑥根据电气安装接线图布线，同时将剥去绝缘层的两端线头套上标有线号的编码套管。注意要与电气原理图相一致。

⑦安装电动机。

⑧连接电动机和所有电气元件金属外壳的保护地线。

⑨连接电源、电动机等控制面板外部的导线。

⑩自检。

⑪交检。

⑫通电试车。

笔记栏：

第三节　三相异步电动机点动控制线路

所谓点动控制，是指按下按钮，电动机就得电运转；松开按钮，电动机就失电停转。这种控制方法常用于电动葫芦的起重电动机控制和车床拖板箱快速移动的电动机控制。

一、三相异步电动机点动控制线路电气原理图

三相异步电动机点动控制线路电气原理图如图 1-3-1 所示。

扫一扫

点动控制线路

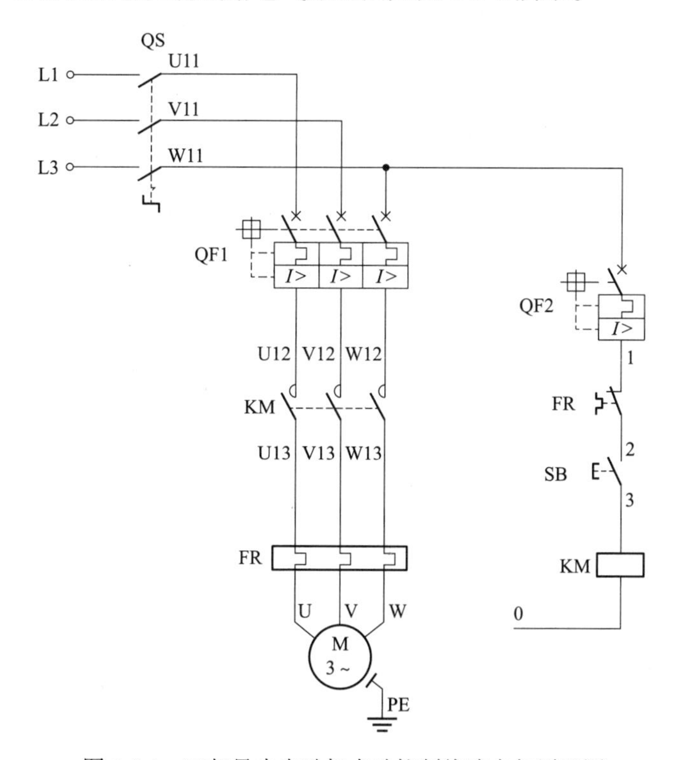

图 1-3-1　三相异步电动机点动控制线路电气原理图

笔记栏：

二、三相异步电动机点动控制线路中各电气元件的作用

①电源开关 QS：作电源隔离开关。
②断路器 QF1、QF2：分别用于主电路、控制电路的接通、分断和保护。
③起动按钮 SB：控制接触器 KM 的线圈得电、失电。
④接触器 KM 主触点：控制电动机 M 的起动与停止。
⑤热继电器 FR：作主电路的过载保护。

三、三相异步电动机点动控制线路工作原理

工作原理：
起动：按下 SB → KM 线圈得电→ KM 主触点闭合→电动机 M 起动运转。
停止：松开 SB → KM 线圈失电→ KM 主触点分断→电动机 M 失电停转。

第四节 三相异步电动机单向连续运行控制线路

很多的生产机械像机床、通风机等是需要连续工作的，这就需要采用电动机的连续控制电路。主电路由断路器 QF、接触器 KM 的主触点、热继电器 FR 的热元件和电动机 M 构成。控制电路由热继电器 FR 的常闭触点、停止按钮 SB1、起动按钮 SB2、接触器 KM 的常开触点以及它的线圈组成。这是最基本的电动机控制电路。

一、三相异步电动机单向连续运行控制线路电气原理图

扫一扫
单向连续运行控制线路

三相异步电动机单向连续运行控制线路的电气原理图如图 1-3-2 所示。

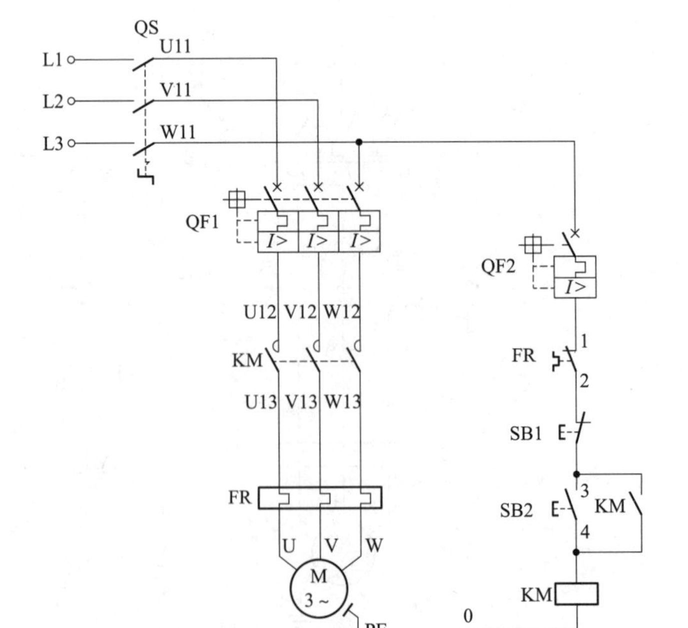

图 1-3-2 三相异步电动机单向连续运行控制线路的电气原理图

笔记栏:

二、三相异步电动机单向连续运行控制线路工作原理

起动时，合上开关 QS，合上断路器 QF1、QF2，主电路引入三相电源。按下起动按钮 SB2，接触器 KM 线圈得电，其主触点闭合，电动机接通电压起动，同时接触器 KM 的辅助常开触点闭合，使接触器 KM 线圈有两条通电路径。这样当松开起动按钮 SB2 后，接触器 KM 线圈仍能通过其辅助触点通电并保持吸合状态。这种依靠接触器本身辅助触点使其线圈保持通电的现象称为自锁。起自锁作用的触点称为自锁触点。

要使电动机停止运转，按停止按钮 SB1，接触器 KM 线圈失电，则主触点断开，切断电动机三相电源，电动机 M 自动停车，同时接触器 KM 自锁触点也断开，控制回路解除自锁。松开停止按钮 SB1，控制电路回到起动前的状态。

三、三相异步电动机单向连续运行控制线路具有的保护

该控制电路具有短路保护、欠电压保护、失电压保护和过载保护能力。

①短路保护：当电路中发生短路故障时，断路器跳闸，电动机停止运行。

②欠电压保护：在电动机运行时，若电源电压下降，电动机电流就会上升，电压下降越严重，电流上升也越严重，有时候会烧毁电动机。欠电压保护是依靠自身电磁机构来实现的。当电动机运行过程中电源电压降低到较低程度时，接触器电磁机构的弹簧反力大于电磁力，接触器衔铁释放，其主触点和自锁触点都断开，从而使电动机停止运行，实现欠电压保护。

③失电压保护：若电动机运行过程中遇到电源临时停电，在恢复供电时，如果未采取防范措施，电动机将自行起动运行，很容易造成设备或人身事故。采用接触器自锁控制电路，由于自锁触点和主触点在停电时都已经断开，控制电路和主电路都不会自行接通。这种在突然断电时能自动切断电动机电源的保护称为失电压保护。

④过载保护：电动机输出的功率超过额定值时就称为过载。过载时，因电动机的电流超过了额定电流，故会引起绕组发热，温度升高，会影响电动机的使用寿命，甚至烧毁电动机。电路中使用热继电器 FR 来实现电动机的长期过载保护。

第五节　三相异步电动机双向运行控制线路

在生产加工过程中，常常需要电动机改变旋转方向，即进行正反转运行，如建筑行业常用的井字架的升降、机床工作台的往返运动、万能铣床主轴的正反转、吊车吊钩的上升和下降运动等。

由三相异步电动机的工作原理可知，电动机的转向由旋转磁场和旋转方向决定。因此，接入电动机三相绕组的电流相序决定了电动机的转向，只要调换电动机任意两相绕组所接的电源线（相序），旋转磁场即反向转动，电动机也随之反转。下面介绍几种常用的正反转控制线路。

笔记栏：

一、组合开关的正反转控制线路

1. 电气原理图

组合开关的正反转控制线路的电气原理图如图 1-3-3 所示。

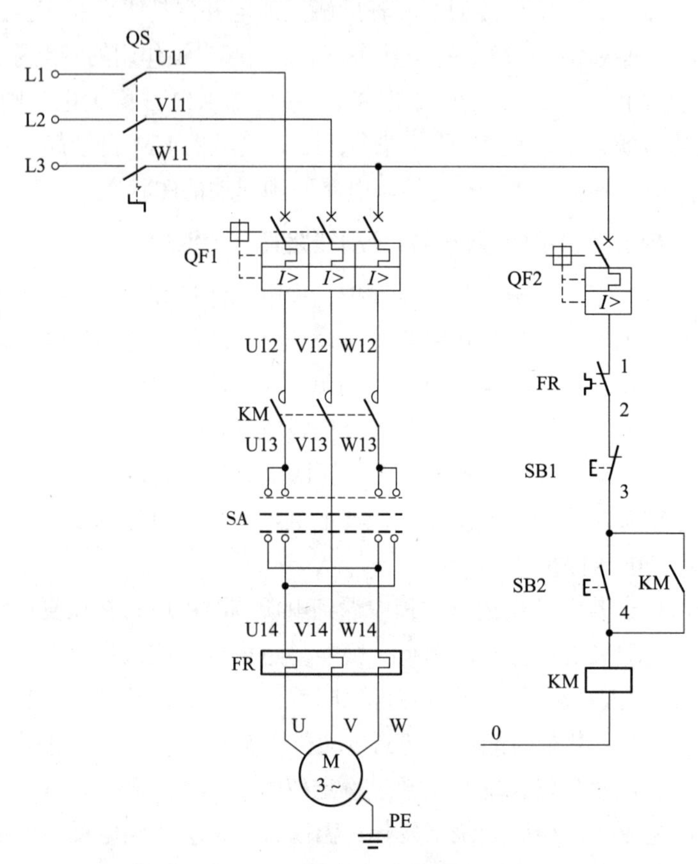

图 1-3-3　组合开关的正反转控制线路的电气原理图

2. 工作原理

工作原理如下：合上电源开关 QS，当操作组合开关 SA 手柄处于“停”位置时，SA 的动、静触点不接触，电路不通，电动机不转；当手柄扳至“顺”位置时，SA 的动触点和左边的静触点相接触，按下 SB2，KM 线圈得电，KM 的三对主触点闭合，同时 KM 的自锁触点也闭合，电路按 L1 – U、L2 – V、L3 – W 接通，输入电动机定子绕组的电源相序为 L1 – L2 – L3，电动机正转；当手柄扳至“倒”位置时，SA 的动触点和右边的静触点相接触，电路按 L1 – W、L2 – V、L3 – U 接通，输入电动机定子绕组的电源相序变为 L3 – L2 – L1，电动机反转。

注意：当电动机处于正转状态时，要使它反转，应先把手柄扳到“停”的位置（或按下 SB1），使电动机先停转，然后再把手柄扳到“倒”的位置，使它反转。若直接把手柄由“顺”扳至“倒”的位置，电动机的定子绕组会因为电源突然反接而产生很大的反接电流，易使电动机定子绕组因过热而损坏。

二、接触器联锁的正反转控制线路

1. 电气原理图

接触器联锁的正反转控制线路如图 1-3-4 所示。

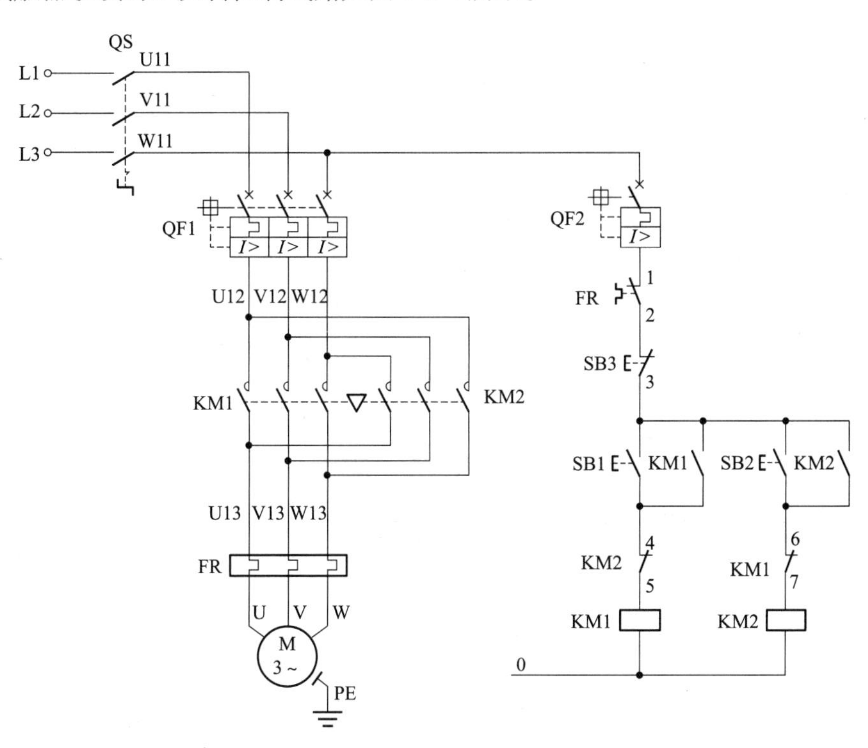

图 1-3-4　接触器联锁的正反转控制线路

2. 工作原理

工作原理如下：合上电源开关 QS，合上断路器 QF1，合上断路器 QF2。

①正转控制：如图 1-3-5 所示。

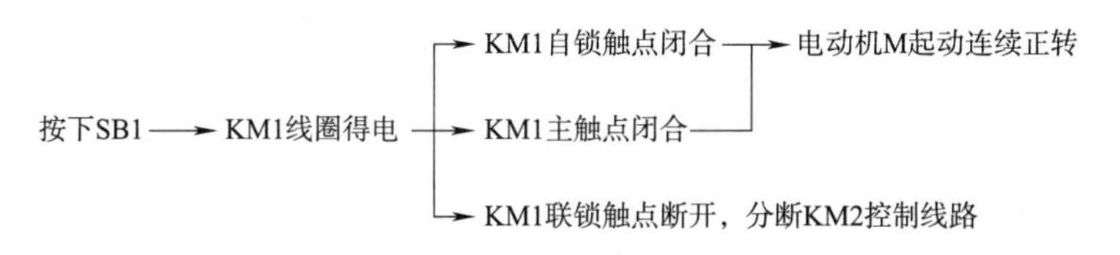

图 1-3-5　接触器联锁正转控制工作原理

②反转控制：如图 1-3-6、图 1-3-7 所示。

图 1-3-6　停止控制工作原理

笔记栏:

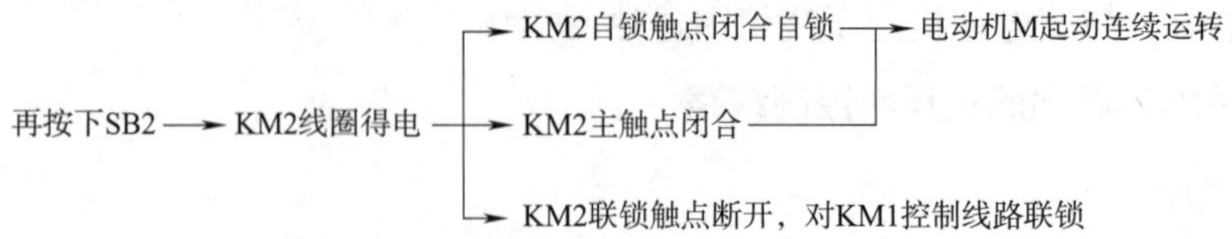

再按下SB2 → KM2线圈得电 → KM2自锁触点闭合自锁 → 电动机M起动连续运转
→ KM2主触点闭合
→ KM2联锁触点断开，对KM1控制线路联锁

图 1-3-7 接触器联锁反转控制工作原理

3. 线路的特点

本电路操作简单，安全可靠，正反转过程由接触器自动来完成，无须人工干预。电动机从正转换为反转时需要先停下来，不能直接实现反转，有时候操作不方便。

4. 电路中的互锁

在接触器联锁正反转控制线路中，接触器 KM1 和 KM2 的主触点绝不允许同时闭合，否则将造成两相电源（L1 相和 L3 相）短路事故。为了避免两个接触器 KM1 和 KM2 同时得电动作，就在正、反转控制电路中分别串联了对方接触器的一对常闭辅助触点，这样，当一个接触器得电动作时，通过其常闭辅助触点使另一个接触器不能得电动作，接触器间这种相互制约的作用称为接触器联锁（或互锁）。实现联锁作用的常闭辅助触点称为联锁触点（或互锁触点），联锁符号用“▽”表示。

想一想：如果电路接触器的常开和常闭触点接反了或者接错了，会出现什么情况？

三、按钮、接触器双重联锁的正反转控制线路

1. 电气原理图

按钮、接触器双重联锁正反转控制线路电气原理图，如图 1-3-8 所示，可以克服接触器联锁正反转控制线路和按钮联锁正反转控制线路的不足。

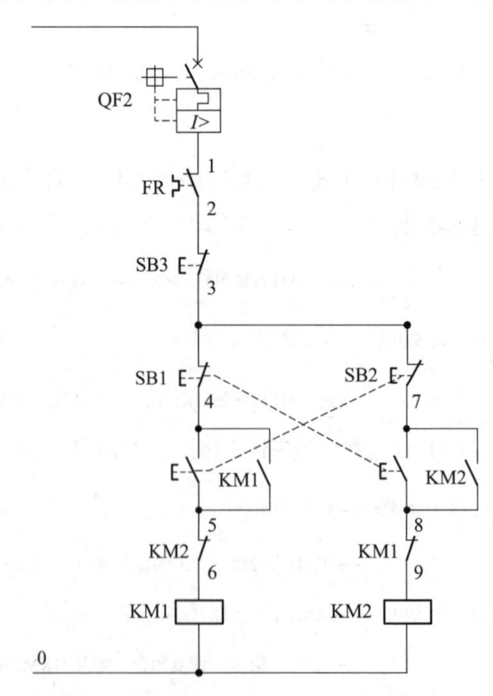

图 1-3-8 按钮、接触器双重联锁正反转控制线路电气原理图

笔记栏:

2. 工作原理

工作原理如下：合上电源开关 QS，合上断路器 QF1，合上断路器 QF2。

①正转控制：如图 1-3-9 所示。

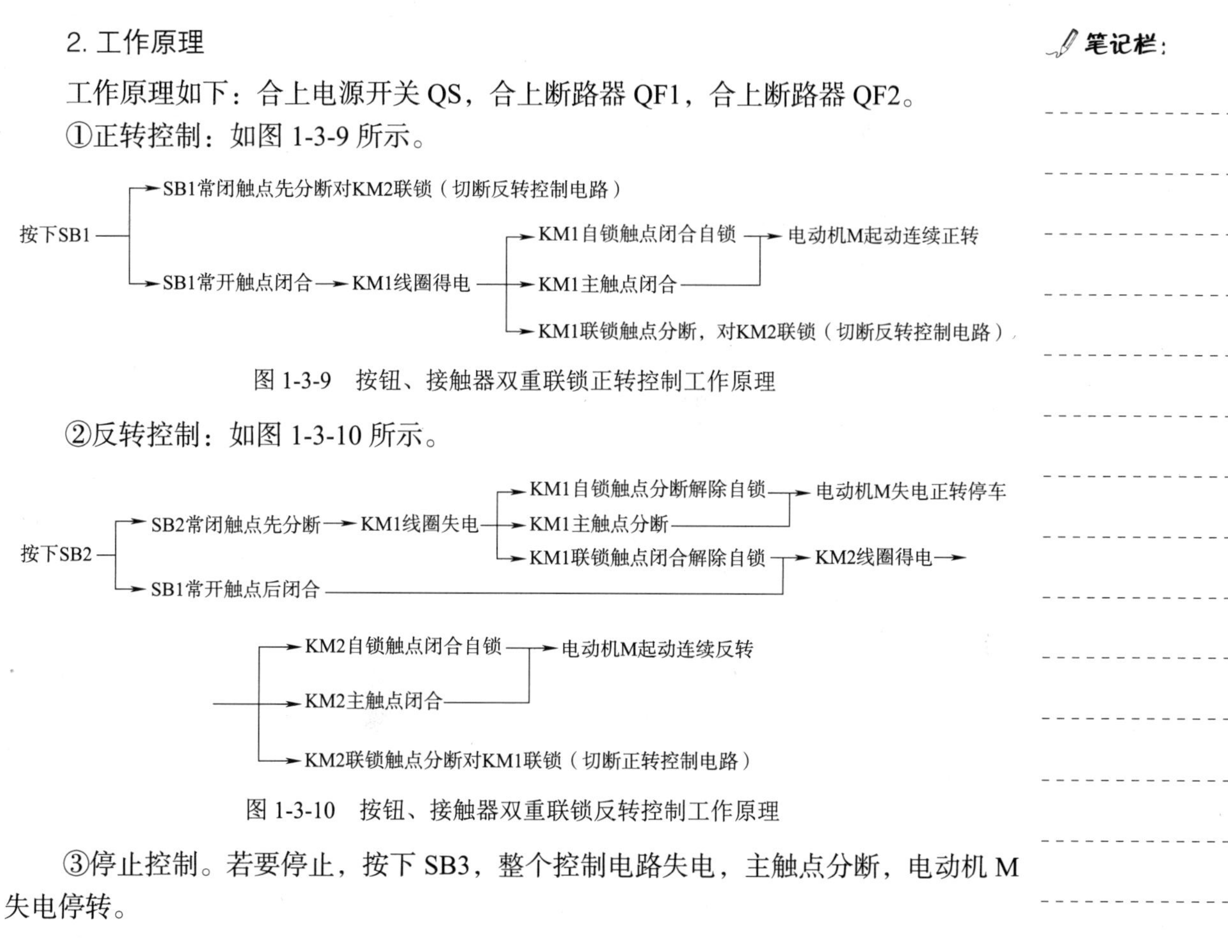

图 1-3-9　按钮、接触器双重联锁正转控制工作原理

②反转控制：如图 1-3-10 所示。

图 1-3-10　按钮、接触器双重联锁反转控制工作原理

③停止控制。若要停止，按下 SB3，整个控制电路失电，主触点分断，电动机 M 失电停转。

3. 双重联锁

为避免电源短路以及能迅速切换电路，本电路中的接触器 KM1 和 KM2 不能同时得电，因而按钮采用了复合式结构，保证动作时，先断开对方线圈的通路，然后再接通本线圈的通路。出于同样的考虑，把 KM1 和 KM2 的常闭触点，串入对方线圈的通路中，实现双重联锁，提高电路安全的可靠性。

第六节　位置开关控制线路

在生产工厂中，一些生产机械运动部件的行程或位置要受到限制，或者需要其运动部件在一定范围内自行往返循环等。如万能铣床、摇臂钻床、桥式起重机及各种自动或半自动控制机床设备中会经常遇到这种情况。实现这种控制要求所依靠的主要电气元件是位置开关。

扫一扫

行程开关

一、位置开关简介

位置开关又称行程开关或限位开关。位置开关是操作机构在机器的运动部件达到

笔记栏：

一个预定位置时操作的一种指示开关。

位置开关的作用与按钮相同，只是其触点的动作不是靠手动操作，而是利用生产机械某些运动部件的碰撞使其触点动作来实现接通或分断某些电路，使之达到一定的控制要求。

1. 位置开关的实物图

位置开关的实物图如图 1-3-11 所示。

图 1-3-11　位置开关的实物图

2. 位置开关的结构与工作原理

（1）结构

各系列行程开关的基本结构大体相同，都是由触点系统、操作机构和外壳组成的，如图 1-3-12 所示。常见的有按钮式（直动式）和旋转式（滚轮式）。

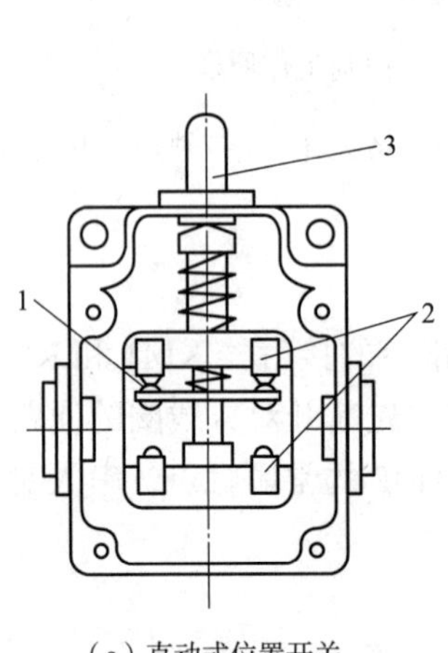

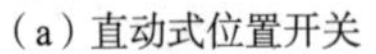

（a）直动式位置开关

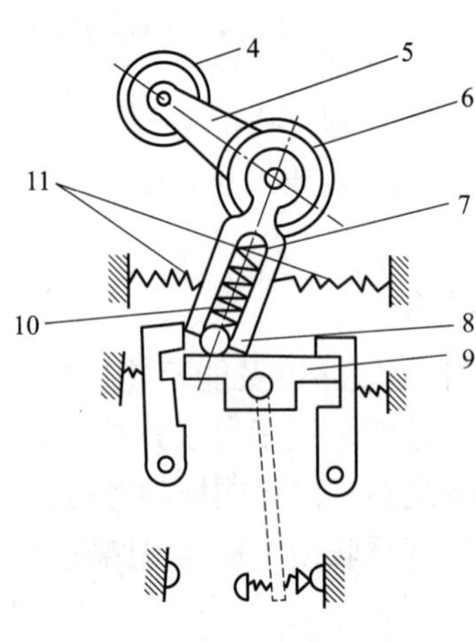

（b）滚轮式位置开关

图 1-3-12　位置开关结构图

1—动触点；2—静触点；3、7—推杆；4—滚轮；5—上传臂；6—盘形弹簧；8—小滚轮；9—擒纵件；10—压缩弹簧；11—左右弹簧

（2）工作原理

①直动式位置开关的动作原理如图 1-3-12（a）所示。其作用原理与按钮相同，只是它用运动部件上的挡铁碰压位置开关的推杆。直动式位置开关虽然结构简单，但是触点的分合速度取决于碰块的移动速度。若碰块移动的速度太慢，则触点不能瞬时切断电路，使电弧在触点上停留时间过长，易烧蚀触点。因此，这种开关不宜用在碰块移动的速度小于 0.4 m/min 的场合。

笔记栏：

②滚轮式位置开关的动作原理如图 1-3-12（b）所示。为了克服直动式位置开关的缺点，可采用能瞬时动作的滚轮式位置开关。

当运动部件上的挡铁碰压行程开关的滚轮 4 时，上传臂 5 向左下方运动，推杆 7 向右转动，并压缩右边弹簧 11，同时下面的小滚轮 8 也很快沿着擒纵件 9 向右转动，小滚轮滚动又压缩弹簧 10，当滚轮 4 走过擒纵件 9 的中点时，盘形弹簧 6 和弹簧 10 都使擒纵件 9 迅速转动，因而使动触点迅速地与右边的静触点分开，并与左边的静触点闭合。这样就减少了电弧对触点的损坏，并保证了动作的可靠性。这类行程开关适用于低速运动的机械。

行程开关动作后，复位方式有自动复位和非自动复位两种。如图 1-3-12 所示，直动式位置开关和滚轮式位置开关均为自动复位式，即当挡铁移开后，在复位弹簧的作用下，行程开关的各部分能自动恢复原始状态。但有的行程开关动作后不能自动复位，如双轮旋转式行程开关。当挡铁碰压这种行程开关的一个滚轮时，杠杆转动一定角度后，触点瞬时动作；当挡铁离开滚轮后，开关不自动复位。只有运动机械反向移动，挡铁从相反方向碰压另一滚轮时，触点才能复位。这种非自动复位式的行程开关价格较高，但运行可靠。

3. 位置开关的型号及含义（见图 1-3-13）

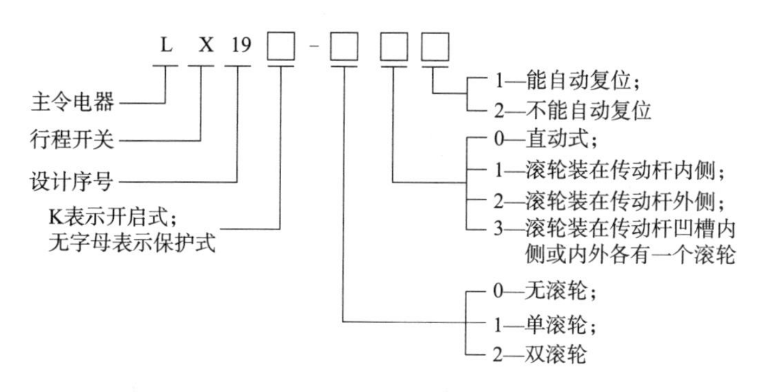

图 1-3-13　位置开关的型号及含义

4. 位置开关的图形符号与文字符号（见图 1-3-14）

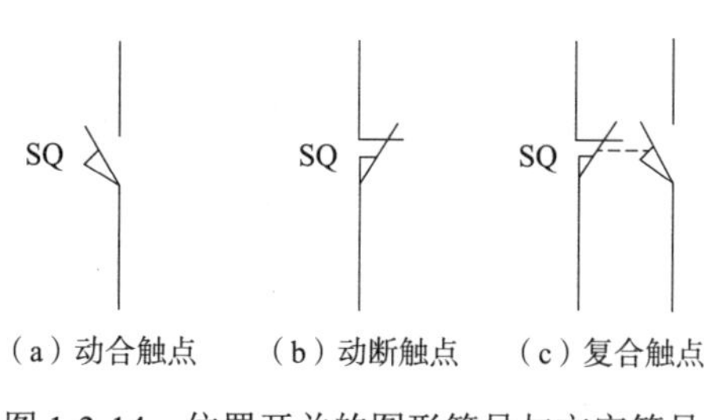

图 1-3-14　位置开关的图形符号与文字符号

5. 位置开关的选择、安装与使用

（1）选择

①根据安装环境选择防护形式，是开启式还是防护式。

笔记栏：

②根据控制回路的电压和电流选择采用何种系统的行程开关。

③根据机械与行程开关的传力与位移关系选择合适的头部形式。

（2）安装

位置开关安装时，安装位置要准确，安装要牢固；滚轮的方向不能装反，挡铁与其碰撞的位置应符合控制线路的要求，并确保能可靠地与挡铁碰撞。

（3）使用

位置开关在使用中，要定期检查和保养，去除油污及粉尘，清理触点，经常检查其动作是否灵活、可靠，及时排除故障，防止因行程开关触点接触不良或接线松脱产生误动作而导致设备和人身安全事故。

6. 位置开关的常见故障及处理方法

位置开关的常见故障及处理方法见表 1-3-1。

表 1-3-1 位置开关的常见故障及处理方法

故障现象	可能原因	处理方法
挡铁碰撞位置开关后，触点不动作	安装位置不准确	调整安装位置
	触点接触不良或接线松脱	清刷触点或紧固接线
	触点弹簧失效	更换弹簧
杠杆已经偏转，或无外界机械力作用，但触点不复位	复位弹簧失效	更换弹簧
	内部碰撞卡阻	清扫内部杂物
	调节螺钉太长，顶住开关按钮	检查调节螺钉

想一想：

位置开关的结构有哪几部分？

二、位置开关控制线路

1. 位置控制线路

位置控制线路又称行程控制或限位控制。位置控制是指被控对象的有关部件到达某一位置时，能自动改变运动状态，工厂车间里的行车常采用这种控制线路。位置控制需要通过位置开关又称行程开关来实现。

（1）位置控制电气原理图

位置控制线路的行车示意图及电气原理图如图 1-3-15 所示。

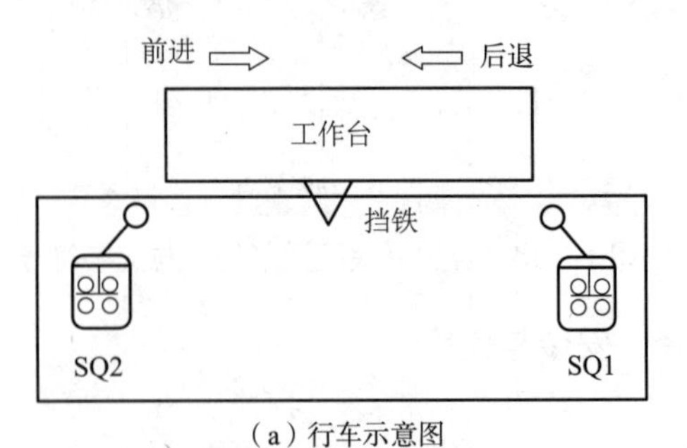

（a）行车示意图

图 1-3-15 位置控制线路的行车示意图及电气原理图

笔记栏:

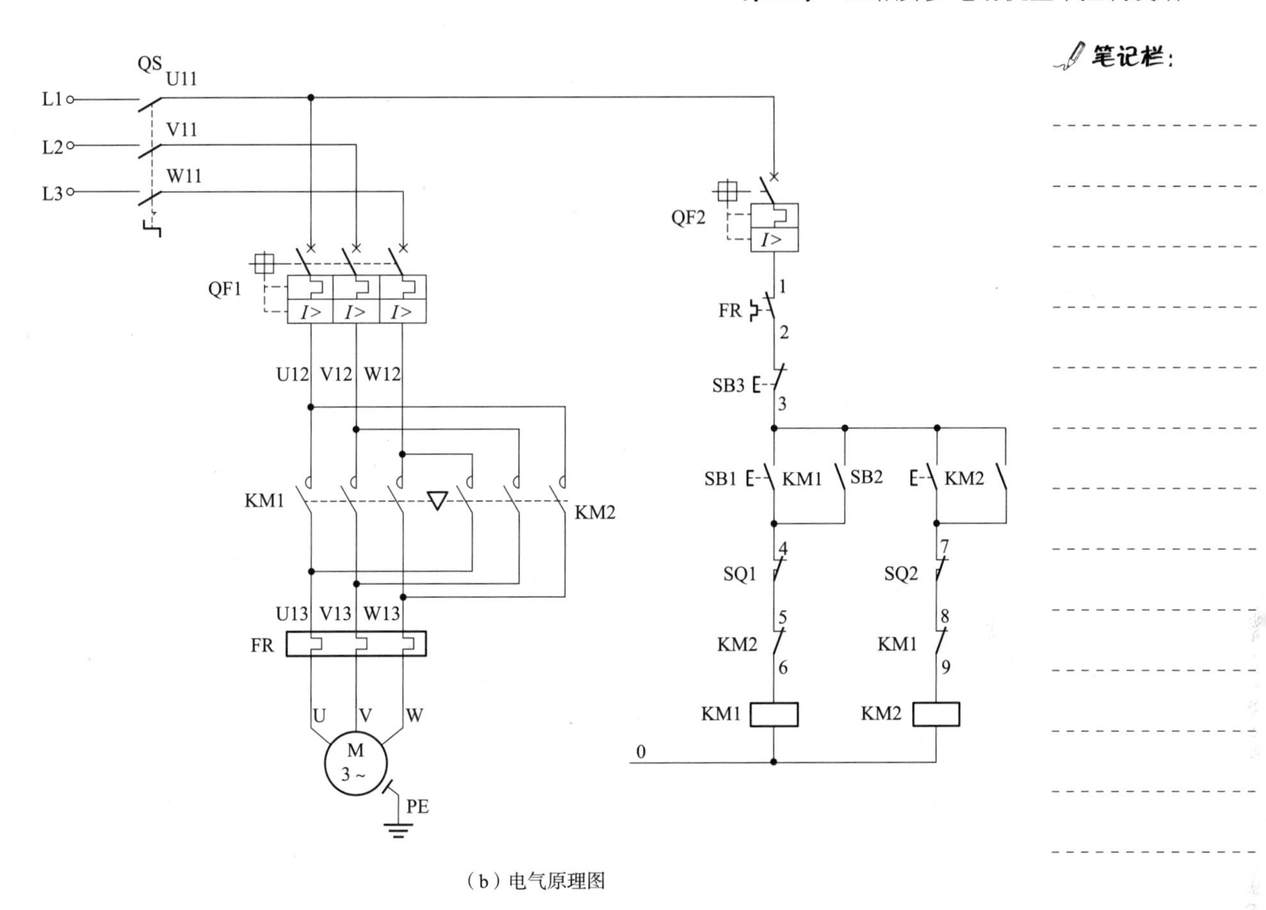

（b）电气原理图

图 1-3-15　位置控制线路的行车示意图及电气原理图（续）

（2）工作原理

位置控制线路的主电路与电动机正反转线路相同，由两个接触器 KM1、KM2 实现电动机换相。控制线路中，通过两个接触器的常开辅助触点进行自锁，实现电动机连续运行。通过两个接触器常闭辅助触点进行互锁，防止 KM1、KM2 线圈同时得电造成主电路电源短路。

位置控制的核心部件是位置开关 SQ1、SQ2。将 SQ1、SQ2 两个位置开关分别安装在行程的限定位置处，将其常闭触点分别串联在前行和后退的控制线路中，当行车挡铁到达限定位置处时，碰压其推杆，使其常闭触点断开，接触器线圈失电，电动机停止运行。

调整位置开关或挡铁的位置即可调节工作台的行程。

①行车向前运行。工作原理如图 1-3-16 所示。

笔记栏:

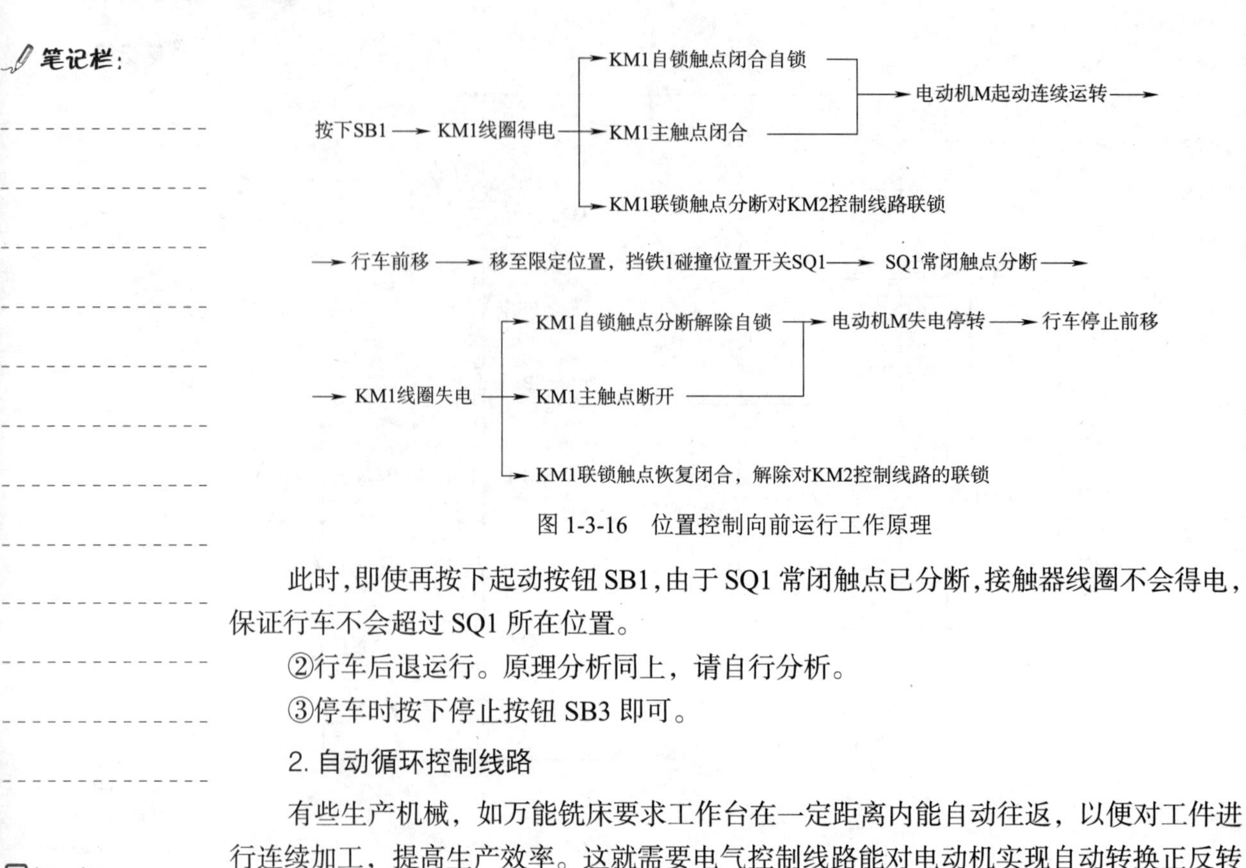

图 1-3-16　位置控制向前运行工作原理

此时,即使再按下起动按钮 SB1,由于 SQ1 常闭触点已分断,接触器线圈不会得电,保证行车不会超过 SQ1 所在位置。

②行车后退运行。原理分析同上，请自行分析。

③停车时按下停止按钮 SB3 即可。

2. 自动循环控制线路

有些生产机械，如万能铣床要求工作台在一定距离内能自动往返，以便对工件进行连续加工，提高生产效率。这就需要电气控制线路能对电动机实现自动转换正反转控制。

扫一扫

工作台的自动往返控制

（1）自动循环控制线路电气原理图

自动循环控制行车示意图及电气原理图如图 1-3-17 所示。电动机的自动转换正反转控制线路，由两个接触器 KM1、KM2 进行电动机换相，实现电动机的正转和反转；由两个位置开关 SQ1、SQ2 的常开、常闭触点进行自动切换电动机的正转和反转；在工作台的终端安装 SQ3、SQ4 进行限位保护以防 SQ1、SQ2 失灵，工作台冲出造成事故。

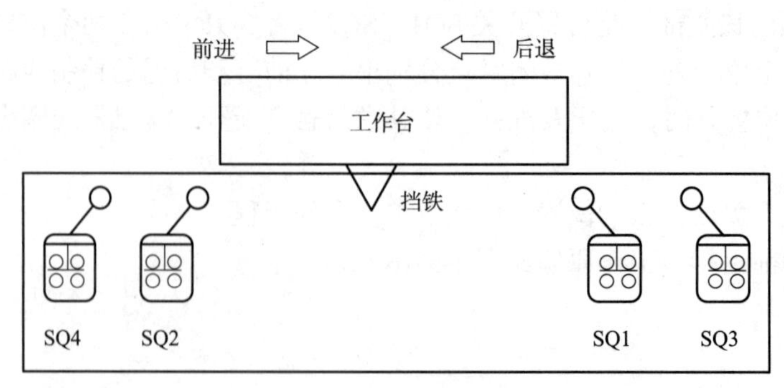

（a）行车示意图

图 1-3-17　自动循环控制行车示意图及电气原理图

笔记栏：

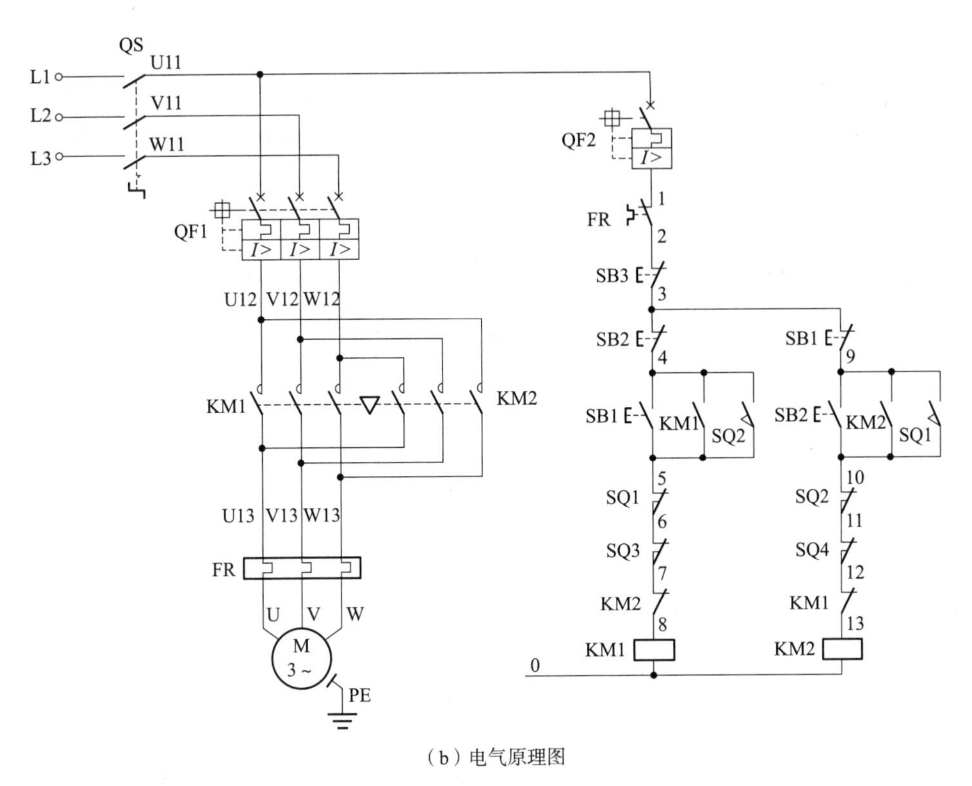

（b）电气原理图

图 1-3-17　自动循环控制行车示意图及电气原理图（续）

（2）工作原理

工作原理如下：合上 QS，合上 QF1，合上 QF2。

按下正转起动按钮 SB1，接触器 KM1 线圈得电并自锁，电动机正向旋转，工作台前进，当到达加工终点时，挡铁碰压 SQ1，SQ1 的常闭触点分断，KM1 线圈失电，电动机正转停止，工作台前行停止；同时 SQ1 常开触点闭合，KM2 线圈得电，电动机反转起动，工作台后退运行。当工作台后退运行到达终点时挡铁碰压 SQ2，SQ2 的常闭触点分断，KM2 线圈失电，电动机反转停止，工作台后退停止；同时 SQ2 常开触点闭合，KM1 线圈得电，电动机正转起动，工作台前进。如此自动往复运行，直到按下停止按钮 SB3 使工作台停止运行。

按下反转起动按钮 SB2，线路的工作原理同上相似，可自行分析。

想一想： 实现位置控制和自动往返控制的核心器件是什么？

第七节　三相异步电动机多地控制及顺序控制线路

扫一扫

顺序控制线路

一、多地控制线路

能在两地或者多地控制同一台电动机的控制方法称为电动机多地控制。

笔记栏：

1. 电气原理图

图 1-3-18 所示为两地控制的具有过载保护的接触器自锁控制线路的电气原理图。图中的 SB11 和 SB12 分别为安装在甲地的起动按钮和停止按钮；SB21 和 SB22 分别为安装在乙地的起动按钮和停止按钮。

2. 线路特点

甲乙两地的起动按钮需要并联在一起，停止按钮需要串联在一起，这样就可以在两个地方对同一台电动机进行起动和停止的控制，达到多地控制的目的。

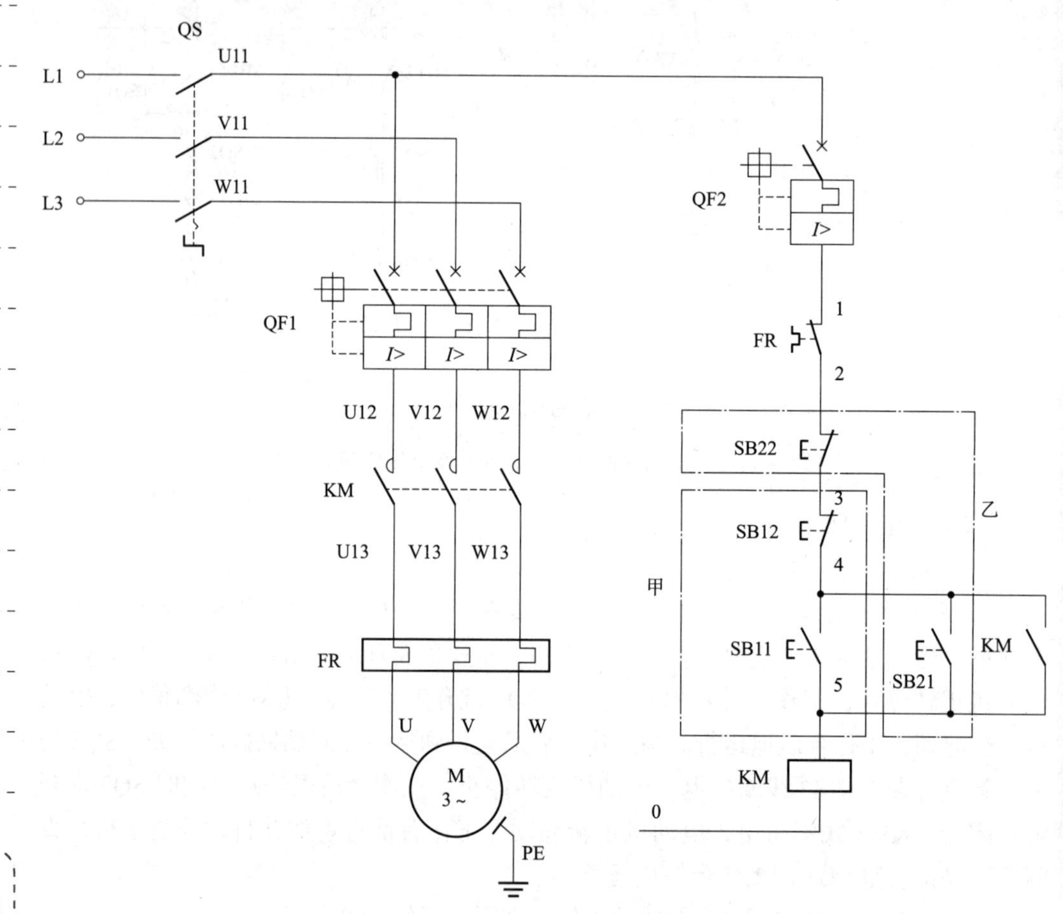

图 1-3-18　电动机两地控制电气原理图

想一想：如果想实现三地点或者更多地点的多地控制，如何实现？

二、顺序控制线路

要求几台电动机的起动或者停止必须按一定的先后顺序来完成的控制方式称为电动机的顺序控制。

在装有两台或者两台以上的机械设备上，每台电动机所起的作用是不同的，有时候需要按照一定的逻辑顺序进行起动和停止操作，才能满足生产需要或者保证操作过程的合理以及安全可靠。

实例：X62W 型万能铣床，主轴电动机起动后，进给电动机才能够起动；M7120

型平面磨床要求砂轮电动机起动后，冷却泵电动机才能够起动。

顺序控制通常有以下两种设计思路：

①主电路实现顺序控制；

②控制电路实现顺序控制。

下面分别进行介绍。

1. 主电路实现顺序控制

图 1-3-19 所示是主电路实现两台电动机顺序控制的电气原理图。电动机 M2 的主电路接在 KM1 的主触点的下方，因此，只有当 KM1 的主触点闭合，电动机 M1 起动运转之后，电动机 M2 才可能通电运转。

实例：M7120 型平面磨床的砂轮电动机和冷却泵电动机就采用了这种顺序控制方式。

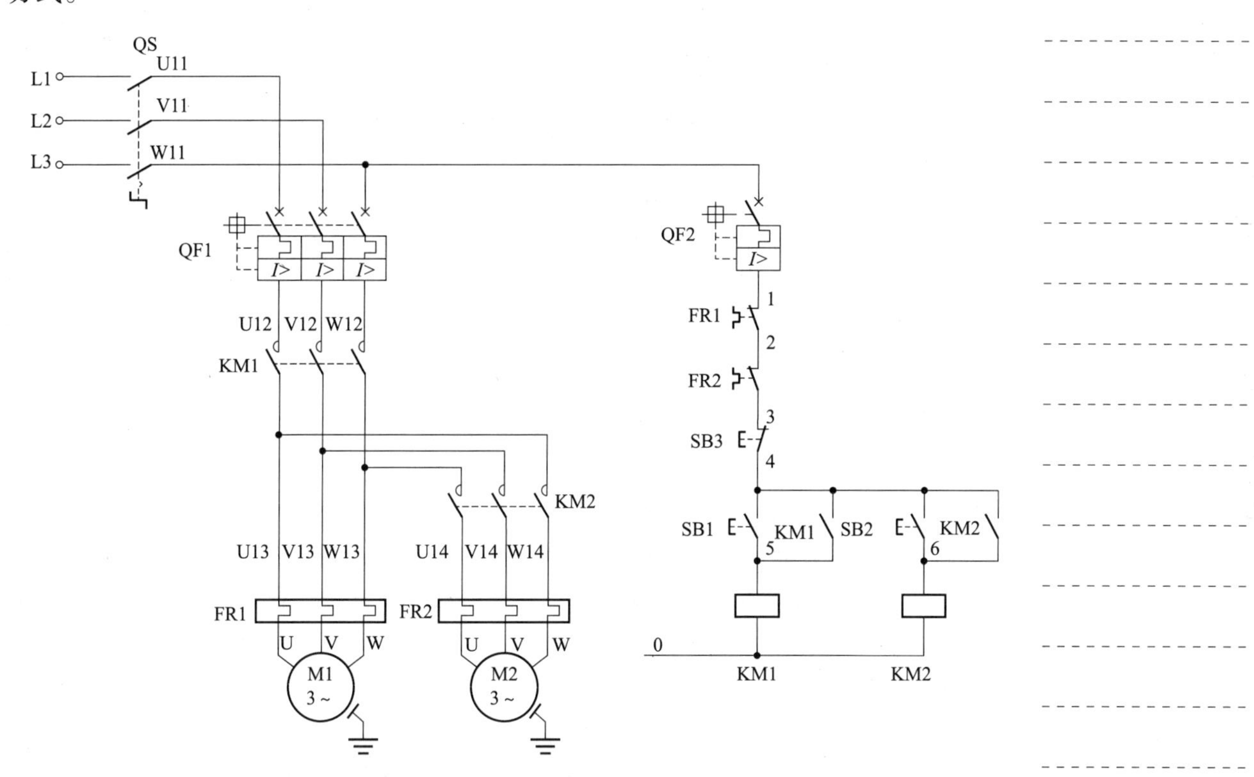

图 1-3-19　主电路实现两台电动机顺序控制的电气原理图

2. 控制电路实现顺序控制

如图 1-3-20 所示，电动机 M2 的控制电路先与接触器 KM1 的线圈并联后，再与 KM1 的自锁触点串联，这样就保证了只有电动机 M1 起动以后，电动机 M2 才能够起动的顺序控制要求。

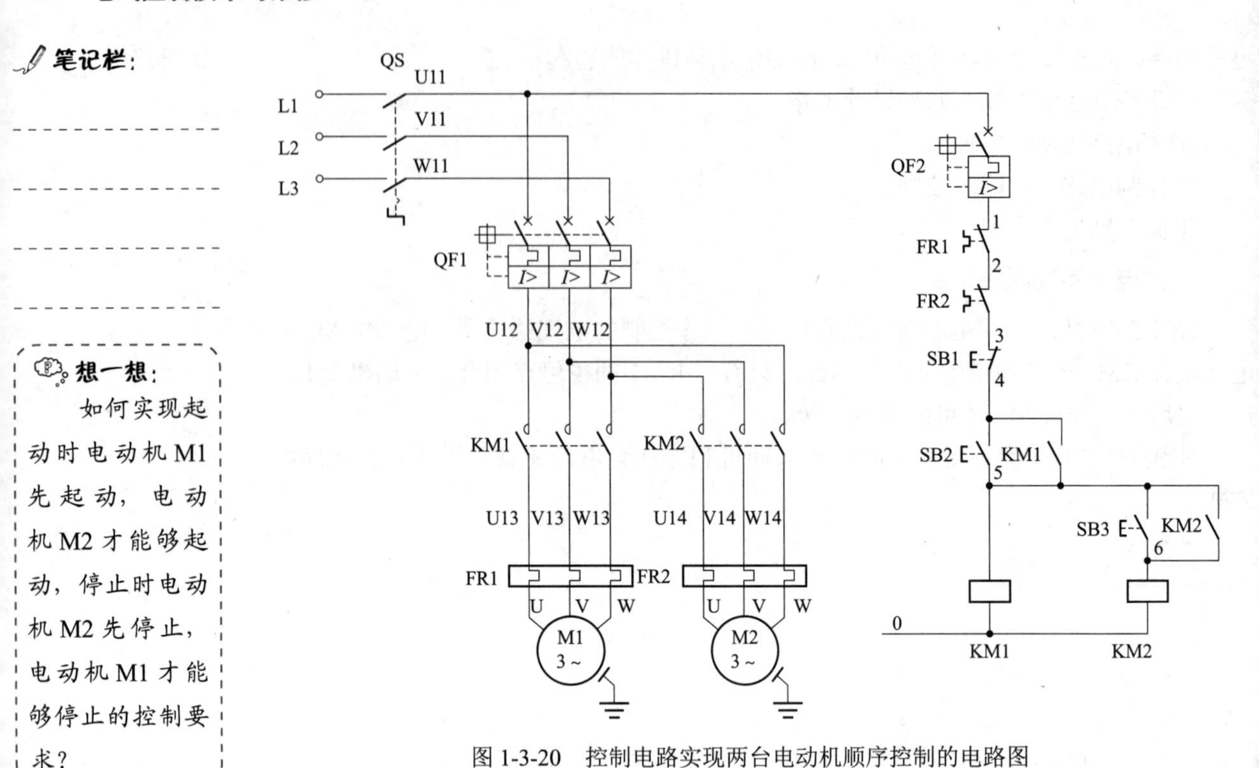

笔记栏：

想一想：

如何实现起动时电动机M1先起动，电动机M2才能够起动，停止时电动机M2先停止，电动机M1才能够停止的控制要求？

图 1-3-20 控制电路实现两台电动机顺序控制的电路图

小 结

本章着重介绍了绘制与识读电气控制线路的原则以及基本控制线路中点动控制、连续控制、正反转控制以及多地与顺序控制电路的电路原理图，以及各个控制电路的控制过程。依靠接触器本身辅助触点使其线圈保持通电的现象称为自锁。起自锁作用的触点称为自锁触点。将KM1、KM2的常闭触点串联在对方的线圈电路中，形成相互制约的控制称为互锁控制。接触器常闭触点的互锁又称电气互锁。电路中将正反转接触器的常闭触点和按钮的常闭触点串联在对方线圈电路中，形成相互制约的控制，实现双重互锁。

多地控制是指能够在不同的地点对电动机的动作进行控制。在一些大型机床设备中，为了操作方便，经常采用多地控制方式。通常把起动按钮并联在一起，实现多地起动控制；而把停止按钮串联在一起，实现多地停止控制。

如果一个控制系统可以分解成几个独立的控制动作，且这些动作必须严格按照一定的先后次序执行才能保证生产过程的正常运行，那么系统的这种控制称为顺序控制。要求几台电动机的起动或停止必须按一定的先后顺序来完成的控制方式，称为顺序控制。顺序控制是工业生产过程、工程机械设备等领域中的一种典型控制方式，在工业生产和日常生活中应用十分广泛，例如搬运机械手的运动控制、包装生产线的控制、交通信号灯的控制等。

习　题

一、填空题

1. 电气原理图中，所有电器的可动部分均按（　　　　　）状态画出。

2. 在电气控制电路中，接触器的主触点接于（　　　　　）电路中，辅助触点接于（　　　　　）电路中。

3. 在电动机的连续运转控制中，其控制关键是加入（　　　　　）。

4. 三相异步电动机的三相电源进线中（　　　　　），电动机即可反向运行。

5. 当需要一台电动机先动，另外一台电动机后动的时候，可以在后动回路串入先动接触器的（　　　　　）。

二、问答题

1. 什么的自锁？什么是互锁？

2. 什么是顺序控制？什么是多地控制？

3. 什么是位置控制？

4. 在电动机正反转控制线路中，主电路是通过什么器件对电动机进行换相的？

5. 简述按钮、接触器双重联锁的正反转控制线路的特点。

6. 在自动往返控制线路中，起限位功能的位置开关在控制线路中使用常开触点还是常闭触点？

三、设计题

1. 某机床上有两台电动机，一台是主轴电动机，要求能正反转控制；另一台是冷却泵电动机，只要求正转；两台电动机都要求有短路、过载、失电压和欠电压保护。试设计出满足要求的电路图。

2. 设计一控制线路。有两台电动机，要求两台电动机可以分别起动和停止；也可以同时起动和停止；当一台电动机发生过载时，两台电动机同时停止。

第四章 三相异步电动机的降压起动与制动线路

知识学习目标

笔记栏：

1. 理解三相异步电动机降压起动及制动的概念。
2. 掌握时间继电器和速度继电器的结构及工作原理。
3. 掌握三相异步电动机降压起动控制线路。
4. 掌握三相异步电动机制动控制线路。

能力培养目标

1. 能够识别和使用各种类型的时间继电器和速度继电器。
2. 能够分析三相异步电动机Y-△起动控制线路。
3. 能够分析三相异步电动机制动控制线路。

情感价值目标

1. 倡导学生树立工匠精神。
2. 通过分组实操训练，培养学生的团队精神。
3. 通过实操调试，培养学生分析问题、解决问题的能力。
4. 通过课内5S管理，培养学生的职业精神。

电动机全压起动控制电路的起动电流大，是额定电流的4～6倍。容量较大的电动机采取直接起动时，会使电网电压严重下降，不仅导致同一电网上的其他电动机起动困难，而且影响其他用电设备的正常运行。因此，额定功率大于10 kW的三相异步电动机一般都采用降压起动的方式，起动时降低加在电动机定子绕组上的电压，起动后再将电压恢复到额定值，使之在正常电压下运行。

很多机床（如万能铣床、卧式车床及组合机床）都需要迅速停车和准确定位，而三相异步电动机由于机械惯性的缘故，从断开电源到完全停止旋转需要经过一段时间才能实现，这就要求对电动机进行强制停车，即所谓的制动控制。制动控制的方式有两大类：机械制动和电气制动。机械制动是在切断电源后，利用机械装置使电动机迅速停转的方法。应用较普遍的机械制动装置有电磁抱闸和电磁离合器，它们的制动原理基本相同。电气制动是在电动机上产生一个与原转子转动方向相反的制动转矩，迫使电动机迅速停车，常用的电气制动方法有能耗制动和反接制动。

本章主要介绍三相异步电动机起动与制动的方法和特点，同时对Y-△降压起动控制线路进行电路识读、安装接线及通电调试。

笔记栏：

第一节　三相异步电动机降压起动控制线路

一、时间继电器

在生产中经常需要按一定的时间间隔对生产机械进行控制。时间控制通常是利用时间继电器来实现的。

从得到动作信号起至触点动作或输出电路产生跳跃式改变有一定延时时间，该延时时间又符合其准确度要求的继电器称为时间继电器，它广泛用于需要按时间顺序进行控制的电气控制线路中。

常用的时间继电器主要有电磁式、电动式、空气阻尼式、晶体管式等。目前电力拖动系统中应用较多的是空气阻尼式时间继电器。随着电子技术的发展，近年来晶体管式时间继电器的应用日益广泛。

1. 结构

空气阻尼式时间继电器的结构及工作原理如图 1-4-1 所示。

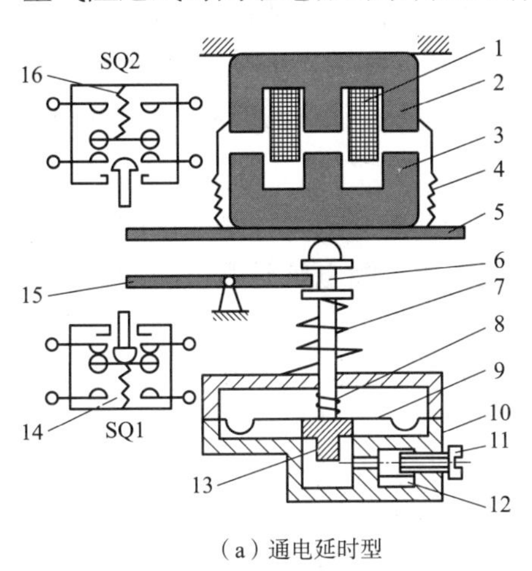

（a）通电延时型

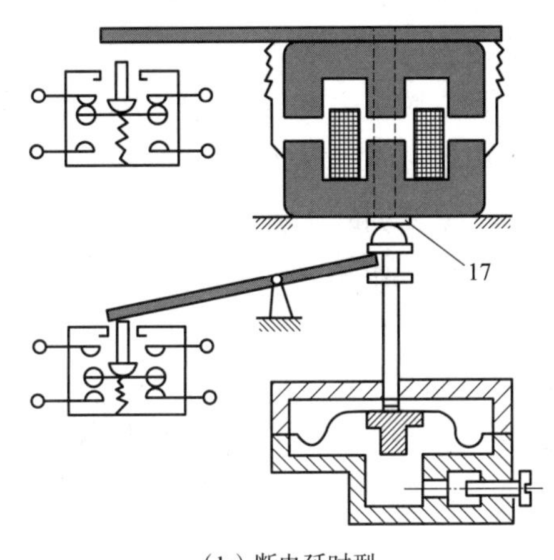

（b）断电延时型

图 1-4-1　空气阻尼式时间继电器的结构及工作原理

1—线圈；2—铁芯；3—衔铁；4—反力弹簧；5—推板；6—活塞杆；7—塔形弹簧；8—弱弹簧；9—橡皮膜；10—空气室壁；11—调节螺钉；12—进气孔；13—活塞；14、16—微动开关；15—杠杆；17—推杆

①电磁系统：由线圈、铁芯和衔铁组成。

②触点系统：包括两对瞬时触点（一常开、一常闭）和两对延时触点（一常开、一常闭），瞬时触点和延时触点分别是两个微动开关的触点。

③空气室：空气室为一空腔，由橡皮膜、活塞等组成。橡皮膜可随空气的增减而移动，顶部的调节螺钉可调节延时时间。

④传动机构：由推杆、活塞杆、杠杆及各种类型的弹簧等组成。

⑤基座：用金属板制成，用以固定电磁机构和气室。

笔记栏:

2. 工作原理

以 JS7-A 系列空气阻尼式时间继电器为例进行介绍。

（1）通电延时型时间继电器

当线圈 1 通电后，铁芯 2 产生吸力，衔铁 3 克服反力弹簧 4 的阻力与铁芯吸合，带动推板 5 立即动作，压合微动开关 SQ2，使其常闭触点瞬时断开，常开触点瞬时闭合。同时活塞杆 6 在塔形弹簧 7 的作用下向上移动，带动与活塞 13 相连的橡皮膜 9 向上运动，运动的速度受进气孔 12 进气速度的限制。这时橡皮膜下面形成空气较稀薄的空间，与橡皮膜上面的空气形成压力差，对活塞的移动产生阻尼作用。活塞杆带动杠杆 15 只能缓慢地移动。经过一定时间，活塞才能完成全部行程而压动微动开关 SQ1，使其常闭触点断开，常开触点闭合，由于从线圈通电到触点动作需要延时一段时间，因此 SQ1 的两对触点分别称为延时闭合瞬时断开的常开触点和延时断开瞬时闭合的常闭触点。这种时间继电器延时时间的长短取决于进气的快慢，旋动调节螺钉 11 可调节进气孔的大小，即可达到调节延时时间长短的目的。JS7-A 系列空气阻尼式时间继电器的延时范围有 0.4 ~ 60 s 和 0.4 ~ 180 s 两种。

当线圈 1 断电时，衔铁 3 在反力弹簧 4 的作用下，通过活塞杆 6 将活塞推向下端，这时橡皮膜 9 下方腔内的空气通过橡皮膜 9、弱弹簧 8 和活塞 13 局部所形成的单向阀迅速从橡皮膜上方的气室缝隙中排掉，使微动开关 SQ1、SQ2 的各对触点均瞬时复位。

（2）断电延时型时间继电器

JS7-A 系列断电延时型和通电延时型时间继电器的组成元件是通用的，如果将通电延时型时间继电器的电磁机构翻转 180° 安装即成为断电延时型时间继电器。其工作原理读者可自行分析。

空气阻尼式时间继电器的优点是：延时范围较大（0.4 ~ 180 s），且不受电压和频率波动的影响；可以做成通电和断电两种延时形式；结构简单、寿命长、价格低。其缺点是：延时误差大，难以精确地整定延时值，且延时值易受周围环境温度、尘埃等的影响。因此，对延时精度要求较高的场合不宜采用。

时间继电器在电路图中的图形符号如图 1-4-2 所示。

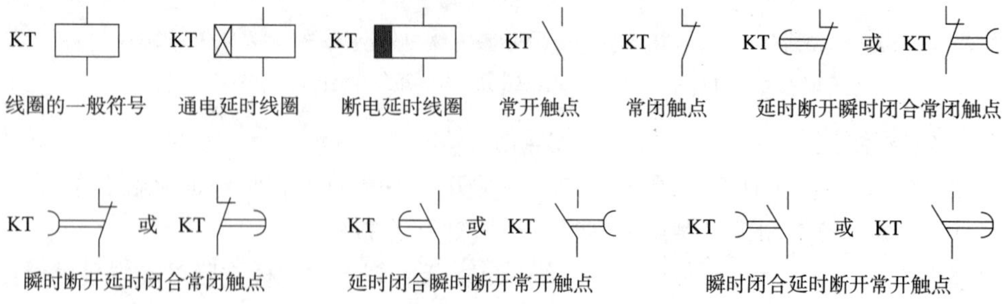

图 1-4-2　时间继电器在电路图中的图形符号

二、中间继电器

中间继电器是用来增加控制电路中的信号数量或将信号放大的继电器。其输入信号是线圈的通电和断电，输出信号是触点的动作，由于触点的数量较多，所以可以用来控制多个元件或回路。

中间继电器的结构及工作原理与接触器基本相同，因而中间继电器又称接触器式继电器。但中间继电器的触点对数多，且没有主辅之分，各对触点允许通过的电流大小相同，多数为 5 A。因此，对于工作电流小于 5 A 的电气控制线路，可用中间继电器代替接触器实施控制。

常用的中间继电器有 JZ7、JZ14 等系列为交流中间继电器，其外形、结构及图形符号如图 1-4-3 所示。

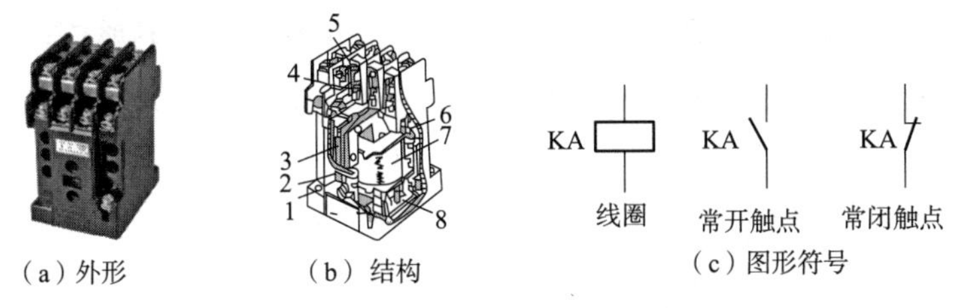

图 1-4-3 交流中间继电器外形、结构及图形符号

1—静铁芯；2—短路环；3—衔铁；4—常开触点；5—常闭触点；6—反作用弹簧；7—线圈；8—缓冲弹簧

三、三相笼形异步电动机按钮切换的Y-△降压起动控制线路

图 1-4-4 所示为三相笼形异步电动机按钮切换的Y-△降压起动控制电路。

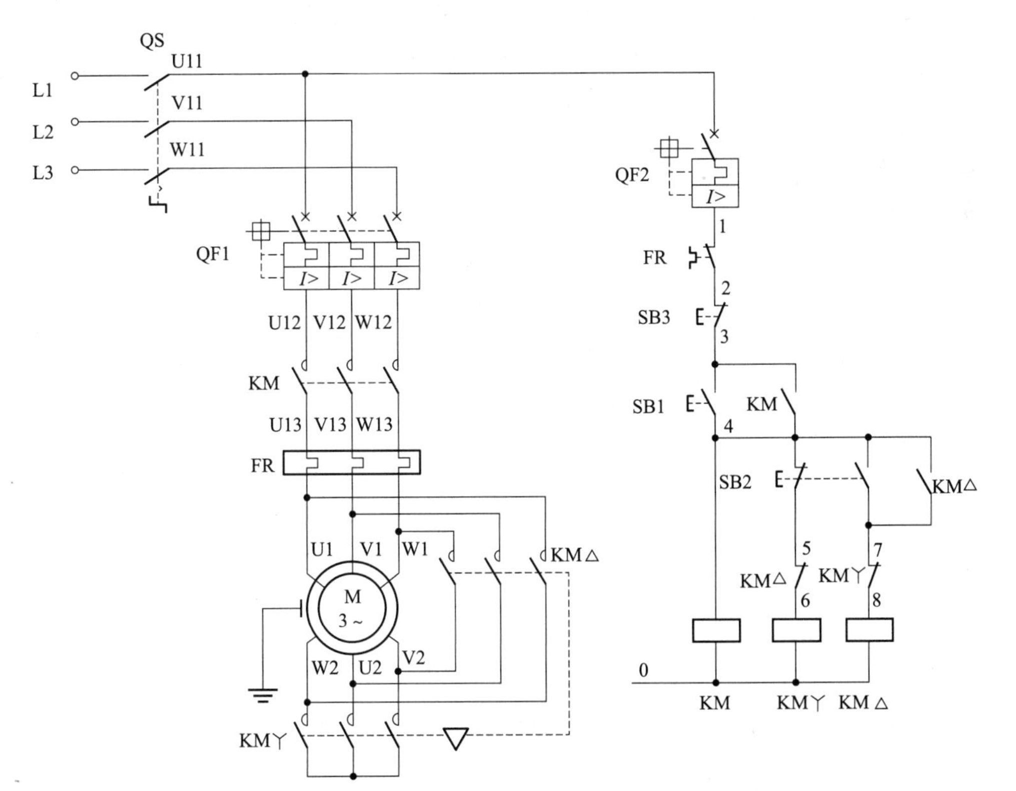

图 1-4-4 三相笼形异步电动机按钮切换的Y-△降压起动控制电路

笔记栏:

笔记栏:

1. 电动机定子绕组的连接方式

三相笼形异步电动机定子绕组有星形联结和三角形联结两种接法，如图 1-4-5 所示。

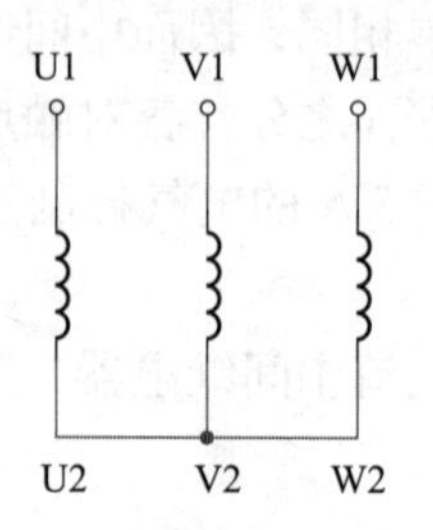

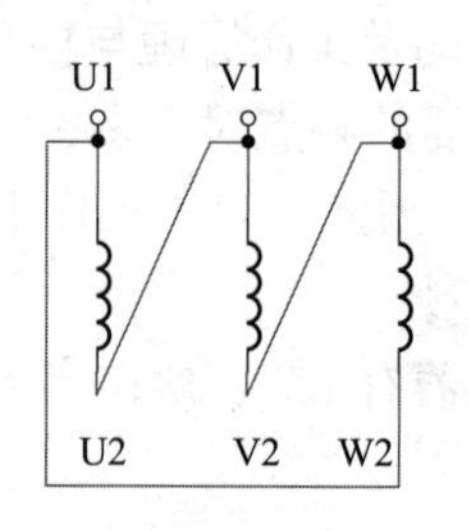

图 1-4-5　三相笼形异步电动机定子绕组的星形联结和三角形联结

我国电网供电电压为 380 V，正常运行时定子绕组三角形联结的三相笼形异步电动机，若在起动时接成星形，起动电压就会从 380 V 降至 220 V，加在每相定子绕组上的起动电压只有三角形联结时的$1/\sqrt{3}$倍，从而限制了起动电流。待电动机转速上升后，再将定子绕组改成三角形联结，从而投入正常运行。

2. 识读电路图

图 1-4-4 所示电路使用了三个接触器、一个热继电器和三个按钮。接触器 KM 作引入电源用，接触器 KM丫和接触器 KM △分别作电动机星形联结起动和三角形联结运行用，SB1 是起动按钮，SB2 是丫-△换接按钮，SB3 是停止按钮，QF1 作为主电路的短路保护，QF2 作为控制电路的短路保护，FR 作为过载保护。

电动机丫形接法降压起动的工作原理如图 1-4-6 所示。

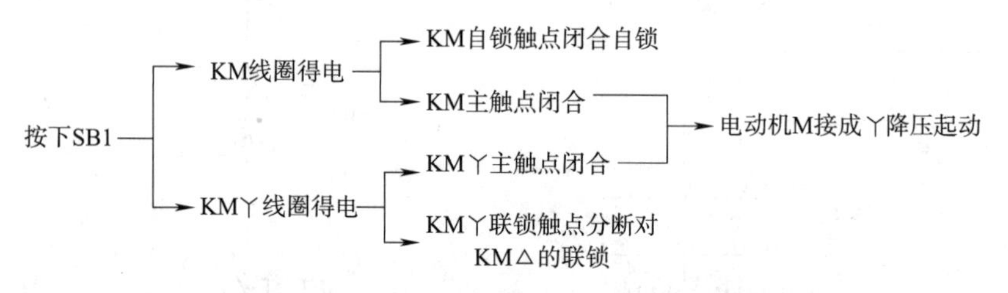

图 1-4-6　三相笼形异步电动机星形接法降压起动工作原理

电动机三角形接法全压运行的工作原理如图 1-4-7 所示。当电动机转速上升并接近额定值时：

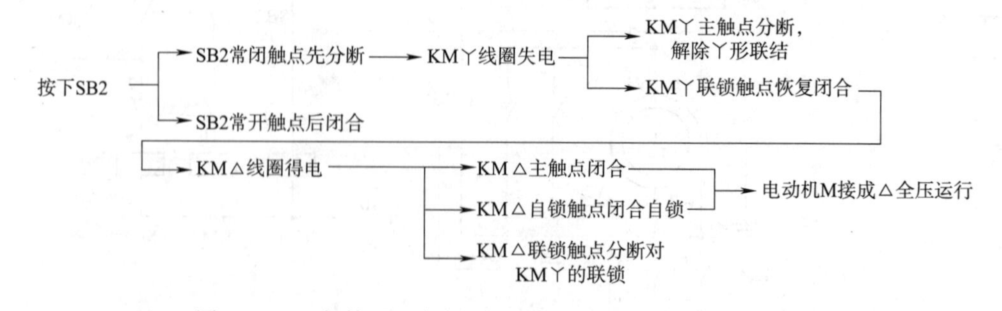

图 1-4-7　三相笼形异步电动机三角形接法全压运行工作原理

笔记栏:

停止时按下 SB3 即可实现。

四、三相笼形异步电动机时间继电器自动控制丫-△降压起动控制线路

时间继电器自动控制丫-△降压起动控制电路如图 1-4-8 所示。

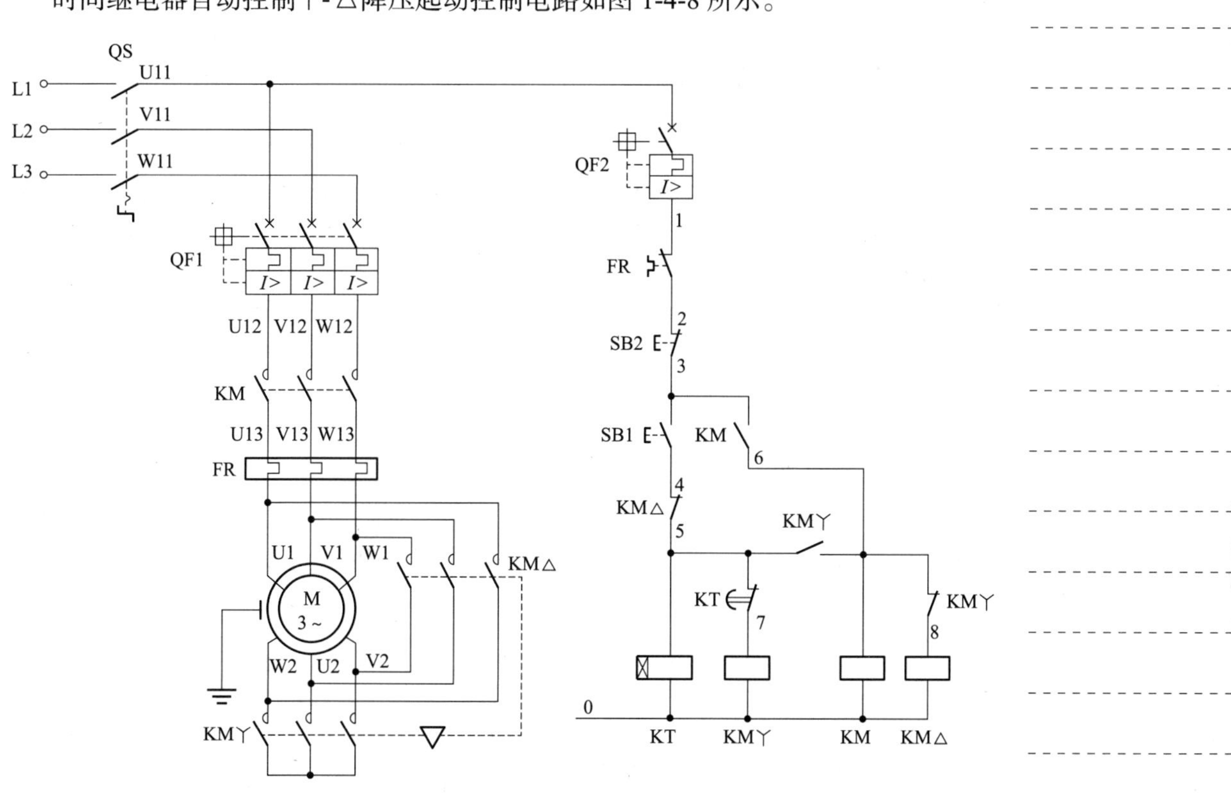

图 1-4-8　三相笼形异步电动机时间继电器自动控制丫-△降压起动电路图

该电路由三个接触器、一个热继电器、一个时间继电器和两个按钮组成。时间继电器 KT 用作控制丫形降压起动时间和完成丫-△自动切换。

工作原理如图 1-4-9 所示。

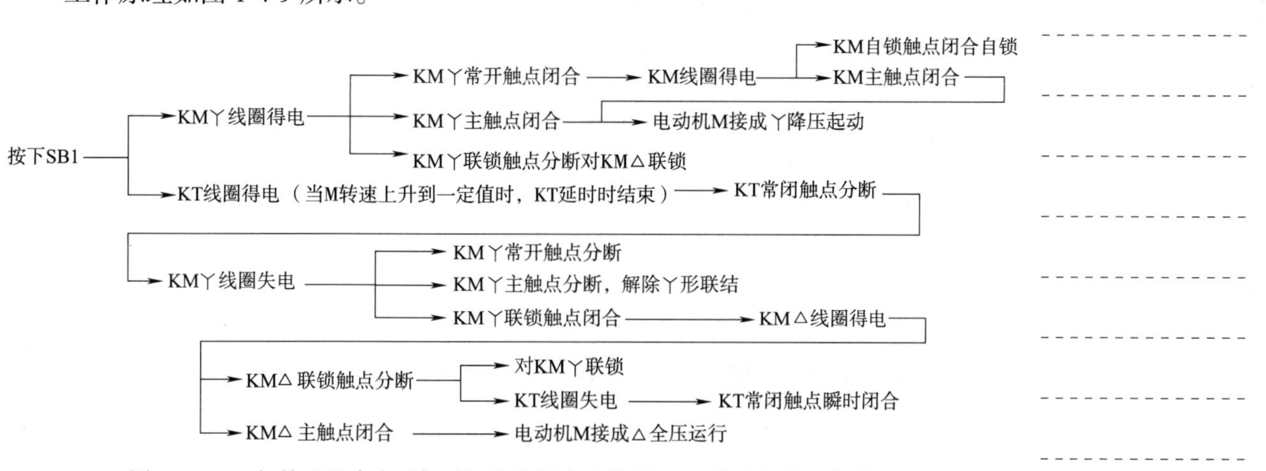

图 1-4-9　三相笼形异步电动机时间继电器自动控制丫-△降压起动工作原理

笔记栏：

先合上电源开关 QS，停止时按下 SB2 即可。

该电路中，接触器 KM丫得电以后，通过 KM丫的常开辅助触点使接触器 KM 得电动作，这样 KM丫的主触点是在无负载条件下进行闭合的，这样可以延长接触器 KM丫主触点的使用寿命。

五、其他降压起动控制线路

1. 三相笼形异步电动机定子绕组串联电阻降压起动控制线路

定子绕组串联电阻降压起动是指在电动机起动时，把电阻串联在电动机定子绕组与电源之间，通过电阻的分压作用来降低定子绕组上的起动电压。待电动机起动后，再将电阻短接，使电动机在额定电压下正常运行。

定子绕组串联电阻时间继电器自动控制电路如图 1-4-10 所示。

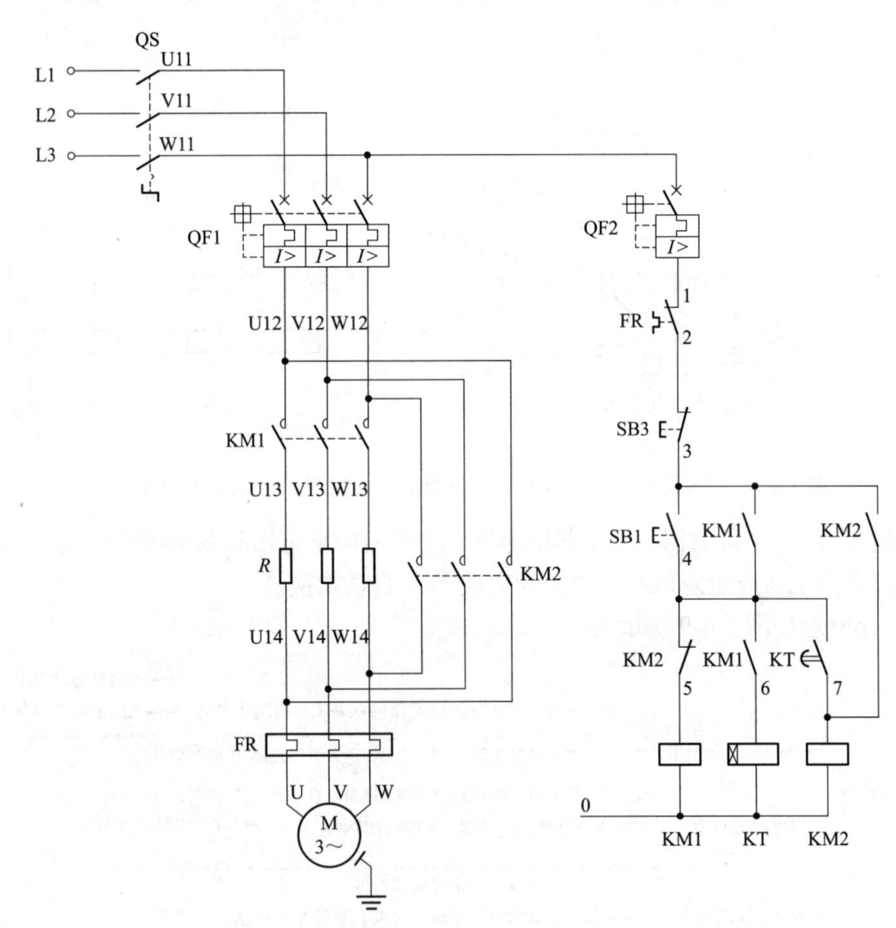

图 1-4-10　定子绕组串联电阻时间继电器自动控制电路

电路的工作原理如图 1-4-11 所示。合上电源开关 QS。

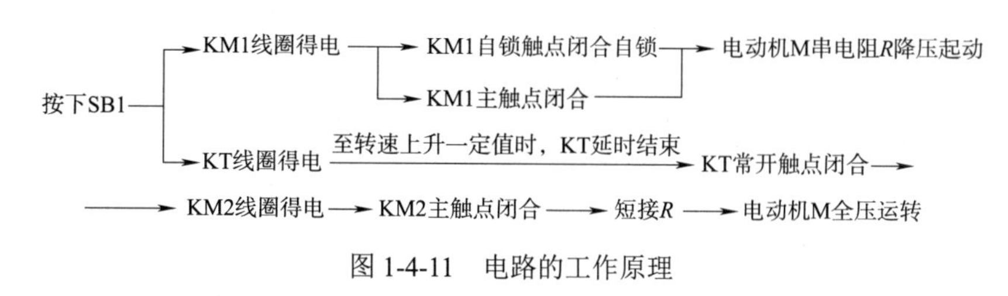

图 1-4-11　电路的工作原理

停止时，按下 SB2 即可实现。

2. 三相笼形异步电动机自耦变压器（补偿器）降压起动控制线路

自耦变压器降压起动是指电动机起动时利用自耦变压器来降低加在电动机定子绕组上的起动电压。待电动机起动后，再使电动机与自耦变压器脱离，从而在全压下正常运行。

按钮、接触器、中间继电器控制的补偿器降压起动电路如图 1-4-12 所示。

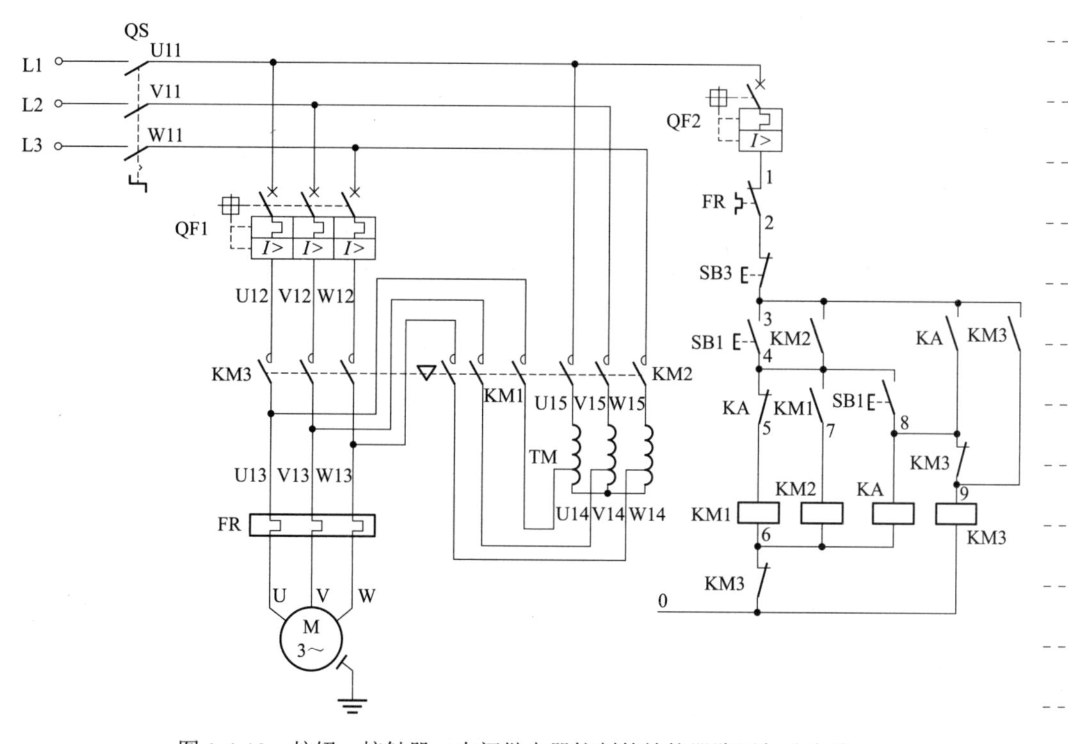

图 1-4-12　按钮、接触器、中间继电器控制的补偿器降压起动电路

电路的工作原理如图 1-4-13、图 1-4-14 所示。合上电源开关 QS。

降压起动：

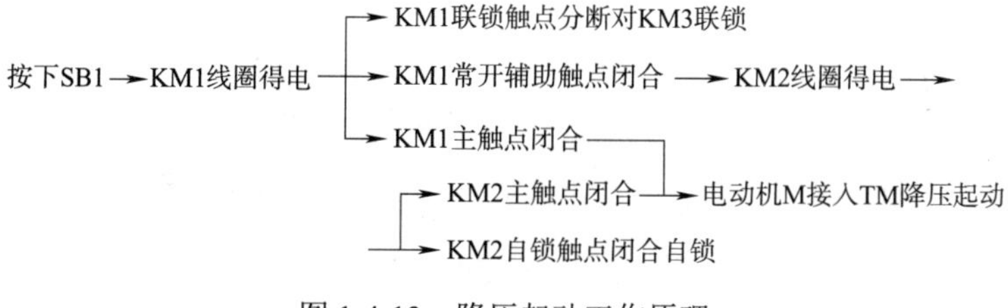

图 1-4-13　降压起动工作原理

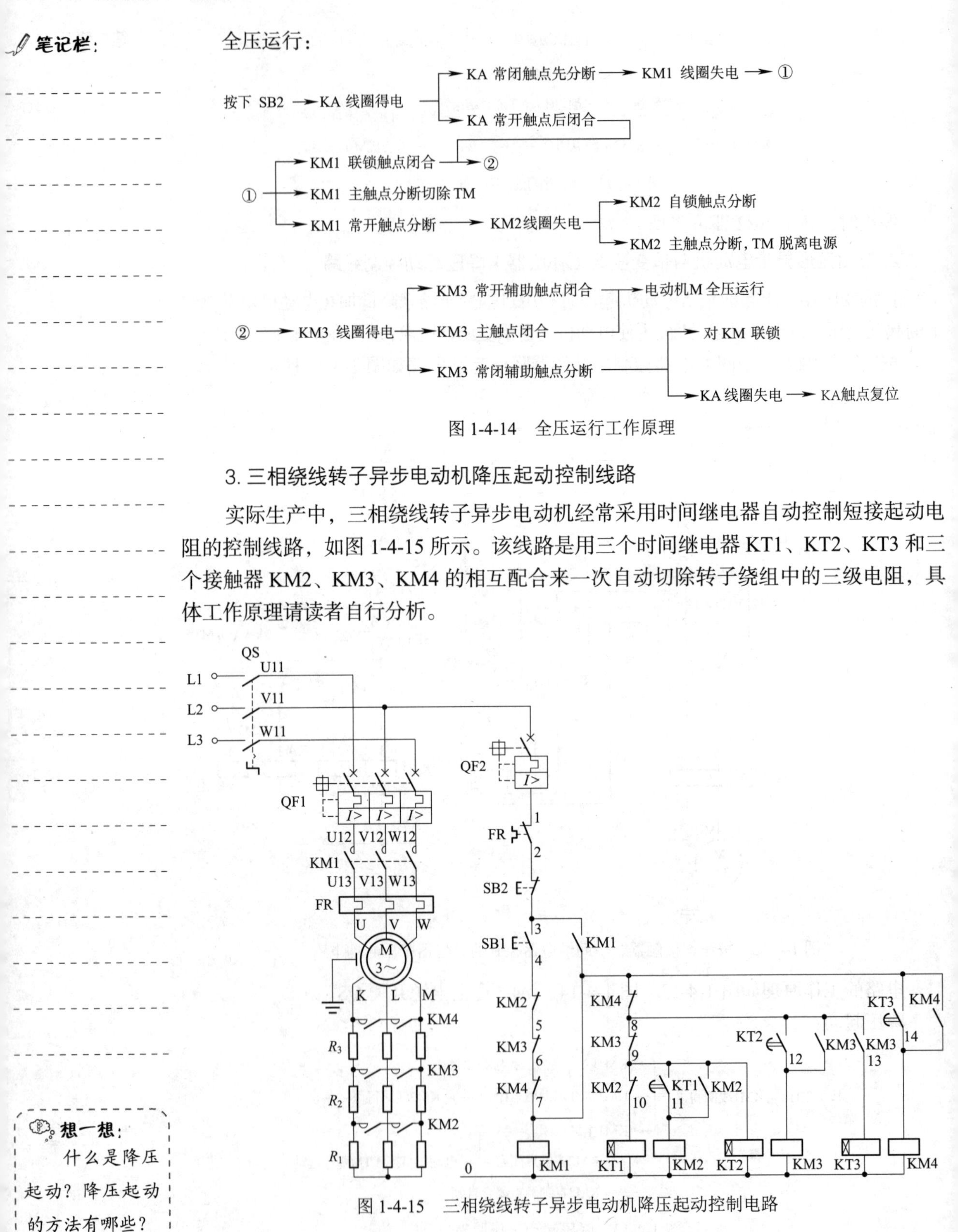

笔记栏：

全压运行：

图 1-4-14　全压运行工作原理

3. 三相绕线转子异步电动机降压起动控制线路

实际生产中，三相绕线转子异步电动机经常采用时间继电器自动控制短接起动电阻的控制线路，如图 1-4-15 所示。该线路是用三个时间继电器 KT1、KT2、KT3 和三个接触器 KM2、KM3、KM4 的相互配合来一次自动切除转子绕组中的三级电阻，具体工作原理请读者自行分析。

图 1-4-15　三相绕线转子异步电动机降压起动控制电路

想一想：
什么是降压起动？降压起动的方法有哪些？

笔记栏：

第二节　制动控制线路

一、速度继电器

速度继电器是测量转速的元件。它能反映转动的方向以及是否停转，因此广泛用于异步电动机的反接制动中。

其结构和工作原理与笼形异步电动机类似，是根据电磁感应原理制成的，主要有转子、定子和触点三部分。其中转子是圆柱形永磁铁，与被控旋转机构的轴连接并同步旋转。定子是笼形空心圆环，内装有笼形绕组，它套在转子上，可以转动一定的角度。当转子转动时，绕组内感应出电动势和电流。此电流和磁场作用产生扭矩使定子柄向旋转方向转动，拨动簧片使触点闭合或断开。当转子转速接近零（约 100 r/min），扭矩不足以克服定子柄重力，触点系统恢复原态。

速度继电器外形与结构如图 1-4-16 所示。其转子及图形符号如图 1-4-17 所示。

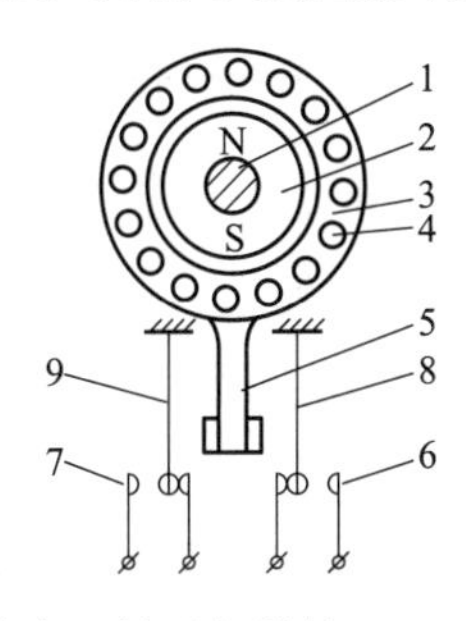

图 1-4-16　速度继电器外形与结构

1—电动机轴；2—转子；3—定子；4—绕组；5—胶木摆杆；6、9—簧片；7、8—静触点

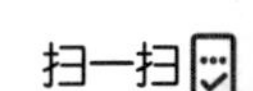
扫一扫

起动制动控制线路

通过调节簧片的弹力，可使速度继电器在不同转速时切换触点改变通断状态。

图 1-4-17　速度继电器的转子及图形符号

速度继电器的动作转速一般不低于 120 r/min，复位转速在 100 r/min 以下，该数值可以人为调整。速度继电器工作时，允许的最高转速可达 1 000～3 600 r/min，其正转和反转切换触点的动作可用来反映电动机转向和速度的变化。常用的型号有 JY1 型和 JFZO 型，它们共有两对常开触点和两对常闭触点。触点的额定电压为 380 V，额定电流为 2 A。

想一想：

速度继电器的主要作用是什么？

二、机械制动

图 1-4-18 为机械制动中的电磁抱闸制动器断电制动控制电路。先合上电源开关 QS。

起动运转：按下起动按钮 SB1，接触器 KM 线圈得电，其自锁触点和主触点闭合，电动机 M 接通电源，同时电磁抱闸制动器线圈 YB 得电，衔铁与铁芯吸合，衔铁克服

笔记栏:

弹簧拉力，迫使制动杠杆向上移动，从而使制动器的闸瓦与闸轮分开，电动机正常运转。

制动停转：按下停止按钮 SB2，接触器 KM 线圈失电，其自锁触点和主触点分断，电动机 M 失电，同时电磁抱闸制动器线圈 YB 也失电，衔铁与铁芯分开，在弹簧拉力的作用下闸瓦紧紧抱住闸轮，使电动机迅速制动而停转。

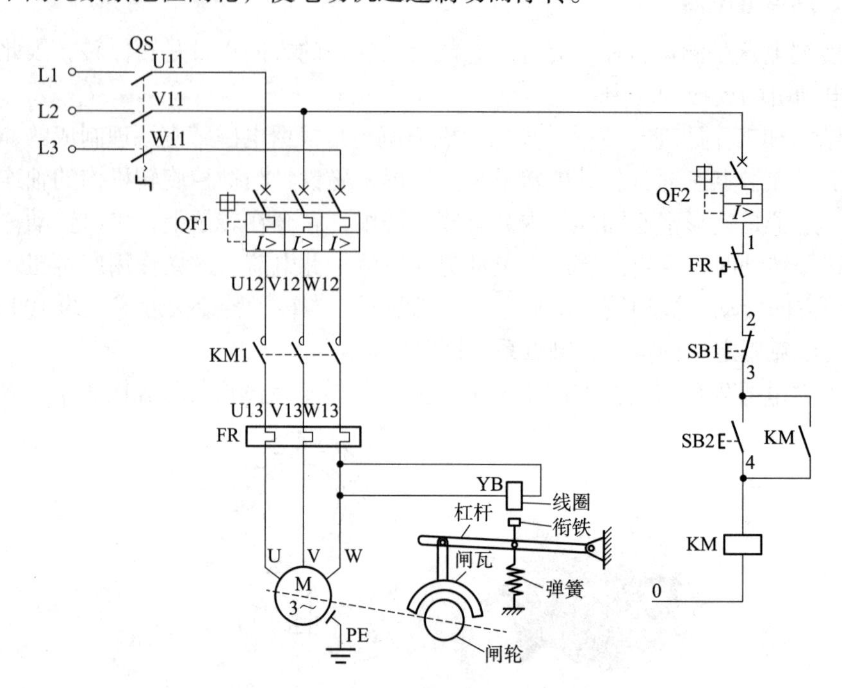

图 1-4-18　机械制动中的电磁抱闸制动器断电制动控制电路图

机械制动中的电磁抱闸制动器通电制动控制电路如图 1-4-19 所示。

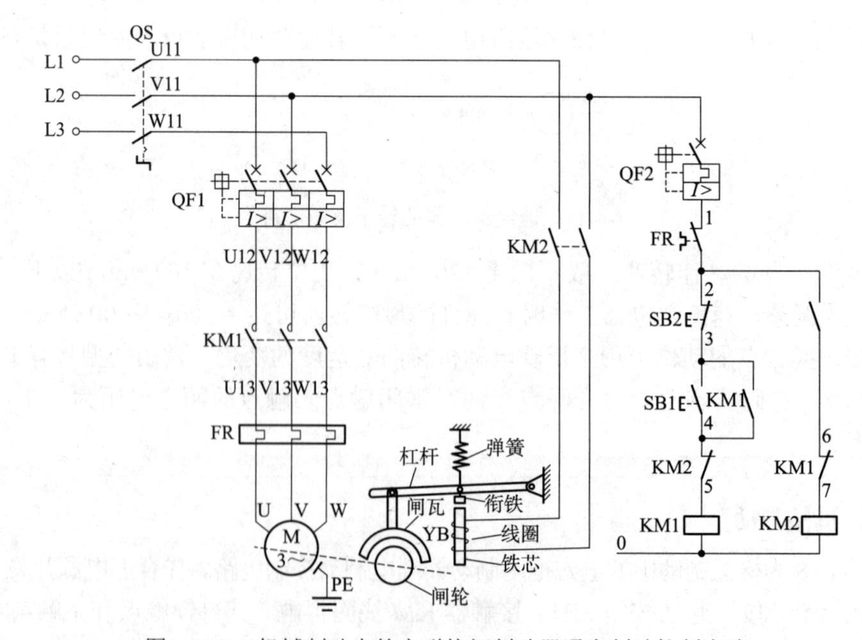

图 1-4-19　机械制动中的电磁抱闸制动器通电制动控制电路

笔记栏：

工作原理如下：先合上电源开关 QS。

起动运转：按下起动按钮 SB1，接触器 KM1 线圈得电，其自锁触点和主触点闭合，电动机 M 起动运转。由于接触器 KM1 联锁触点分断，使接触器 KM2 不能得电动作，所以电磁抱闸制动器的线圈无电，衔铁与铁芯分开，在弹簧拉力的作用下，闸瓦与闸轮分开，电动机不受制动正常运转。

制动停转：按下复合按钮 SB2，其常闭触点先分断，使接触器 KM1 线圈失电，其自锁触点和主触点分断，电动机 M 失电，KM1 联锁触点恢复闭合，待 SB2 常开触点闭合后，接触器 KM2 线圈得电，KM2 主触点闭合，电磁抱闸制动器线圈 YB 得电，铁芯吸合衔铁，衔铁克服弹簧拉力，带动杠杆向下移动，使闸瓦紧抱闸轮，电动机被迅速制动而停转。KM2 联锁触点分断对 KM1 联锁。

三、电力制动

1. 电力制动中的反接制动

将旋转中的电动机电源反接，电动机定子绕组中的电源相序也随之改变，导致定子绕组中的旋转磁场改变方向。电动机转子因受到与原旋转方向相反的转动作用（制动力矩）而迅速停止转动，这种制动方法称为反接制动。

反接制动原理如图 1-4-20 所示。

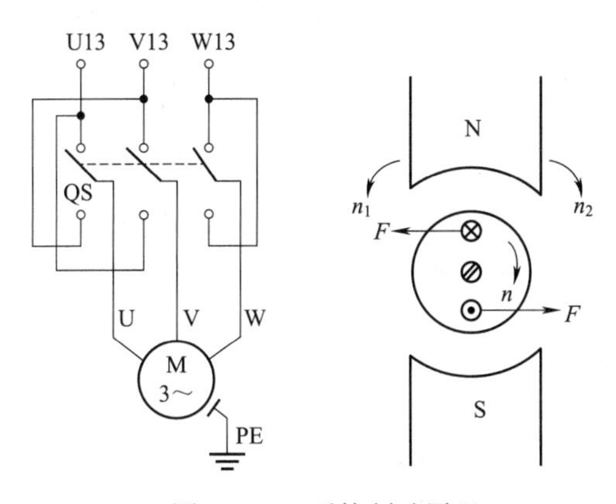

图 1-4-20　反接制动原理

闭合 QS，电动机以转速 $n<n_1$ 转速旋转。当电动机需要停转时，可先断开正转位置的电源开关 QS，使电动机与三相电源断开，而转子则由于惯性仍按原方向旋转。随后将开关 QS 迅速投向反接制动位置，使 U、V 两相电源相序对调，产生的旋转磁场 Φ 中的方向与原来的方向正好相反，由此，在电动机转子中就产生了与原转动方向相反的电磁转矩，即制动转矩，使电动机受到制动而停止转动。

反接制动时，转子与旋转磁场的相对速度接近于两倍的同步转速，所以定子绕组中流过的反接制动电流相当于直接起动时电流的两倍，因此反接制动的特点是制动迅速、效果好，但冲击大，通常适用于 10 kW 以下的小容量电动机。为了减小冲击电流，通常要求串联一定的电阻以限制反接制动电流，这个电阻称为反接制动电阻。

反接制动电阻的接线方法有对称和不对称两种接法，如图 1-4-21 所示。显然，采用对

笔记栏：

称电阻接法可以在限制制动转矩的同时也限制制动电流；而采用不对称电阻的接法，则只限制了制动转矩，且未加制动电阻的那一相仍具有较大的制动电流，因此一般采用对称接法。

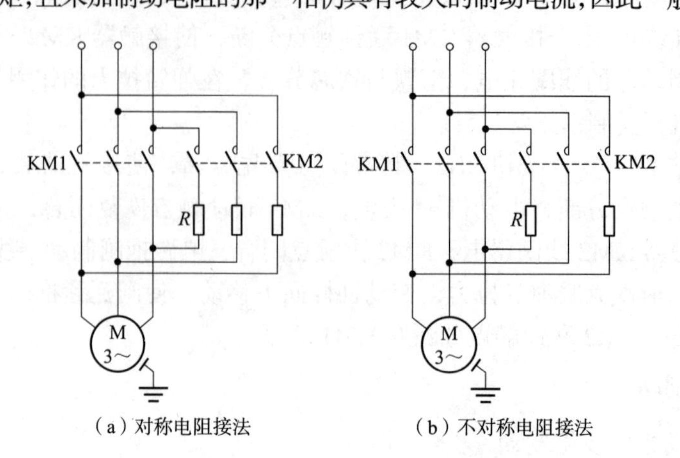

图 1-4-21　反接制动电阻的接线方法

单向反接制动控制电路电气原理图，如图 1-4-22 所示。

主电路由两部分构成，其中电源开关 QS、熔断器 QF1、接触器 KM1 的三对主触点、热继电器 FR 的热元件和电动机组成了单向直接起动电路，而接触器 KM2 的三对主触点、制动电阻 *R* 和速度继电器 KS 组成反接制动电路，接触器 KM2 的三对主触点用于引入反相序交流电源，制动电阻 *R* 起限制制动电流的作用，速度继电器 KS 的转子与电动机轴相连接，用来检测电动机的转速。

控制电路中，用两只接触器 KM1 和 KM2 分别控制电动机的起动运行与制动。SB1 为起动按钮，SB2 为停止按钮，KM1 与 KM2 线圈回路互串了对方的常闭触点，起电气互锁作用，避免 KM1 和 KM2 线圈同时得电而造成主电路中电源短路事故。

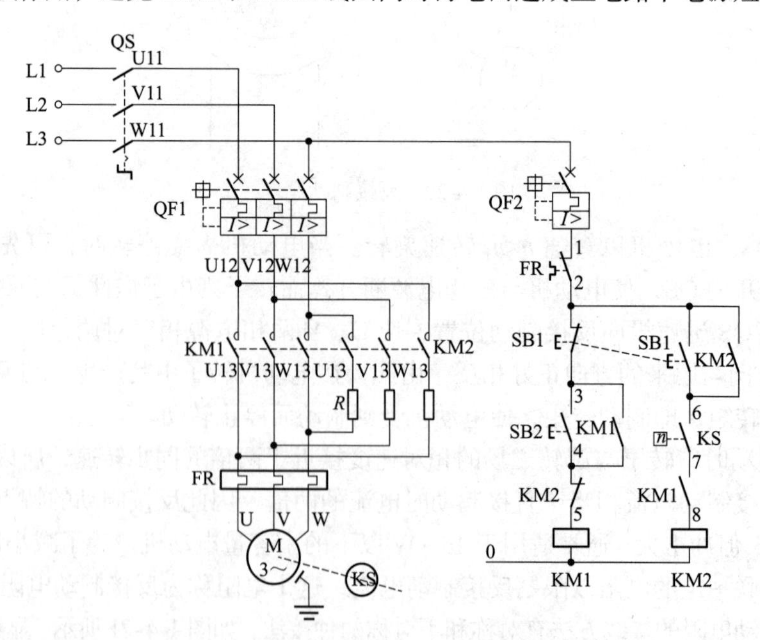

图 1-4-22　单向反接制动控制电路电气原理图

笔记栏：

（1）主电路的工作过程

闭合 QS，当 KM1 主触点闭合时，电动机直接起动运行；当 KM2 主触点闭合时，电动机串联制动电阻 R 反接制动。

（2）控制电路的工作过程

起动过程：合上电源开关 QS，按下起动按钮 SB1，电动机正常运转，速度继电器 KS 的常开触点闭合，为反接制动做准备。

制动过程：按下停止按钮 SB2，接触器 KM1 失电，电动机定子绕组脱离三相电源，在惯性作用下电动机仍做高速运转，速度继电器 KS 的常开触点仍保持闭合状态。按钮 SB2 联动触点闭合，接触器 KM2 得电并自锁，电动机定子绕组串入制动电阻 R，进入反接制动状态。电动机转速迅速下降，达到 100 r/min 左右时，速度继电器 KS 常开触点断开，接触器 KM2 失电，电动机脱离反相序三相电源，反接制动结束。

2. 电力制动中的能耗制动

（1）能耗制动的原理

在电动机定子绕组与三相电源断开后，如果给定子绕组通入直流电流，则会在定子绕组内形成一个静止磁场，与旋转的转子相互作用，产生一个阻止转子继续转动的制动力矩，这种方法称为能耗制动。

如图 1-4-23 所示，先断开电源开关 QS1，使电动机先脱离电源，此时转子仍按原方向惯性旋转；随后立即合上开关 QS2，并保持 QS1 不再合上，电动机 V、W 两相定子绕组通入直流电，使定子产生一个恒定的静止磁场，这样做惯性运动的转子因切割磁感线而在转子绕组中产生感应电流，其方向可用右手定则判断出来，上面标“×”，下面标“•”。绕组中一旦产生了感应电流，立即受到静止磁场的作用，产生电磁转矩，用左手定则判断，可知转矩的方向正好与电动机的转向相反，使电动机受制动迅速停转。

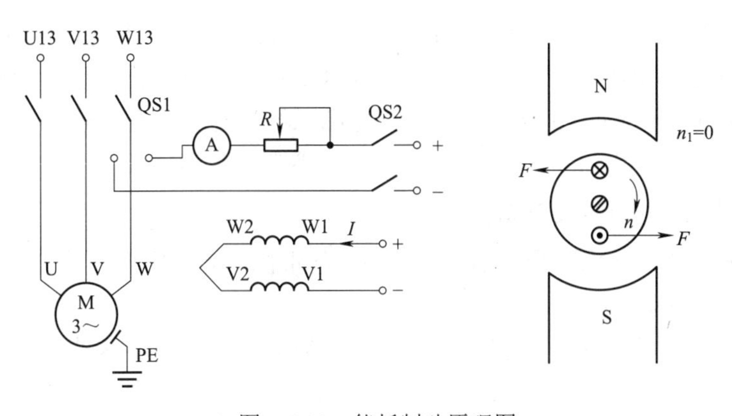

图 1-4-23 能耗制动原理图

（2）能耗制动的特点与计算

能耗制动平稳、准确，所消耗的能量小，其制动电流也比较小。能耗制动时制动转矩的大小与通入定子绕组的直流电流大小有关，通入的直流电流越大，静止磁场越

笔记栏:

强，产生的制动转矩就越大，制动时所需直流电流的大小，通常控制在电动机空载电流 3 ~ 5 倍的范围内较好。也可根据下面的经验公式计算制动时所需直流电流和直流电压的大小。

$$I_{DC} = 1.5I_N$$

$$U_{DC} = I_{DC}R$$

式中：I_{DC}——能耗制动时所需的直流电流，A；

I_N——电动机额定电流，A；

U_{DC}——能耗制动的直流电压，V；

R——定子绕组的冷态电阻，Ω。

（3）直流电压的切除方法

当电动机转速降至零时，其转子导体与磁场之间无相对运动，转子内的感应电流消失，制动转矩变为零，因而电动机停转。制动结束后需要将直流电源切除。根据直流电压被切除的方法，有采用时间继电器控制的能耗制动及采用速度继电器控制的能耗制动两种形式。

时间原则控制的能耗制动一般适用于负载转矩和负载转速较为稳定的电动机，这样可使时间继电器的调整值比较固定；而速度原则控制的能耗制动则适用于那些能通过传动系统来实现负载速度变换的生产机械。

能耗制动的特点是制动平稳，但需附加直流电源装置，故设备费用较高、制动力矩较小，特别是到低速阶段时，制动力矩会更小。能耗制动一般只适用于制动要求平稳、准确的场合，如磨床、立式铣床等设备的控制电路中。

3. 电力制动中的电容制动

当电动机切断交流电源后，立即在电动机定子绕组的出线端接入电容器来迫使电动机迅速停转的方法称为电容制动。

其制动原理是：当旋转着的电动机断开交流电源时，转子内仍有剩磁。随着转子的惯性转动，有一个随转子转动的旋转磁场。这个磁场切割定子绕组产生感生电动势，并通过电容器回路形成感生电流，该电流产生的磁场与转子绕组中感生电流相互作用，产生一个与旋转方向相反的制动转矩，使电动机受制动迅速停转。

4. 电力制动中的再生发电制动

再生发电制动（又称回馈制动）主要用在起重机和多速异步电动机上。下面以起重机为例说明其制动原理。

当起重机在高处开始下放重物时，电动机转速 n 小于同步转速 n_1，这时电动机处于电动运行状态，其转子电流和电磁转矩的方向如图 1-4-24 所示。但由于重力的作用，在重物的下放过程中，会使电动机的转速 n 大于同步转速 n_1，这时电动机处于发电制动状态，转子相对于旋转磁场切割磁感线的运动方向发生了改变（沿顺时针方向），其转子电流和电磁转矩的方向都与电动运行时相反，如图 1-4-24 所示。可见电磁力矩变为制动力矩限制了重物的下降速度，保证了设备的安全。

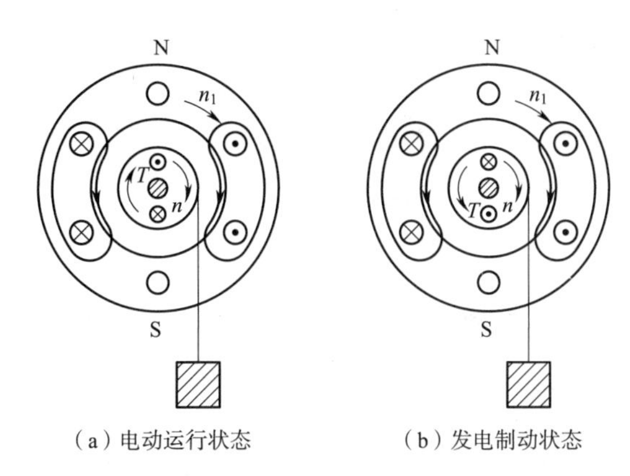

（a）电动运行状态　　（b）发电制动状态

图 1-4-24　发电制动原理图

笔记栏：

想一想：三相笼形异步电动机有几种制动方式？各有什么特点？

再生发电制动是一种比较经济的制动方法，制动时不需要改变线路即可从电动运行状态自动地转入发电制动状态，把机械能转换成电能，再回馈到电网，节能效果显著。缺点是应用范围较窄，仅当电动机转速大于同步转速时才能实现发电制动。所以常用于在位能负载作用下的起重机和多速异步电动机由高速转为低速时的情况。

小　结

本章介绍了三相异步电动机降压起动控制线路、制动控制线路中所用时间继电器、速度继电器等，着重介绍了它们的结构、工作原理，以及图形符号与文字符号，为进一步正确选择、使用和维修低压电器打下良好的基础。

对于三相笼形异步电动机来说，通常采用定子绕组串联电阻降压起动控制、Y-△降压起动控制等方法；对容量较大的电动机可以采用自耦变压器降压起动控制方法，这种控制线路有手动和自动两种控制方法，利用通电延时继电器来完成自动控制。而对三相绕线转子异步电动机来说，通常采用转子绕组串联电阻降压起动控制的方法，但是这种方法是逐级切除起动电阻，使起动电流和起动转矩瞬间增大，导致机械冲击。

所谓制动，就是给电动机一个与转动方向相反的转矩使它迅速停转（或限制其转速）。制动的方法一般有两类：机械制动和电力制动。机械制动常用的方法有：电磁抱闸制动器制动和电磁离合器制动。电磁抱闸制动器分为断电制动型和通电制动型两种。电磁离合器制动的原理和电磁抱闸制动器的制动原理类似。电力制动常用的方法有：反接制动、能耗制动、电容制动和再生发电制动等。依靠改变电动机定子绕组的电源相序来产生制动力矩，迫使电动机迅速停转的方法称为反接制动。当电动机切断交流电源后，立即在定子绕组的任意两相中通入直流电，迫使电动机迅速停转的方法称为能耗制动。当电动机切断交流电源后，立即在电动机定子绕组的出线端接入电容器来迫使电动机迅速停转的方法称为电容制动。再生发电制动是一种比较经济的制动方法，制动时不需要改变线路即可从电动运行状态自动地转入发电制动状态，把机械能转换成电能，再回馈到电网，节能效果显著。

习 题

一、选择题

1. 三相异步电动机降压起动不包括（　）。

A. Y-△起动

B. 自耦变压器起动

C. 顺序起动

D. 串联频敏变阻器起动

2. 时间继电器不包括（　）类型。

A. 气囊式

B. 电子式

C. 阻容式

D. 电磁式

3. 对于三相异步电动机降压起动，（　）是不正确的说法。

A. 避免对电网造成冲击

B. 降低电动机起动转速

C. 避免对负载造成冲击

D. 受总电源容量的限制

4. 三相异步电动机起动时，起动电流很大，可达额定电流的（　）倍。

A. 3 ~ 5

B. 6 ~ 7

C. 10 ~ 15

D. 15 ~ 20

5. 适用于电动机容量较大且不允许频繁起动的降压起动方法是（　）降压起动。

A. 星形－三角形

B. 自耦变压器

C. 定子串电阻

D. 延边三角形

6. 三相异步电动机的能耗制动方法是指制动时向三相异步电动机定子绕组中通入（　）。

A. 单相交流电源

B. 三相交流电源

C. 直流电源

D. 反相序三相交流电源

7. 三相异步电动机采用能耗制动，切断电源后，应将电动机（ ）。

A. 转子回路串电阻

B. 定子绕组两相绕组反接

C. 转子绕组进行反接

D. 定子绕组通入直流电源

8. 对于要求制动准确、平稳的场合，应采用（ ）制动。

A. 反接

B. 能耗

C. 电容

D. 再生发电

9 能耗制动适用于三相异步电动机（ ）的场合。

A. 容量较大、制动频繁

B. 容量较大、制动不频繁

C. 容量较小、制动频繁

D. 容量较小、制动不频繁

10. 异步电动机采用反接制动，切断电源后，应将电动机（ ）。

A. 转子回路串电阻

B. 定子绕组两相绕组反接

C. 转子绕组反接

D. 定子绕组送入直流电

二、判断题

1.（ ）自耦变压器降压起动的方法适用于频繁起动的场合。

2.（ ）三相异步电动机都可以采用自耦变压器降压起动。

3.（ ）三相异步电动机采用Y-△降压起动时，其连接方式必须是三角形联结且电压为 380 V。

4.（ ）空气气囊式时间继电器通常包含瞬动触点和延时触点。

5.（ ）能耗制动比反接制动所消耗的能量小，制动平稳。

6.（ ）能耗制动的制动转矩与通入定子绕组中的直流电流成正比，因此电流越大越好。

7.（ ）速度原则控制的能耗制动控制电路中，速度继电器常开触点的作用是避免电动机反转。

8.（ ）至少有两相定子绕组通入直流电源，才能实现能耗制动。

三、简答题

1. 三相异步电动机采取Y-△起动时，为什么起动时间不能太长？

2. 三相异步电动机能耗制动和反接制动分别适用于什么情况？

第五章 典型机床电气控制线路分析

知识学习目标

1. 了解典型机床设备的分类及应用。
2. 掌握典型机床设备电气控制线路的分析内容和步骤。

能力培养目标

1. 掌握几种典型机床的电气控制线路的识读方法。
2. 分析几种典型机床的电气控制线路的工作过程。

情感价值目标

1. 培养良好的道德修养、乐观向上的人生价值观和工匠精神。
2. 培养自觉遵守安全及技能操作规程的工作习惯。
3. 加强表达和沟通能力，培养团队合作精神。

机床是指用于制造机器的机器。常见的类型有车床、钻床、磨床等。车床是利用车刀对旋转工件进行车削加工的机床，能够车削内圆、外圆、断面、螺纹、螺杆以及定形表面等；钻床是利用钻头在工件上加工孔的机床，可对零件进行钻孔、扩孔、铰孔和攻螺纹等；磨床是利用磨具对工件表面进行磨削加工的机床，可加工各种表面，如内外圆柱面和圆锥面、平面、齿轮齿廓面、螺旋面及各种成型面等。

机床的电气控制线路由电动机、主令电器、继电器、接触器、保护装置等组成，按照控制要求用导线连接而成，能够实现起动、正反转、制动和调速等过程。本章分别以 CA6140 型车床、Z3050 型摇臂钻床为典型设备、M7130 型平面钻床为例，分析电气控制线路。

第一节 机床电气控制线路的分析基础

一、机床电气控制线路分析的主要内容

电气控制线路是电气控制系统的核心。通过对技术资料的分析可以掌握机床电气控制线路的工作原理、设备的使用方法及技术指标、日常维护要求等。机床电气控制线路分析的主要内容和要求如下。

笔记栏：

1. 设备说明书

设备说明书通常由机械（包含液压部分）和电气两部分组成。阅读设备说明书时，重点关注以下内容：

（1）设备的组成、主要技术指标和机械、液压、气动部分的工作原理。

（2）电气传动方式，电动机和执行器的数量、规格型号、安装位置、具体用途及控制要求。

（3）设备的使用方法，各操作手柄、开关、旋钮及其在控制线路中的作用，指示装置的分布。

（4）与机械、液压部分直接关联的电器（如行程开关、电磁阀、电磁离合器、传感器等）的位置、工作状态及其在控制中的作用。

2. 电气控制原理图

电气控制原理图是掌握电气控制线路的关键，一般由主电路、控制电路、辅助电路、联锁和保护环节组成。通过识读电气控制原理图，能够分析出电气元件之间的逻辑关系、设备的工作原理、主要参数和技术指标，估算出各部分的电流、电压值，便于在调试和维修过程中合理选择仪表。

3. 电气设备总装接线图

电气设备总装接线图是安装设备不可或缺的技术资料，同时也要和设备说明书和电气控制原理图结合起来。通过阅读分析电气设备总装接线图，可以了解系统的组成、元件的分布、各部分的连接方式和安装要求、导线和穿线管的规格型号等。

4. 电气元件布置图与接线图

电气元件布置图与电气控制原理图对照，便于在机床维修时快速找到关键点、线以及故障区域。

二、机床电气控制原理图的分析步骤

在仔细阅读设备说明书，了解电气控制系统的总体结构、电动机和电气元件的分布情况以及控制要求等内容后，便可以识读分析电气控制原理图了。

1. 分析主电路

从主电路入手，根据每台电动机和执行器的控制要求去分析它们的控制内容。控制内容包括起动控制、转向控制、调速和制动等。

2. 分析控制电路

根据主电路中各种电动机和执行器的控制要求，逐一找出控制电路中的控制环节，利用前面介绍过的典型控制环节的知识，按照功能不同将控制电路“化整为零”进行分析。

3. 分析辅助电路

辅助电路包括电源指示、各执行元件的工作状态显示、参数设定、照明和故障报警等部分，它们大多由控制电路中的元器件来控制，因此在分析辅助电路时，要结合

笔记栏：

控制电路进行分析。

4. 分析联锁及保护环节

机床对于安全性及可靠性都有很高的要求，为实现这些要求，除了合理地选择拖动和控制方案外，在控制电路中还设置了一系列电气保护和必要的电气联锁。

5. 总体分析

经过“化整为零”，逐步分析了每一局部电路的工作原理以及各部分之间的控制关系后，还必须用“集零为整”的方法，检查整个控制电路，以免遗漏，特别要从整体角度去进一步检查和理解各控制环节之间的联系，清晰地理解原理图中每一个电气元件的作用、工作过程及主要参数。

第二节　CA6140 型车床电气控制线路

一、CA6140 型车床结构组成及运动分析

CA6140 型车床是我国自行设计制造的卧式车床，其外形结构如图 1-5-1 所示。它主要由主轴箱、进给箱、溜板箱、刀架、丝杠、光杠、尾座等部分组成。

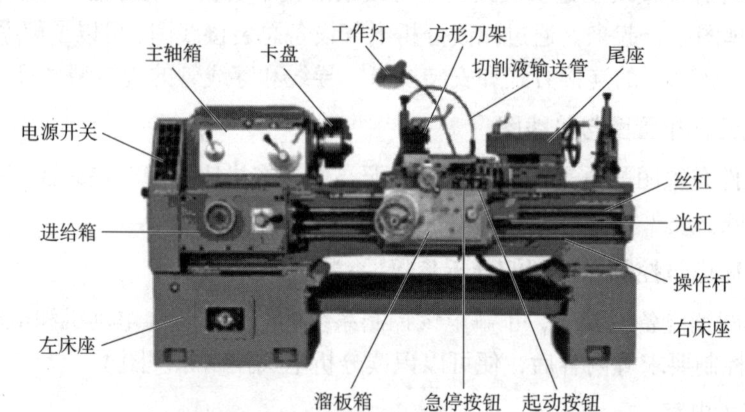

图 1-5-1　CA6140 型车床外形结构

CA6140 型车床的主要电气元件的符号、型号与规格见表 1-5-1。

表 1-5-1　CA6140 型车床的主要电气元件的符号、型号与规格

符号	元件名称	型号与规格	用途	数量
M1	主轴电动机	Y132M-4-B，37.5 kW，1 450 r/min	主传动用	1
M2	冷却泵电动机	AOB-25，90 W，3 000 r/min	输送切削液用	1
M3	刀架快速移动电动机	AOS5634，0.25 kW，1 360 r/min	溜板快速移动用	1
KM	交流接触器	CJ0-20B，线圈电压 110 V	控制电动机 M1	1
KA1	中间继电器	JZ7-44，线圈电压 110 V	控制电动机 M2	1
KA2	中间继电器	JZ7-44，线圈电压 110 V	控制电动机 M3	1

笔记栏：

续表

符号	元件名称	型号与规格	用途	数量
QF	断路器	DZ5-20，380 V，20 A	引入电源	1
SB1	按钮	LAY3-01ZS/1	停止电动机 M1	1
SB2	按钮	LA3-10/3.11	起动电动机 M1	1
SB3	按钮	LA9	起动电动机 M3	1
SB4	转换开关	LAY3-10X/2	控制电动机 M2	1
SA	转换开关		照明灯开关	1
SQ1	行程开关	JWM6-11	断电保护	1
SQ2	行程开关	JWM6-11	断电保护	1
FR1	热继电器	JR16-20/3D，15.4 A	M1 的过载保护	1
FR2	热继电器	JR16-20/3D，0.32 A	M2 的过载保护	1
TC	控制变压器	JBK2-100，380 V/110 V/24 V/6 V	控制电源电压	1
FU1	熔断器	BZ001，6 A	M2、M3、TC 短路保护	1
FU2	熔断器	BZ001，1 A	110V 控制电路短路保护	1
FU3	熔断器	BZ001，1 A	信号灯电路短路保护	1
FU4	熔断器	BZ001，2 A	照明电路短路保护	1
EL	照明灯	K-1，螺口，40 W/36 V	工作照明	1
HL	指示灯	DK1-0，6 V	刻度照明	1

车床的主运动为工件的旋转运动，是由主轴通过卡盘或顶尖带动工件旋转，其承受车削加工时的主要切削功率。车削加工时，应根据被加工工件材料、刀具种类、工件尺寸、工艺要求等选择不同的切削速度。车床主轴正转速度有 24 种（10 ~ 1 400 r/min），反转速度有 12 种（14 ~ 1 580 r/min）。车床的进给运动是溜板带动刀架的纵向或横向直线运动。溜板箱把丝杠或光杠的转动传递给刀架部分，变换溜板箱外的手柄位置，经刀架部分使车刀做纵向或横向进给运动。车床的辅助运动有刀架的快速移动、尾座的移动以及工件的夹紧与放松等。为了提高工作效率，车床刀架的快速移动由一台单独的进给电动机拖动。

二、CA6140 型车床电气控制线路分析

该车床型号含义如图 1-5-2 所示。

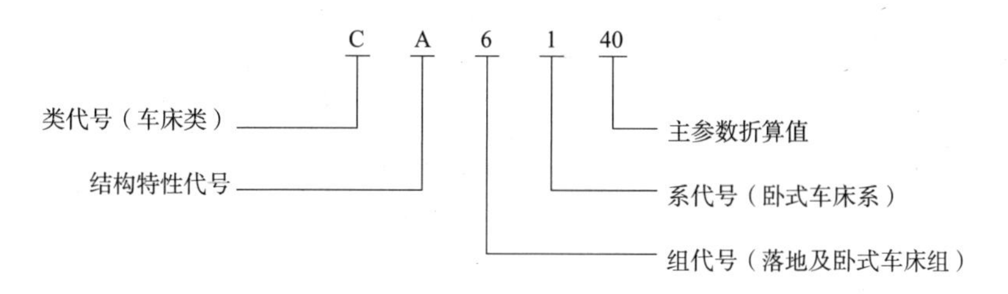

图 1-5-2　CA6140 型车床型号含义

图 1-5-3 所示是 CA6140 型车床的电路图，它由主电路、控制电路和照明、信号电路组成。

笔记栏：

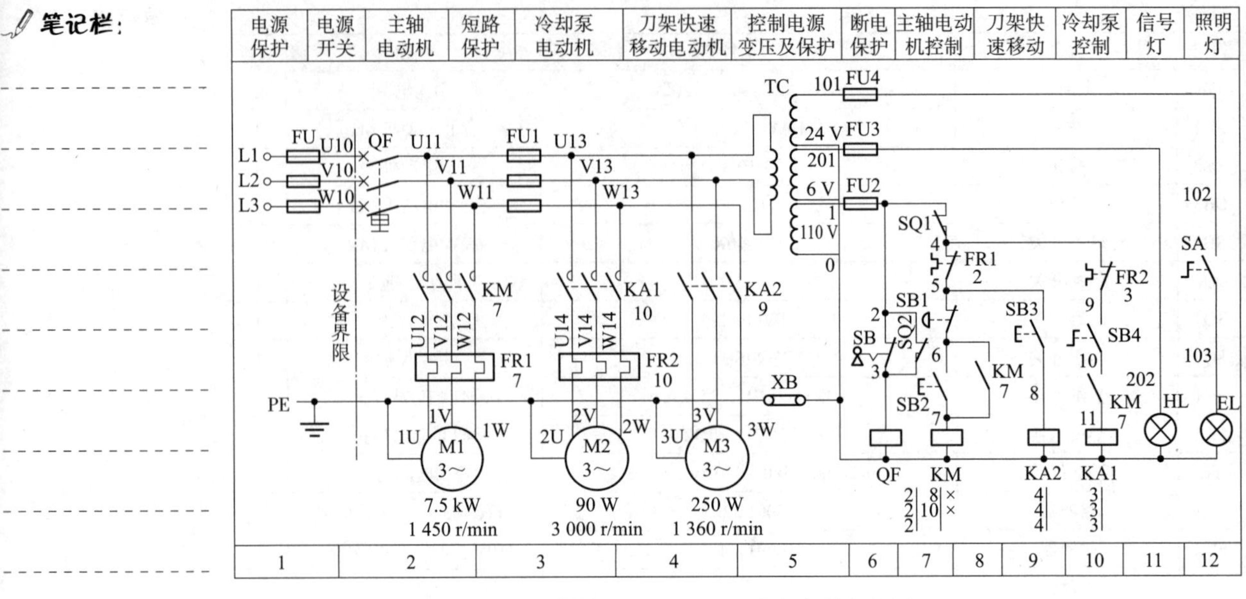

图 1-5-3　CA6140 型车床的电路图

1. 正确识读机床电路图

①通常将电路图按功能划分成若干个图区，一条回路或一条支路为一个图区，并从左向右依次用阿拉伯数字编号，标注在图形下部的图区栏中，如图 1-5-3 所示。

②电路图中每个电路的机床电气操作中的用途，必须用文字标明在电路图上部的用途栏内，如图 1-5-3 所示。

③在电路图中，每个接触器线圈的文字符号 KM 的下面画两条竖直线，分成左、中、右三栏，把受其控制而动作的触点所处的图区号，按照表 1-5-2 的规定填入相应栏内。对备而未用的触点，在相应的栏中用“×”标出或不标出任何符号。接触器线圈符号下的数字标记见表 1-5-2。

表 1-5-2　接触器线圈符号下的数字标记

栏目	左栏	中栏	右栏
触点类型	主触点所处的图区号	辅助常开触点所处的图区号	辅助常闭触点所处的图区号
举例 KM 2 │ 8 │ × 2 │ 10 │ × 2 │ │	表示三对主触点均在图区 2	表示一对辅助常开触点在图区 8，另一对辅助常开触点在图区 10	表示两对常闭触点未用

④在电路图中，每个继电器线圈符号下面画一条竖直线，分成左、右两栏，把受其控制而动作的触点所处的图区号，按照表 1-5-3 的规定填入相应栏内。对备而未用的触点，在相应的栏中用“×”标出或不标出任何符号。继电器线圈符号下的数字标记见表 1-5-3。

笔记栏：

表 1-5-3　继电器线圈符号下的数字标记

栏目	左栏	右栏
触点类型	常开触点所处的图区号	常闭触点所处的图区号
举例 KA2 4 │ × 4 │ × 4 │ ×	表示三对常开触点在图区 4	表示常闭触点未用

2. 电力拖动特点及控制要求

①主轴电动机一般选用三相异步电动机，为满足调速要求，采用机械变速。

②车削螺纹时，主轴要求正反转，由主轴电动机正反转或采用机械方法来实现。

③采用齿轮箱进行机械有级调速，主轴电动机采用直接起动，为实现快速停车，一般采用机械制动。

④车削加工时，由于刀具与工件温度高，所以需要冷却。为此，设有冷却泵电动几且要求冷却泵电动机应在主轴电动机起动后方可选择起动与否；当主轴电动机停止寸，冷却泵电动机应立即停止。

⑤为实现溜板箱快速移动，由单独的快速移动电动机拖动，采用点动控制。

⑥刀架移动和主轴转动有固定的比例关系，以便满足螺纹加工需要。

⑦电路应具有必要的保护环节和安全可靠的照明和信号指示。

3. 电气控制线路分析

（1）主电路分析

在主电路中共有三台电动机。M1 为主轴电动机，拖动主轴的旋转并通过传动机勺实现车刀的进给；M2 为冷却泵电动机，拖动冷却泵喷出切削液，实现刀具的冷却；3 为快速移动电动机。电动机 M1 的容量小于 10 kW，采用直接起动，M1 只做正转运行，主轴的正反转由摩擦离合器改变传动链来实现。

QF 是电源总开关，将钥匙开关 SB 向右转动，再闭合 QF 将三相电源引入。主轴电动机 M1 由接触器 KM1 的主触点控制，熔断器 FU 实现短路保护，热继电器 FR1 实现过载保护；冷却泵电动机 M2 由中间继电器 KA1 的主触点控制，热继电器 FR2 实现过载保护；刀架快速移动电动机 M3 由接触器 KA2 的主触点控制。熔断器 FU1 实现对电动机 M2、M3 和控制变压器 TC 的短路保护。

（2）控制电路分析

控制电路的电源由控制变压器 TC 的二次侧输出的 110 V 电压提供。在正常工作，行程开关 SQ1 的常闭触点处于闭合。但当床头带罩被打开后，SQ1 常闭触点断开，控制电路切断，保证人身安全。在正常工作时，钥匙开关 SB 和行程开关 SQ2 是断的，保证断路器 QF 能合闸。但当配电盘壁龛门被打开时，行程开关 SQ2 闭合使断器 QF 线圈得电，则自动切断电路，以确保人身安全。

①主轴电动机 M1 的控制，如图 1-5-4 所示。

笔记栏：

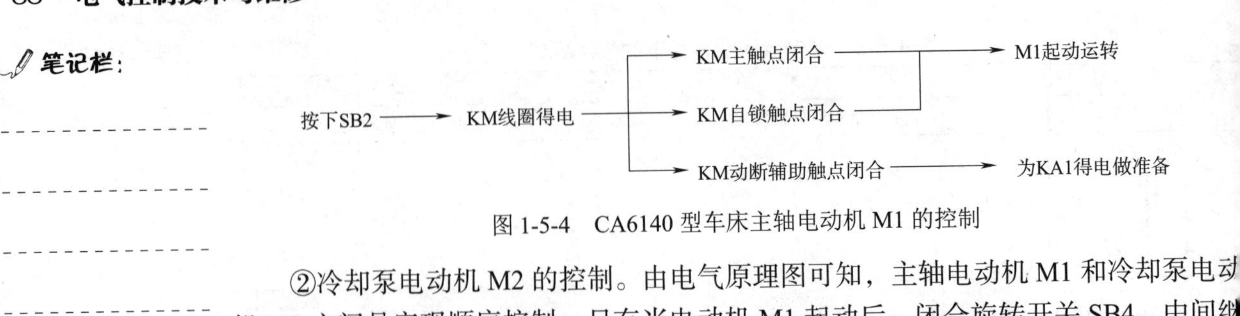

图 1-5-4　CA6140 型车床主轴电动机 M1 的控制

②冷却泵电动机 M2 的控制。由电气原理图可知，主轴电动机 M1 和冷却泵电动机 M2 之间是实现顺序控制。只有当电动机 M1 起动后，闭合旋转开关 SB4，中间继电器 KA1 线圈得电，其主触点闭合使电动机 M2 工作，释放切削液。

③刀架快速移动电动机 M3 的控制。刀架快速移动的电路为电动控制，因此在主电路中未设置过载保护。刀架前、后、左、右的移动方向的改变，是由进给操作手柄配合机械装置来实现的。如需要快速移动，按下按钮 SB3 即可。

（3）照明、信号电路分析

照明灯 EL 和指示灯 HL 的电源分别由控制变压器 TC 二次侧输出的 24 V 和 6 V 电压提供。开关 SA 为照明灯开关。熔断器 FU3 和 FU4 分别作为指示灯 HL 和照明灯 EL 的短路保护。

想一想：

如果主轴电动机 M1 在运行中突然停车，故障的原因可能是什么？

第三节　Z3050 型摇臂钻床电气控制线路

一、Z3050 型摇臂钻床结构组成及运动分析

该钻床型号含义如图 1-5-5 所示。

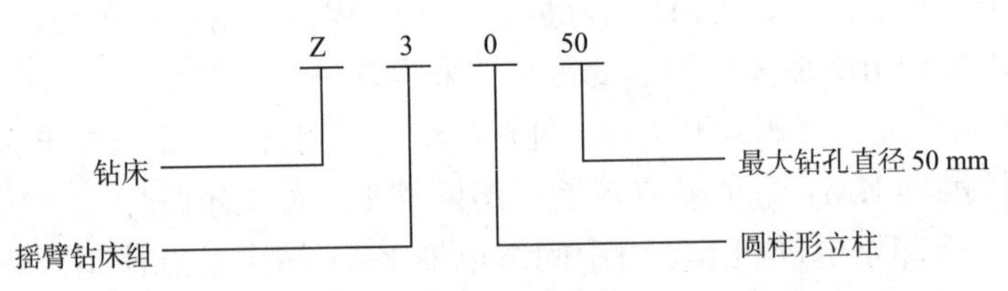

图 1-5-5　Z3050 型摇臂钻床型号含义

摇臂钻床是一种立式钻床，它适用于单件或批量生产中带有多孔的大型零件的孔加工，是一般机械加工车间常用的机床。Z3050 型摇臂钻床主要由底座、内立柱、外立柱、摇臂、主轴箱、工作台等组成，其外形及结构示意图如图 1-5-6 所示。

内立柱固定在底座上，在它外面空套着外立柱，外立柱可绕着固定不动的内立柱回转一周。摇臂一端的套筒部分与外立柱滑动配合，摇臂升降电动机安装于立柱顶部，借助于丝杠，摇臂可沿外立柱上下移动，但二者不能相对转动，因此，摇臂只和外立柱一起相对内立柱回转。主轴箱是一个复合部件，它由主轴电动机、主轴和主轴传动机构、进给和进给变速机构以及机床的操作机构等部分组成。主轴箱安装在摇臂水平导轨上，它可借助于手轮操作使其在水平导轨上沿摇臂做径向运动。该钻床除了冷

电气控制技术与维修
实训报告册

中国铁道出版社有限公司
CHINA RAILWAY PUBLISHING HOUSE CO., LTD.

目 录

实训报告一　学习“5S”现场管理工单 任务一

姓名		班级		组别		日期	
学号		设备号		同组人		时长	
“5S”执行过程记录							
本次实训思考及总结							

测　评

任务一

项目	序号	主要内容	考核要求	配分	得分
技能测评	1	整理（SEIRI）	①区分要用和不要用的东西。 ②不要用的东西清理掉	10分	
	2	整顿（SEITON）	①要用的器件、工具及仪表按照规定定位、划线 ②定量地摆放整齐，明确标示	10分	
	3	清扫（SEISO）	①清除场内脏污。 ②防止污染发生	10分	
	4	清洁（SEIKETSU）	①将前3S实施做法制度化、规范化。 ②贯彻执行，并维持成果	10分	
	5	素养（SHITSUKE）	①注重礼仪、团队协作。 ②分工明确、良好习惯	10分	
素养测评	1	安全作业	①工装穿戴整齐（女生盘发）。 ②确保设备无安全隐患	10分	
	2	操作规范	①无野蛮操作。 ②严格按照规定执行	10分	
思考题测评	1	答案①		15分	
	2	答案②		15分	
总分				100分	

实训报告二　正确使用电工工具和仪表工单　任务二

姓名		班级		组别		日期	
学号		设备号		同组人		时长	
列举出实训台上的工具和仪表							
使用电工工具过程记录							
使用电工仪表过程记录							
本次实训思考及总结							

测　评

任务二

项目	序号	主要内容	考核要求	配分	得分
技能测评	1	螺丝刀的使用	①螺丝刀的选择（一字头 / 十字头）。 ②螺丝刀的正确使用。	10 分	
	2	尖嘴钳和斜口钳的使用	①尖嘴钳和斜口钳的选择。 ②尖嘴钳和斜口钳的正确使用。 ③剪切电缆的工艺	15 分	
	3	剥线钳的使用	①剥线钳的正确使用。 ②剥线的工艺	10 分	
	4	压线钳的使用	①压线钳的正确使用。 ②压线钳制作接线端头的工艺	10 分	
	5	验电器的使用	①验电器的正确使用。 ②带电作业时是否严格按照规定	10 分	
	6	万用表的使用	①万用表测量时挡位的选择。 ②万用表使用后挡位的选择	10 分	
素养测评	1	安全作业	①工装穿戴整齐（女生盘发）。 ②确保设备无安全隐患	10 分	
	2	操作规范	①无野蛮操作。 ②严格按照规定执行。 ③场地符合 5S 标准	15 分	
思考题测评	1	答案①		5 分	
	2	答案②		5 分	
总分				100 分	

实训报告三　三相异步电动机的接线工单　任务三

姓名		班级		组别		日期	
学号		设备号		同组人		时长	
使用的工具、仪表、器材							
三相异步电动机端子接线图（电源电压分别是220 V和380 V）							
接线过程记录							
本次实训 思考及总结							

测 评

任务三

项目	序号	主要内容	考核要求	配分	得分
技能测评	1	正确选择仪表和工具	①选择合适的电工仪表。 ②选择合适的电工工具	10分	
	2	电动机接线图正确	根据电动机的铭牌，画出正确的端子接线图。(电源电压分别是220 V和380 V)	15分	
	3	操作过程正确	①正确使用电工工具及仪表。 ②端子接线过程熟练、迅速	20分	
	4	通电试车	①在保证人身和设备安全的前提下，通电试验，完成电动机接线要求。 ②一次通过得满分，一次不过扣10分，最多试验三次	30分	
素养测评	1	安全作业	①工装穿戴整齐（女生盘发）。 ②断电接线。 ③通电前，确保设备无安全隐患	5分	
	2	操作规范	无野蛮操作、场地符合5S标准	5分	
	3	团队合作	组员沟通顺畅、协作配合默契	5分	
思考题测评		答案		10分	
总分				100分	

实训报告四　三相异步电动机绕组故障的检测及排除工单

任务四

姓名		班级		组别		日期	
学号		设备号		同组人		时长	
使用的工具、仪表、器材							
三相异步电动机绕组断路故障检测及排除过程记录（无条件修复的故障简述修复方法）							
三相异步电动机绕组通地故障检测及排除过程记录（无条件修复的故障简述修复方法）							
本次实训思考及总结							

测 评

任务四

项目	序号	主要内容	考核要求	配分	得分
技能测评	1	正确选择仪表、工具	①选择合适的电工仪表。 ②选择合适的电工工具	10 分	
	2	兆欧表的正确使用	①对兆欧表进行开路检查和短路检查操作过程正确。 ②兆欧表使用过程正确	15 分	
	3	电动机绕组故障检测过程正确	①使用电工仪表对电动机绕组检测过程顺畅、操作熟练。 ②判断电动机绕组故障迅速、准确	20 分	
	4	排除故障方法正确	能够采用合适的方法将电动机绕组故障排除（无条件修复的故障简述修复方法）并通电试运行	30 分	
素养测评	1	安全作业	①工装穿戴整齐（女生盘发）。 ②电动机断电检测。 ③通电前，确保设备无安全隐患	5 分	
	2	操作规范	无野蛮操作、场地符合 5S 标准	5 分	
	3	团队合作	组员沟通顺畅、协作配合默契	5 分	
思考题测评		答案①		5 分	
		答案②		5 分	
总分				100 分	

实训报告五　三相异步电动机控制线路中电气元件的检测工单

任务五

姓名		班级		组别		日期	
学号		设备号		同组人		时长	
使用的工具、仪表、器材							
电气元件检测过程记录							
电气元件故障排除过程记录							
本次实训思考及总结							

测 评

任务五

项目	序号	主要内容	考核要求	配分	得分
技能测评	1	正确选择仪表、工具	①选择合适的电工仪表。 ②选择合适的电工工具	10 分	
	2	低压电气元件检测过程	①熟练使用电工仪表和电工工具。 ②低压电气元件检测过程熟练、迅速	35 分	
	3	低压电气元件故障排除过程	①电气元件的故障排除方法正确。 ②过程迅速	30 分	
素养测评	1	安全作业	①工装穿戴整齐（女生盘发）。 ②断电检测	5 分	
	2	操作规范	无野蛮操作、场地符合 5S 标准	5 分	
	3	团队合作	组员沟通顺畅、协作配合默契	5 分	
思考题测评		答案		10 分	
总分				100 分	

实训报告六　三相异步电动机点动控制线路的安装及运行工单

任务六

姓名		班级		组别		日期	
学号		设备号		同组人		时长	
使用的工具、仪表、器材							
电路接线、调试过程记录							
故障检测、排除过程记录							
本次实训思考及总结							

测　评

任务六

项目	序号	主要内容	考核要求	配分	得分
技能测评	1	元件安装	①元件在背板上布置要合理，安装要准确、紧固。 ②损坏的元件要及时更换	10分	
	2	接线	①按电路图要求，正确完成接线。 ②接线要求美观，导线走线槽，无裸露点。 ③进出线槽的导线，要有端子编号	30分	
	3	通电试车	①在保证人身和设备安全的前提下，通电试验，完成项目控制要求。 ②一次通过得满分，一次不过扣10分，最多试验三次	30分	
素养测评	1	安全作业	①工装穿戴整齐（女生盘发）。 ②断电接线。 ③通电前，确保设备无安全隐患	5分	
	2	工具使用	①正确使用万用表。 ②正确使用其他工具	5分	
	3	操作规范	无野蛮操作、场地符合5S标准	5分	
思考题测评	1	答案①		5分	
	2	答案②		5分	
	3	答案③		5分	
总分				100分	

实训报告七　三相异步电动机单向连续运行控制线路的安装、调试及故障排除工单

任务七

姓名		班级		组别		日期	
学号		设备号		同组人		时长	
使用的工具、仪表、器材							
主电路接线、控制电路接线、电路测试、过程记录							
故障检测、排除过程记录							
本次实训 思考及总结							

测　评

任务七

项目	序号	主要内容	考核要求	配分	得分
技能测评	1	元件安装	①元件在背板上布置要合理，安装要准确、紧固。 ②损坏的元件要及时更换	10分	
	2	硬件接线	①按电路图要求，正确完成接线。 ②接线要求美观，导线走线槽，无裸露点。 ③进出线槽的导线，要有端子编号	10分	
	3	通电试车	①在保证人身和设备安全的前提下，通电试验，完成项目控制要求。 ②一次通过得满分，一次不过扣10分，最多试验三次	30分	
	4	故障排除	①根据实训台故障现象找出故障点并排除。 ②熟练分析故障原因，查找故障点迅速、准确。 ③排除故障方法正确熟练	20分	
素养测评	1	安全作业	①工装穿戴整齐（女生盘发）。 ②断电接线。 ③通电前，确保设备无安全隐患	5分	
	2	工具使用	①正确使用万用表。 ②正确使用其他工具	5分	
	3	操作规范	无野蛮操作、场地符合5S标准	5分	
思考题测评	1	答案①		5分	
	2	答案②		5分	
	3	答案③		5分	
总分				100分	

实训报告八　接触器联锁正反转控制线路的安装、调试及故障排除工单

任务八

姓名		班级		组别		日期	
学号		设备号		同组人		时长	
使用的工具、仪表、器材							
电路接线过程记录							
控制回路故障分析排除							
本次实训 思考及总结							

测　评

任务八

项目	序号	主要内容	考核要求	配分	得分
技能测评	1	元件安装	①元件在背板上布置要合理，安装要准确、紧固。 ②损坏的元件要及时更换	10 分	
	2	硬件接线	①按电路图要求，正确完成接线。 ②接线要求美观，导线走线槽，无裸露点。 ③进出线槽的导线，要有端子编号	10 分	
	3	故障排除	①熟练分析故障的原因，查找故障点迅速、准确。 ②排除故障方法正确、熟练	40 分	
	4	通电试车	在保证人身和设备安全的前提下，通电试验，完成任务控制要求。	10 分	
素养测评	1	安全作业	①工装穿戴整齐（女生盘发）。 ②断电接线。 ③通电前，确保设备无安全隐患	5 分	
	2	工具使用	①正确使用万用表。 ②正确使用其他工具	5 分	
	3	操作规范	无野蛮操作、场地符合 5S 标准	5 分	
思考题测评	1	答案①		5 分	
	2	答案②		5 分	
	3	答案③		5 分	
总分				100 分	

实训报告九　位置控制线路的安装、调试及故障排除工单

任务九

姓名		班级		组别		日期	
学号		设备号		同组人		时长	
使用的工具、仪表、器材							
电路接线过程记录							
主回路故障分析排除							
本次实训 思考及总结							

测 评

任务九

项目	序号	主要内容	考核要求	配分	得分
技能测评	1	元件安装	①元件在背板上布置要合理，安装要准确、紧固。 ②损坏的元件要及时更换	10分	
	2	硬件接线	①按电路图要求，正确完成接线。 ②接线要求美观，导线走线槽，无裸露点。 ③进出线槽的导线，要有端子编号	15分	
	3	故障排除	①熟练分析故障的原因，查找故障点迅速、准确。 ②排除故障方法正确、熟练	40分	
	4	通电试车	在保证人身和设备安全的前提下，通电试验，完成任务控制要求	10分	
素养测评	1	安全作业	①工装穿戴整齐（女生盘发）。 ②断电接线。 ③通电前，确保设备无安全隐患	5分	
	2	工具使用	①正确使用万用表。 ②正确使用其他工具	5分	
	3	操作规范	无野蛮操作、场地符合5S标准	5分	
思考题测评	1	答案①		5分	
	2	答案②		5分	
总分				100分	

实训报告十　三相异步电动机两地控制线路故障的检测及排除工单

任务十

姓名		班级		组别		日期	
学号		设备号		同组人		时长	
使用的工具、仪表、器材							
安全操作规程							
三相异步电动机两地控制线路检测及排除故障过程							
本次实训 思考及总结							

测 评

任务十

项目	序号	主要内容	考核要求	配分	得分
技能测评	1	选择仪表、工具正确	①选择合适的电工仪表。 ②选择合适的电工工具	10 分	
	2	安全操作规程的执行	①挂安全标志。 ②断电操作。 ③试车前的复位工作	15 分	
	3	电动机控制线路检测	故障点判断准确、迅速	20 分	
	4	电动机控制线路排除故障	①排除故障方法正确，过程迅速	30 分	
素养测评	1	安全作业	①工装穿戴整齐（女生盘发）。 ②断电接线。 ③通电前，确保设备无安全隐患	5 分	
	2	操作规范	无野蛮操作、场地符合 5S 标准	5 分	
	3	团队合作	同组员沟通顺畅、协作配合默契	5 分	
思考题测评		答案		10 分	
总分				100 分	

实训报告十一　三相异步电动机Y-△降压起动控制线路安装与调试工单

任务十一

姓名		班级		组别		日期	
学号		设备号		同组人		时长	
使用的工具、仪表、器材							
接线过程记录							
通电试车故障排除过程记录							
本次实训思考及总结							

测　评

任务十一

项目	序号	主要内容	考核要求	配分	得分
技能测评	1	元件安装	①元件在背板上布置要合理，安装要准确、紧固。 ②损坏的元件要及时更换	15分	
	2	硬件接线	①按电路图要求，正确完成接线。 ②接线要求美观，导线走线槽，无裸露点。 ③进出线槽的导线，要有端子编号	15分	
	3	通电试车	①在保证人身和设备安全的前提下，通电试验，完成任务控制要求。 ②一次通过得满分，一次不过扣10分，最多试验三次	30分	
素养测评	1	安全作业	①工装穿戴整齐（女生盘发）。 ②断电接线。 ③通电前，确保设备无安全隐患	10分	
	2	工具使用	①正确使用万用表。 ②正确使用其他工具	10分	
	3	操作规范	无野蛮操作、场地符合5S标准	10分	
思考题测评		答案		10分	
总分				100分	

实训报告十二　三相异步电动机Y-△降压起动控制线路故障的检测及排除工单

任务十二

姓名		班级		组别		日期	
学号		设备号		同组人		时长	
使用的工具、仪表、器材							
通电试车故障类型分析							
故障点确认及故障排除							
本次实训 思考及总结							

测 评

任务十二

项目	序号	主要内容	考核要求	配分	得分
技能测评	1	故障类型分析	①故障现象观察仔细。 ②故障类型分析合理	20分	
	2	故障点确认	①万用表挡位选择正确。 ②故障点确认迅速、准确	20分	
	3	故障排除 重启试车	①排除故障迅速、准确。 ②重启试车，功能完备	20分	
素养测评	1	安全作业	①工装穿戴整齐（女生盘发）。 ②通电前，确保设备无安全隐患	10分	
	2	工具使用	①正确使用万用表。 ②正确使用其他工具	10分	
	3	操作规范	无野蛮操作、场地符合5S标准	10分	
思考题测评		答案		10分	
总分				100分	

任务十三

实训报告十三 PLC控制三相异步电动机的起动、停止工单

姓名		班级		组别		日期	
学号		设备号		同组人		时长	
使用的工具、仪表、器材							
硬件接线、编程、下载、调试过程记录							
LAD梯形图程序							
本次实训 思考及总结							

测　评

任务十三

项目	序号	主要内容	考核要求	配分	得分
技能测评	1	元件安装	①元件在背板上布置要合理，安装要准确、紧固。 ②损坏的元件要及时更换	10 分	
	2	硬件接线	①按电路图要求，正确完成接线。 ②接线要求美观，导线走线槽，无裸露点。 ③进出线槽的导线，要有端子编号	15 分	
	3	软件编程	①熟练使用 TIA Portal 软件展示项目及仿真。 ②熟练项目的下载及调试。	20 分	
	4	通电试车	①在保证人身和设备安全的前提下，通电试验，完成任务控制要求。 ②一次通过得满分，一次不过扣 10 分，最多试验三次	30 分	
素养测评	1	安全作业	①工装穿戴整齐（女生盘发）。 ②断电接线。 ③通电前，确保设备无安全隐患	5 分	
	2	工具使用	①正确使用万用表。 ②正确使用其他工具	5 分	
	3	操作规范	无野蛮操作、场地符合 5S 标准	5 分	
思考题测评	1	答案①		5 分	
	2	答案②		5 分	
	3	答案③		5 分	
总分				100 分	

实训报告十四　PLC 控制三相异步电动机的正反转运行工单

任务十四

<table>
<tr><td>姓名</td><td></td><td>班级</td><td></td><td>组别</td><td></td><td>日期</td><td></td></tr>
<tr><td>学号</td><td></td><td>设备号</td><td></td><td>同组人</td><td></td><td>时长</td><td></td></tr>
<tr><td>使用的工具、仪表、器材</td><td colspan="7"></td></tr>
<tr><td>硬件接线、编程、下载、调试过程记录</td><td colspan="7"></td></tr>
<tr><td>LAD 梯形图程序</td><td colspan="7"></td></tr>
<tr><td>本次实训
思考及总结</td><td colspan="7"></td></tr>
</table>

测 评

任务十四

项目	序号	主要内容	考核要求	配分	得分
技能测评	1	元件安装	①元件在背板上布置要合理，安装要准确、紧固。②损坏的元件要及时更换	10 分	
	2	硬件接线	①按电路图要求，正确完成接线。②接线要求美观，导线走线槽，无裸露点。③进出线槽的导线，要有端子编号	15 分	
	3	软件编程	①熟练使用 TIA Portal 软件展示项目及仿真。②熟练项目的下载及调试	20 分	
	4	通电试车	①在保证人身和设备安全的前提下，通电试验，完成任务控制要求。②一次通过得满分，一次不过扣 10 分，最多试验三次	30 分	
素养测评	1	安全作业	①工装穿戴整齐（女生盘发）。②断电接线。③通电前，确保设备无安全隐患	5 分	
	2	工具使用	①正确使用万用表。②正确使用其他工具	5 分	
	3	操作规范	无野蛮操作、场地符合 5S 标准	5 分	
思考题测评	1	答案①		5 分	
	2	答案②		5 分	
总分				100 分	

笔记栏：

泵电动机 M4、电源开关 QS1、起动开关 QS2、熔断器 FU1 是安装在固定部件上以外，其他电气设备均安装在回转部件上。由于该钻床立柱顶上没有集电环，故在使用时，要注意不要总沿着一个方向连续转动摇臂，以免将穿入内立柱的电源线拧断。

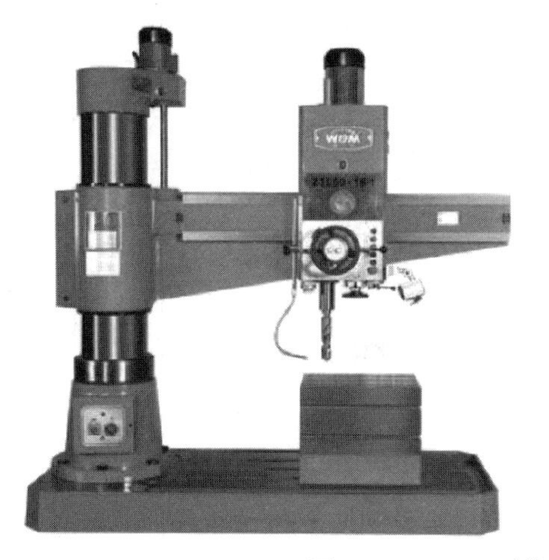

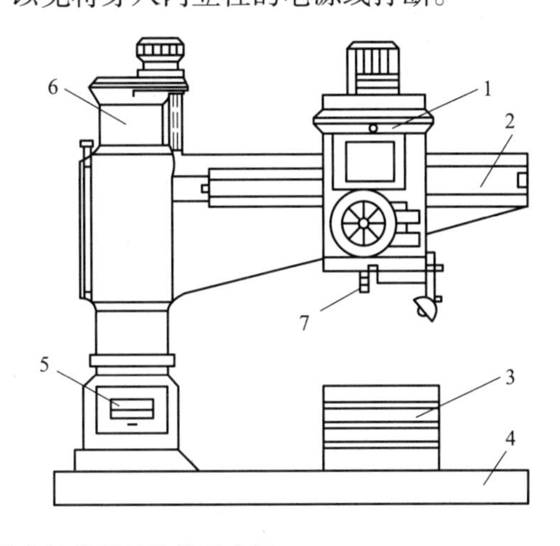

图 1-5-6　Z3050 型摇臂钻床的外形及结构示意图

1—主轴箱；2—摇臂；3—工作台；4—底座；5—电源开关箱；6—外立柱；7—主轴

Z3050 型摇臂钻床共有四台电动机，M1 为主轴电动机，主要实现主轴旋转并通过机械传动结构变速和正反转；M2 为摇臂升降电动机，实现摇臂的升降运动；M3 为液压泵电动机，主要实现摇臂、内外立柱的夹紧和放松；M4 为冷却泵电动机，提供切削液。Z3050 型摇臂钻床的主要电气设备的符号、名称及用途如表 1-5-4 所示。

表 1-5-4　Z3050 型摇臂钻床的主要电气设备的符号、名称及用途

符号	名称及用途	符号	名称及用途
M1	主轴电动机	QS1、QS2	组合开关
M2	摇臂升降电动机	SQ1 ~ SQ4	行程开关
M3	液压泵电动机	TC	控制变压器
M4	冷却泵电动机	SB1 ~ SB6	按钮开关
KM1 ~ KM5	交流接触器	FU1 ~ FU3	熔断器
KT	时间继电器	YA	电磁铁
FR1、FR2	热继电器	EL	照明灯
		HL1 ~ HL3	机床指示灯

二、Z3050 型摇臂钻床电气控制线路分析

图 1-5-7 所示是 Z3050 型摇臂钻床的电路图，它由主电路、控制电路、照明和指示电路组成。

笔记栏:

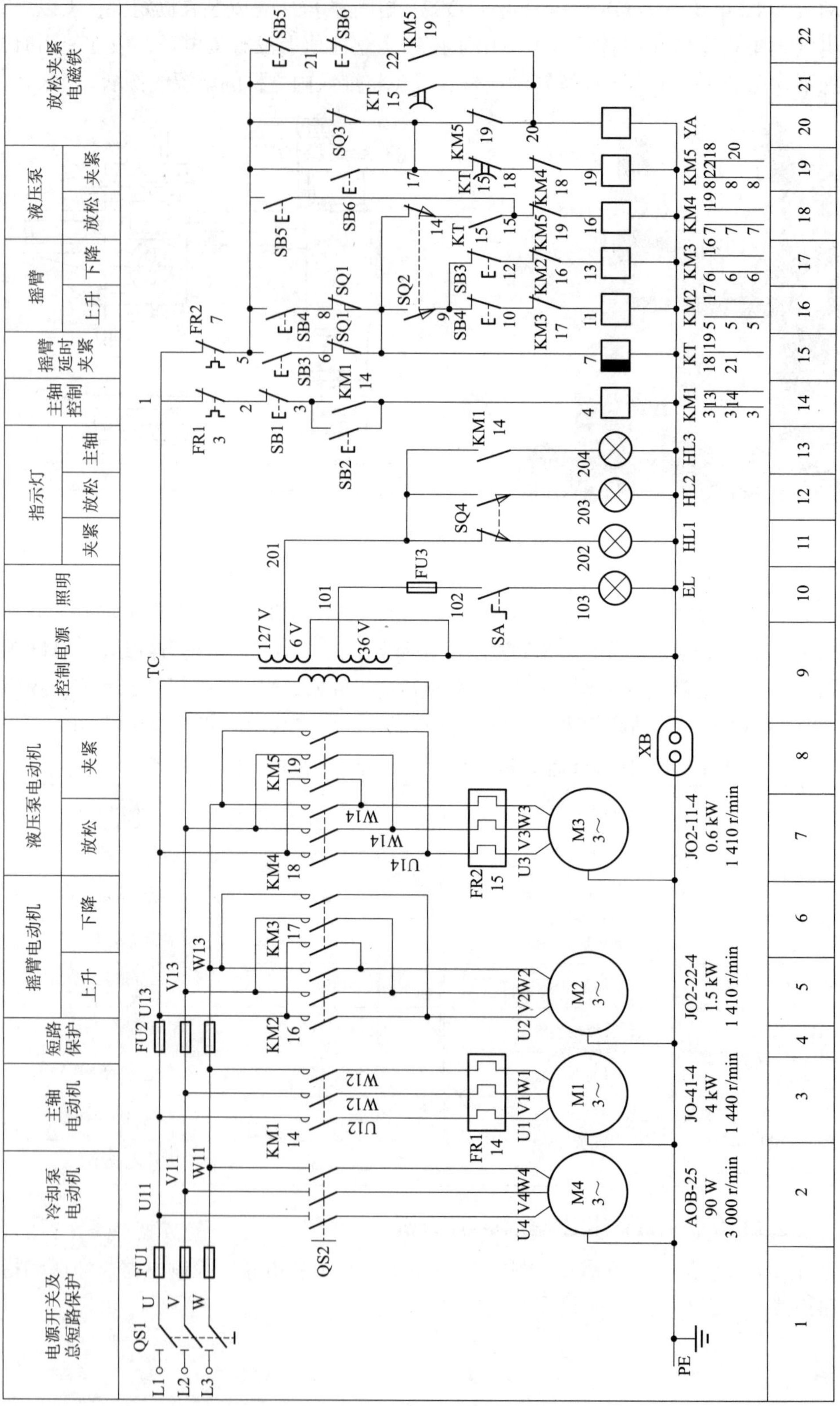

图1-5-7　Z3050型摇臂钻床的电路图

笔记栏：

1. 电力拖动特点及控制要求

①主轴变速及正反转控制是通过机械方式实现的。

②由于控制电路电气元件较多，故通过控制变压器 TC 与三相电网进行电气隔离，提高了操作和维护的安全性。

③利用行程开关 SQ1 来限制摇臂的升降位置控制。当摇臂上升至极限位置时，SQ1（6-7）断开，使 KM2 线圈失电释放，升降电动机 M2 停车，而另一组触点 SQ1（7-8）仍闭合，以保证摇臂能够下降。当摇臂下降至极限位置时，SQ1（7-8）断开，KM3 线圈失电释放，M2 停车，而另一组触点 SQ1（6-7）仍闭合，以保证摇臂能够上升。

④时间继电器的主要作用是控制 KM5 的吸合时间，使升降电动机停车后，再夹紧摇臂。KT 的延时时间视需要设定，整定时间一般为 1 ~ 3 s。

⑤摇臂的自动夹紧是由行程开关 SQ3 来控制的，如果液压夹紧系统出现故障而不能自动夹紧摇臂，或者由于 SQ3 调整不当，在摇臂夹紧后不能使 SQ3 的常闭触点断开，都会使液压泵电动机 M3 处于长时间过载运行状态而造成损坏。为防止损坏电动机 M3，电路中使用了热继电器 FR2，其整定值应根据 M3 的额定电流来调整。

⑥在摇臂升降电动机的正反转控制过程中，接触器 KM2、KM3 不允许同时得电动作，以防电源短路。为避免因操作失误等原因造成短路事故，在摇臂上升和下降的控制电路中，采用接触器的辅助触点和复合按钮的双重联锁方法来确保电路的安全工作。

2. 电气控制线路分析

（1）主电路分析

如图 1-5-7 所示，Z3050 型摇臂钻床的主电路采用 380 V、50 Hz 三相交流电源供电。控制电路、照明和指示电路均由变压器 TC 降压后供电，电压分别为 127 V、36 V 和 6 V，QS1 为机床电源总开关。

该钻床配备四台电动机，M1 为主轴电动机，由接触器 KM1 控制其单向运行，主轴的正反转由机械手柄操作实现；M2 为摇臂升降电动机，由接触器 KM2 和 KM3 控制其正反转运行，由于该电动机只是短时工作，故不设过载保护环节；M3 为液压泵电动机，实现供给夹紧、放松装置的压力油，摇臂、立柱和主轴箱的夹紧与放松，由接触器 KM4 和 KM5 控制其正反转运行；M4 为冷却泵电动机，由开关 QS2 直接控制其单向运行，由于其功率较小，故不设过载保护。

四台电动机均设有接地保护措施，M1、M3 分别由热继电器 FR1、FR2 作为过载保护，FU1 为总熔断器，同时作为 M1、M4 的短路保护，熔断器 FU2 作为 M2、M3 及控制变压器一次侧的短路保护。

（2）控制电路分析

①主轴电动机 M1 的控制。Z3050 型摇臂钻床主轴电动机控制电路如图 1-5-8 所示，起动时，首先闭合电源开关，再按下起动按钮 SB2，接触器 KM1 线圈得电，主电路中接触器 KM1 主触点闭合，M1 起动，同时与 SB2 并联的接触器 KM1 常开辅助触点（3-4）闭合自锁，指示灯 HL3 上方的 KM1（201-204）常开辅助触点闭合，指

笔记栏:

示灯 HL3 点亮。停车时，按下停止按钮 SB1，接触器 KM1 线圈断电，所有辅助触点复位，M1 停转，指示灯 HL3 熄灭。

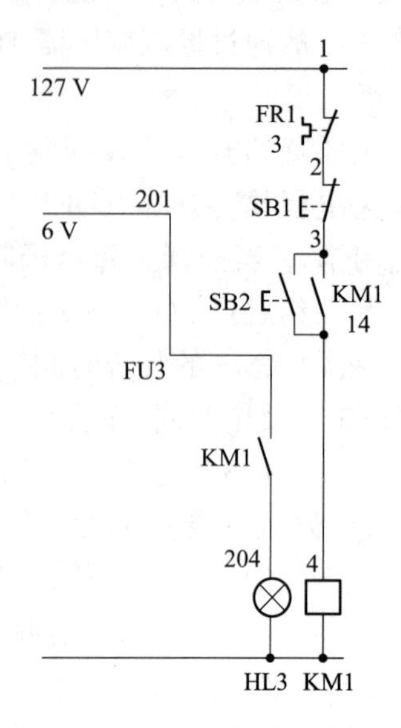

图 1-5-8 主轴电动机控制电路

②摇臂升降的控制：

a. 摇臂上升：Z3050 型摇臂钻床摇臂上升控制电路如图 1-5-9 所示，摇臂上升前需要先“放松”，上升到位后再“夹紧”，需要由液压泵电动机 M3 控制。长按摇臂上升按钮 SB3，断电延时型时间继电器 KT 线圈得电，延时常开辅助触点 KT（5-20）瞬时闭合，电磁铁 YA 线圈得电；常开辅助触点 KT（14-15）瞬时闭合，接触器 KM4 线圈得电，KM4 主触点闭合，液压泵电动机 M3 正向运行，供给压力油，压力油经两位六通阀体进入摇臂的“松开”油腔，推动活塞运动，活塞推动菱形块，将摇臂松开。同时，活塞杆通过弹簧片压行程开关 SQ2，使其常闭触点 SQ2（7-14）断开，使接触器 KM4 的线圈断电，接触器 KM4 的所有触点复位，液压泵电动机 M3 停止运行；行程开关 SQ2 的常开辅助触点（7-9）闭合，使接触器 KM2 线圈得电，KM2 主触点闭合，M2 正向起动运行，带动摇臂上升。

若此时摇臂尚未松开，则行程开关 SQ2（7-9）常开辅助触点不闭合，接触器 KM2 线圈不能得电，摇臂不能上升。

当摇臂上升到规定位置时，松开按钮 SB3，接触器 KM2 和断电延时型时间继电器 KT 线圈失电，电动机 M2 停车，摇臂停止上升。

当断电延时型时间继电器 KT 线圈断电时，经 1～3 s 的延时，其延时型常闭触点 KT（17-18）复位，使接触器 KM5 线圈得电，KM5 主触点闭合，液压泵电动机 M3 反向运行；由于 YA 仍处于吸合状态，压力油从相反方向经两位六通阀进入摇臂“夹紧”油腔，向相反方向推动活塞和菱形块，使摇臂夹紧。在摇臂夹紧的同时，活塞杆通过弹簧片压行程开关 SQ3（5-17）的常闭触点，使其断开，使 KM5 和 YA 都失电释放，液压泵电动机 M3 停车，完成了摇臂的松开、上升和夹紧的整套动作。

笔记栏：

b. 摇臂下降：摇臂下降的工作过程和摇臂上升相似，摇臂下降前也需要先“放松”，下降到位后再“夹紧”。如图 1-5-9 所示，长按摇臂下降按钮 SB4，断电延时型时间继电器 KT 线圈得电，延时常开辅助触点 KT（5-20）瞬时闭合，电磁铁 YA 线圈得电；常开辅助触点 KT（14-15）瞬时闭合，接触器 KM4 线圈得电，KM4 主触点闭合，液压泵电动机 M3 正向运行，供给压力油，压力油经两位六通阀体进入摇臂的“松开”油腔，推动活塞运动，活塞推动菱形块，将摇臂松开。同时，活塞杆通过弹簧片压行程开关 SQ2，使其常闭触点 SQ2（7-14）断开，使接触器 KM4 的线圈断电，接触器 KM4 的所有触点复位，液压泵电动机 M3 停止运行；行程开关 SQ2 的常开辅助触点（7-9）闭合，使接触器 KM3 线圈得电，KM3 主触点闭合，M2 反向起动运行，带动摇臂下降。

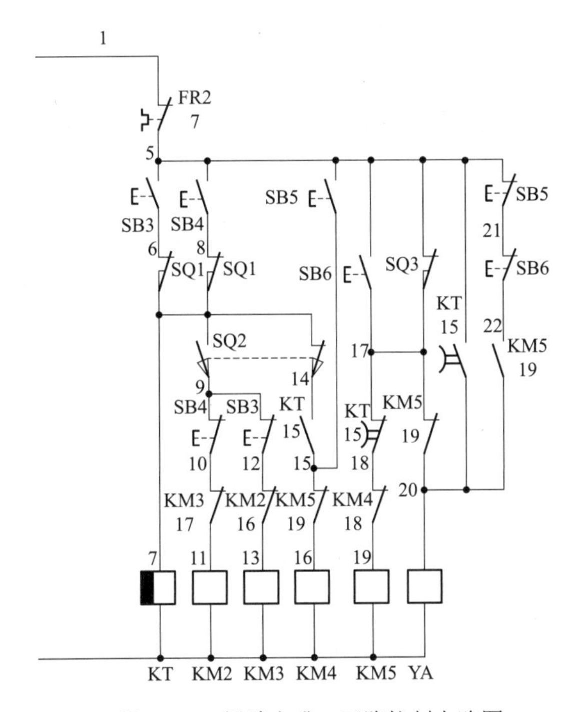

图 1-5-9 摇臂上升、下降控制电路图

同理，若此时摇臂尚未松开，则行程开关 SQ2（7-9）常开触点不闭合，接触器 KM3 线圈不能得电，摇臂不能下降。

当摇臂下降到规定位置时，松开按钮 SB4，接触器 KM3 和断电延时型时间继电器 KT 线圈失电，电动机 M2 停车，摇臂停止下降。

当断电延时型时间继电器 KT 线圈断电时，经 1 ~ 3 s 的延时，其延时型常闭触点 KT（17-18）复位，使接触器 KM5 线圈得电，KM5 主触点闭合，液压泵电动机 M3 反向运行；由于 YA 仍处于吸合状态，压力油从相反方向经两位六通阀进入摇臂“夹紧”油腔，向相反方向推动活塞和菱形块，使摇臂夹紧。在摇臂夹紧的同时，活塞杆通过弹簧片压行程开关 SQ3（5-17）的常闭触点，使其断开，使 KM5 和 YA 都失电释放，液压泵电动机 M3 停车，完成了摇臂的松开、下降和夹紧的整套动作。

③立柱和主轴箱的控制：

a. 立柱和主轴箱的松开控制：如图 1-5-7 所示，按下松开按钮 SB5，接触器 KM4 线圈得电，KM4 主触点闭合，液压泵电动机 M3 正向运行，供给压力油，压力油经两位六通阀（此时电磁铁 YA 处于释放状态）进入立柱和主轴箱，松开油缸，推动活塞及菱形块，使立柱和主轴箱分别松开，活塞杆通过弹簧片压行程开关 SQ4，松开指示灯 HL2 点亮。

b. 立柱和主轴箱的夹紧控制：如图 1-5-7 所示，按下夹紧按钮 SB6，接触器 KM5 线圈电，KM5 主触点闭合，液压泵电动机 M3 反向运行，供给压力油，压力油经两位六通阀（此时电磁铁 YA 处于释放状态）进入立柱和主轴箱，夹紧油缸，推动活塞及菱形块，使立柱和主轴箱分别夹紧，夹紧指示灯 HL1 点亮。

想一想：
摇臂能上升但不能下降，故障的原因可能是什么？如何排除？

第四节 M7130 型平面磨床电气控制线路

一、M7130 型平面磨床结构组成及运动分析

笔记栏：

M7130 型平面磨床型号含义如图 1-5-10 所示。

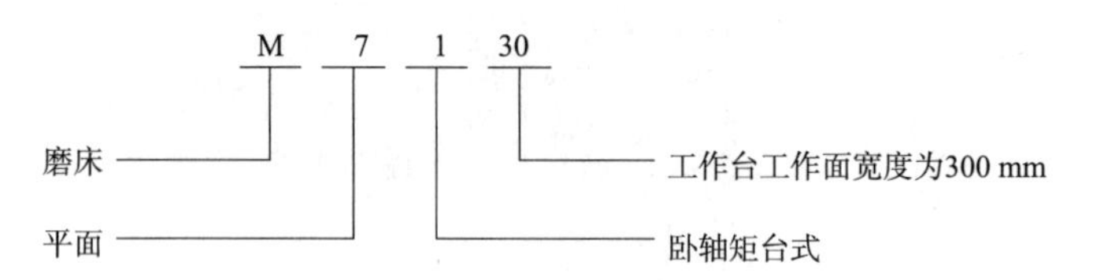

图 1-5-10 M7130 型平面磨床型号含义

M7130 型平面磨床外形如图 1-5-11 所示，结构图如图 1-5-12 所示。

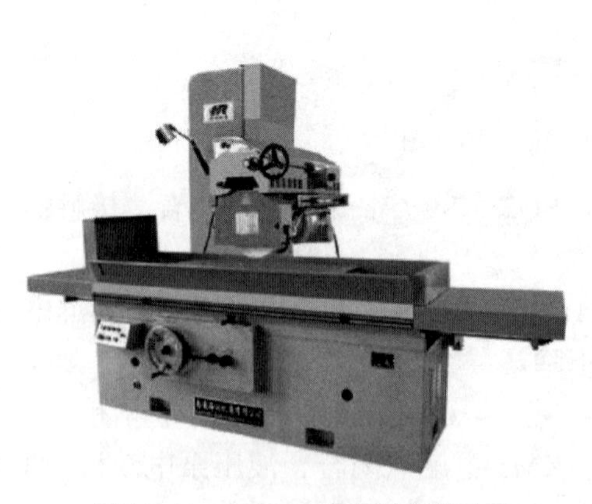

图 1-5-11 M7130 型平面磨床外形

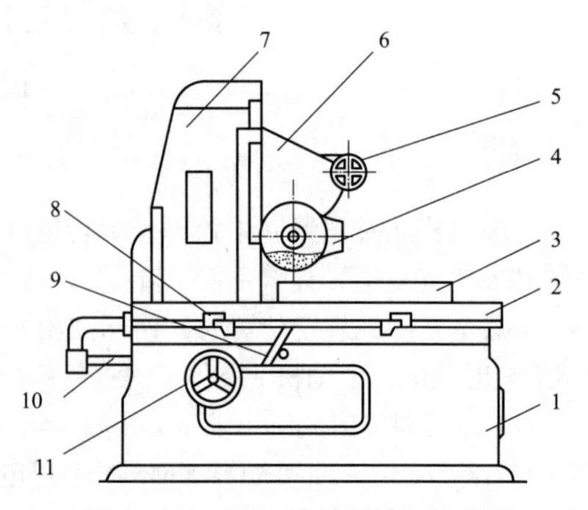

图 1-5-12 M7130 型平面磨床结构图

1—床身；2—工作台；3—电磁吸盘；4—砂轮箱；5—砂轮箱横向移动手柄；6—滑座；7—立柱；8—工作台换向撞块；9—工作台往复运动换向手柄；10—活塞杆；11—砂轮箱垂直进刀手柄

笔记栏：

砂轮的旋转是主运动，工作台的左右进给、砂轮架的上下前后进给均为辅助运动。工作台每完成一次往复运动时，砂轮箱便做一次间断性的横向进给；当加工完整个平面后，砂轮架在立柱导轨上向下移动一次（进刀），将工件加工到所需的尺寸。M7130 型平面磨床的主要电气元件的符号、型号与规格见表 1-5-5。

表 1-5-5　M7130 型平面磨床的主要电气元件的符号、型号与规格

符号	元件名称	型号与规格	用　途	数量
QS1	电源开关	HZ1-25/3	引入电源	1
QS2	转换开关	HZ1-10P/3	控制电磁吸盘	1
SA	照明灯开关		控制照明灯	1
M1	砂轮电动机	W451-44.5 kW，220 V/380 V，1 440 r/min	驱动砂轮	1
M2	冷却泵电动机	JCB-22125 W，220 V/380 V，2 790 r/min	驱动冷却泵	1
M3	液压泵电动机	JO42-42.8 kW，220 V/380 V，1 450 r/min	驱动液压泵	1
FU1	熔断器	RL1-60/3 60 A，熔体 30 A	电源保护	3
FU2	熔断器	RL1-1 515 A，熔体 5 A	控制电路短路保护	2
FU3	熔断器	BLX-1　1 A	照明电路短路保护	1
FU4	熔断器	RL1-1 515 A，熔体 2 A	保护电路吸盘	1
KM1	接触器	CJ0-10 线圈电压 380 V	控制电动机 M1	1
KM2	接触器	CJ0-10 线圈电压 380 V	控制电动机 M3	1
FR1	热继电器	JR10-10 整定电流 9.5 A	M1 的过载保护	1
FR2	热继电器	JR10-10 整定电流 6.1 A	M3 的过载保护	1
T1	整流变压器	BK-400 400 V • A、220 V/145 V	降压	1
T2	照明变压器	BK-50 50 V • A、380 V/36 V	降压	1
VC	硅整流器	GZH 1A、200 V	输出直流电压	1
YH	电磁吸盘	1.2A，110 V	工件夹具	1
KA	欠电流继电器	JT3-11L，1.5 A	欠电流保护	1
SB1	按钮	LA2，绿色	起动电动机 M1	1
SB2	按钮	LA2，红色	停止电动机 M1	1
SB3	按钮	LA2，绿色	起动电动机 M3	1
SB4	按钮	LA2，红色	停止电动机 M3	1
R_1	电阻器	GF 6 W，125 Ω	放电保护电阻	1
R_2	电阻器	GF 50 W，1 000 Ω	去磁电阻	1
R_3	电阻器	GF 50 W，500 Ω	放电保护电阻	1
C	电容器	600 V，5 μF	保护用电容	1
EL	照明灯	JD3 24 V，40 W	工作照明	1
X1	接插器	CY0-36	电动机 M2 用	1
X2	接触器	CY0-36	电磁吸盘用	1
XS	插座	250 V，5 A	退磁用	1
附件	退磁器	TC1TH/H	工件退磁用	1

二、M7130 型平面磨床电气控制线路分析

图 1-5-13 所示是 M7130 型平面磨床的电路图，它由主电路、控制电路、电磁吸盘电路及照明电路组成。

笔记栏：

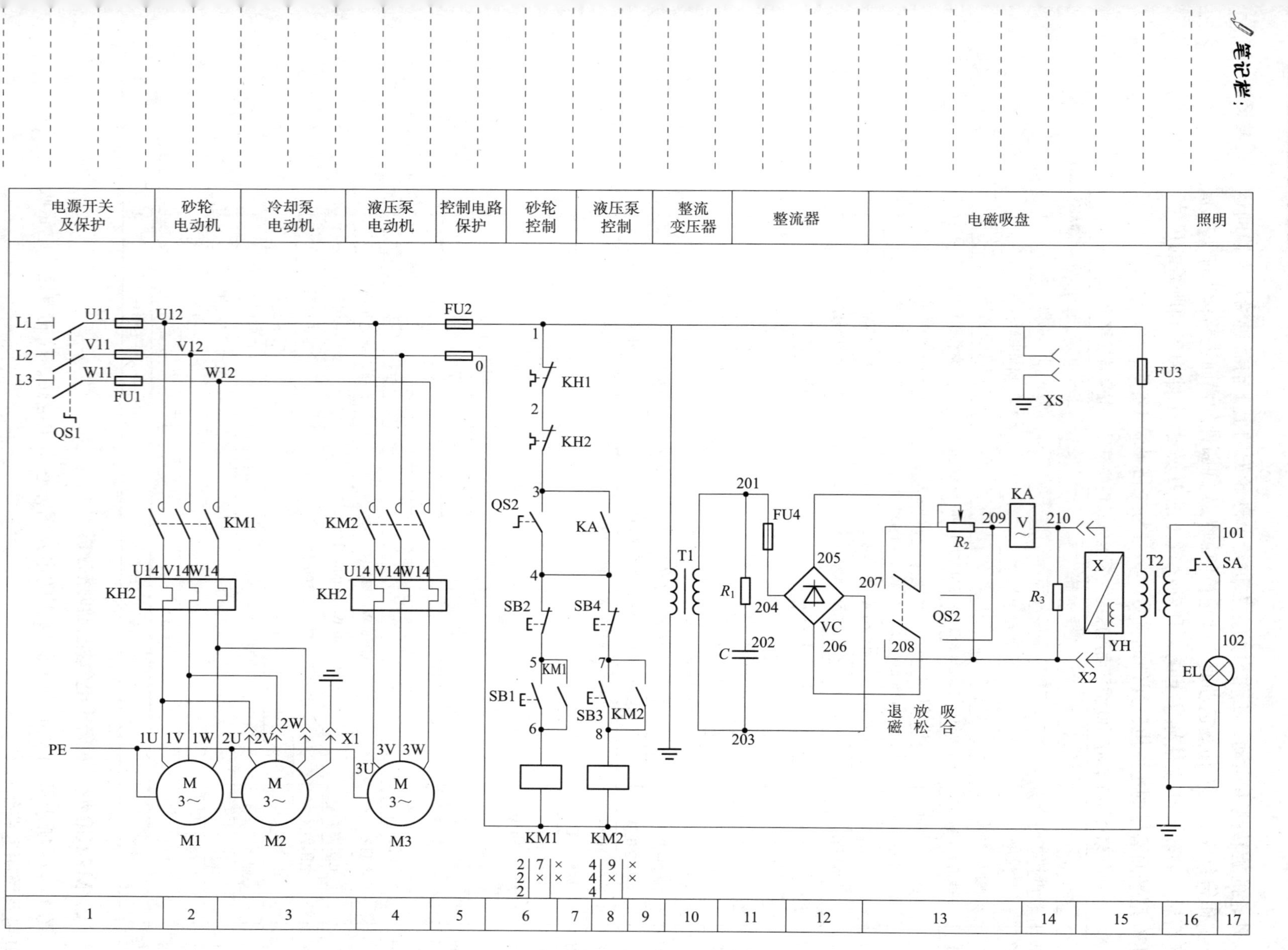

图1-5-13　M7130型平面磨床的电路图

笔记栏：

1. 电力拖动特点及控制要求

①砂轮的旋转运动：为了使磨床结构简单，提高其加工精度，采用装入式电动机，砂轮可以直接装在电动机轴上使用。由于砂轮的运动不需要调速，使用三相异步电动机拖动即可。

②砂轮架的横向进给：砂轮架上部的燕尾形导轨可沿着滑座上的水平导轨做横向移动。在加工的过程中，工作台换向时，砂轮架就横向进给一次。在调整砂轮的前后位置或修正砂轮时，可连续横向进给移动。砂轮架的横向进给运动可由液压传动，也可手动操作。

③砂轮架的升降运动：滑座可沿着立柱导轨做垂直上下移动，以调整砂轮架的高度，这一垂直进给运动是通过操作手柄控制机械传动装置实现的。

④工作台的往复运动：因液压传动换向平稳，易于实现无级调速，因此，工作台在纵向做往复运动时，是由液压传动系统完成的。液压泵电动机 M3 拖动液压泵，工作台在液压作用下做纵向往复运动。当换向挡铁碰撞床身上的液压换向开关时，工作台就能自动改变运动的方向。

⑤冷却液的供给：冷却泵电动机 M2 工作，供给砂轮和工件冷却液，同时冷却液还带走磨下的铁屑。要求砂轮电动机 M1 与冷却泵电动机 M2 之间实现顺序控制。

⑥电磁吸盘控制：在加工工件时，一般将工件吸附在电磁吸盘上进行加工。对于较大工件，也可将电磁吸盘取下，将工件用螺钉和压板直接固定在工作台上进行加工。电磁吸盘要有充磁和退磁控制环节。为了保证安全，电磁吸盘与电动机 M1、M2、M3 之间有电气联锁装置，即电磁吸盘充磁后，电动机才能起动；电磁吸盘不工作或发生故障时，三台电动机均不能起动。

2. 电气控制线路分析

（1）主电路分析

主电路共有三台电动机。M1 为砂轮电动机，由接触器 KM1 控制，热继电器 FR1 实现过载保护；M2 为冷却泵电动机，由于机床本身和冷却液箱是分装的，所以冷却泵电动机通过插接器 X1 与砂轮电动机 M1 的电源线相连，并在主电路中实现顺序控制；M3 为液压泵电动机，由接触器 KM2 控制，热继电器 FR2 实现过载保护。三台电动机的短路保护均由熔断器 FU1 实现。

（2）控制电路分析

控制电路采用交流 380 V 电压供电，由熔断器 FU2 作短路保护，转换开关 QS2 与欠电流继电器 KA 的常开触点并联，只有当 QS2 或 KA 的常开触点闭合时，三台电动机才满足起动条件。KA 的线圈串联在电磁吸盘 YH 工作回路中，只有当电磁吸盘得电工作时，KA 线圈才得电，KA 常开触点闭合。此时，按下起动按钮 SB1（或 SB3），接触器 KM1（或 KM2）线圈得电，砂轮电动机 M1 或液压泵电动机 M3 运行。这就实现了工件只有在被电磁吸盘 YH 吸住的情况下，砂轮和工作台才能进行磨削加工，保证了安全。砂轮电动机 M1 和液压泵电动机 M3 均采用接触器自锁，停止按钮是 SB2、SB4。

笔记栏：

（3）电磁吸盘电路分析

电磁吸盘是用来固定加工工件的一种夹具，与机械夹具相比，具有不损坏工件，夹紧迅速，能同时吸持若干小工件，以及加工中工件发热可自由伸缩，加工精度高等优点。不足之处是夹紧力不如机械夹紧，调节不便，需用直流电源供电，不能吸持非磁性材料。

①电磁吸盘控制电路。电磁吸盘控制电路包括整流电路、控制电路和保护电路三部分。整流电路由整流变压器 T1 和桥式整流器 VC 组成，输出 110V 直流电压。QS2 是电磁吸盘的转换开关（又称退磁开关），有“吸合”、“放松”和“退磁”三个位置，当 QS2 扳到“吸合”位置时，触点（205-208）和触点（206-209）闭合，VC 整流后的直流电压输入电磁吸盘 YH，工件被牢牢吸住。同时，欠电流继电器 KA 线圈得电，KA 常开触点闭合，接通砂轮电动机 M1 和液压泵电动机 M3 的控制电路。磨削加工完毕，先将 QS2 扳到“放松”位置，YH 的直流电源被切断，由于工件仍具有剩磁而不能被取下，因此必须进行退磁。再将 QS2 扳到“退磁”位置，触点（205-207）和触点（206-208）闭合，此时反向电流通过退磁电阻 R_2 对电磁吸盘 YH 退磁。退磁结束后，将 QS2 扳到“放松”位置，即可将工件取下。

若工件对退磁要求严格或不易退磁时，可将附件交流退磁器的插头插入插座 XS，使工件在交变磁场的作用下退磁。

若将工件夹在工作台上，而不需要电磁吸盘时，应将 YH 的 X2 插头拔下，同时将 QS2 扳到“退磁”位置，QS2 的常开触点（3-4）闭合，接通电动机的控制电路。

②电磁吸盘保护环节。电磁吸盘具有欠电流保护、过电压保护及短路保护等。为了防止电磁吸盘电压不足或加工过程中出现断电，造成工件脱出而发生事故，故在电磁吸盘电路中串入欠电流继电器 KA。由于电磁吸盘本身是一个大电感，在它脱离电源的一瞬间，它的两端会产生较大的自感电动势，使线圈和其他电器由于过电压而损坏，故用放电电阻 R_3 来吸收线圈释放的磁场能量。电容器 C 与电阻 R_1 的串联是为了防止电磁吸盘回路交流侧的过电压。熔断器 FU4 为电磁吸盘提供短路保护。

想一想： 电磁吸盘退磁效果差，被加工工件难以从电磁吸盘上取下，可能是什么原因？

（4）照明电路分析

照明变压器 T2 为照明灯 EL 提供了 36 V 的安全电压。由开关 SA 控制照明灯 EL，熔断器 FU3 作短路保护。

小　结

本章首先介绍了机床电气控制线路分析的主要内容及步骤，然后对 CA6140 型车床、Z3050 型摇臂钻床和 M7130 型平面磨床的电气控制线路进行了具体分析。在分析机床电气控制线路时，应首先对机床的基本结构、运动形式、工艺要求等有较全面的了解，确定整个电路由几部分构成。在此基础上，明确机床对电气控制的要求，从而分析其电气控制线路的工作原理。

分析电气控制线路的工作原理时，通常分析的顺序是：主电路—控制电路—辅助电路—联锁和保护环节—特殊控制环节等。分析主电路时，看机床由几台电动机拖动，每台电动机是什么用途，以及每台电动机的起动、制动方式以及每台电动机的保护环节等。再以每台电动机的控制要求为导向，分析其控制环节，明确其控制方式、操作方法，尤其要注意各个环节之间的关系。

习 题

1. 简述电气控制线路分析的主要内容及电气控制原理图的分析步骤。
2. CA6140 型车床的主轴是如何实现正反转控制的？
3. Z3050 型摇臂钻床电路中各行程开关的作用是什么？结合电路工作情况说明。
4. Z3050 型摇臂钻床电路中时间继电器的作用是什么？结合电路工作情况说明。
5. M7130 型平面磨床工件磨削完毕，为了使工件容易从工作台上取下，要对电磁吸盘去磁，此时应如何操作？

第六章 PLC 及其在电动机控制线路中的应用

笔记栏:

知识学习目标

1. 了解可编程控制器（PLC）的产生、特点、分类及应用。
2. 掌握 PLC 的基本结构、工作原理和常用的编程语言。
3. 掌握 S7-300 系列 PLC 的基本编程指令。
4. 掌握梯形图的基本编程及应用仿真软件调试的方法和过程。

能力培养目标

1. 能根据项目要求，设计 PLC 的硬件接线图，掌握硬件的接线方法。
2. 能熟练应用 S7-300 系列 PLC 的基本指令，编写控制系统的梯形图程序。
3. 能熟练应用 PLCSIM 仿真软件，对梯形图程序进行分析、调试、运行。

情感价值目标

1. 培养良好的道德修养、乐观向上的人生价值观和工匠精神。
2. 培养自觉遵守安全及技能操作规程的工作习惯。
3. 加强表达和沟通能力，培养团队合作精神。

20 世纪 60 年代，计算机技术已开始应用于工业控制。但由于计算机技术本身的复杂性，编程难度大，难以适应恶劣的工业环境以及价格昂贵等原因，未能在工业控制中广泛应用。当时的工业控制，主要是以继电器组成的控制系统实现。

1968 年，美国最大的汽车制造商——通用汽车制造公司（GM），为适应汽车型号的不断更新，试图寻找一种新型的工业控制器，以尽可能减少重新设计和更换控制系统的硬件及接线所消耗的经济成本和时间成本，因而设想把计算机的完备功能、灵活及通用等优点和继电器控制系统的简单易懂、操作方便、价格便宜等优点结合起来，制成一种适合于工业环境的通用控制装置，并把计算机的编程方法和程序输入方式加以简化，用“面向控制过程，面向对象”的“自然语言”进行编程，使不熟悉计算机的人也能方便地使用。

1969 年，美国数字设备公司（DEC）首先研制成功第一台可编程控制器 PDP-14，在通用汽车公司的自动装配线上试用成功，并取得满意的效果。可编程控制器自此诞生，从而开创了工业控制的新局面。美国 MODICON 公司也开发出了可编程控制器 084。

笔记栏：

第一节　PLC 概述

一、PLC 的基本概念

随着微处理器、计算机和数字通信技术的飞速发展，计算机控制已经广泛地应用在几乎所有工业领域。现代社会要求制造业对市场需求做出迅速的反应，生产出小批量、多品种、多规格、低成本和高质量的产品。为了满足这一要求，生产设备和自动生产线的控制系统必须具有极高的可靠性和灵活性。可编程控制器正是顺应这一要求出现的，它是以微处理器为基础的通用工业控制装置。

早期的可编程控制器称为可编程逻辑控制器（programmable logic controller，PLC），主要用来代替继电器实现逻辑控制。随着计算机技术的发展，可编程逻辑控制器的功能不断扩展和完善，其功能远远超出了逻辑控制的范围，具有了 PID（比例 - 积分 - 微分）、A/D（模 / 数）D/A（数 / 模）、算术运算、数字量智能控制、监控及通信联网等多方面的功能，且已变成了实际意义上的一种工业控制计算机。于是，美国电器制造商协会（NEMA）将其正式命名为可编程控制器（programmable controller，PC），但由于 PC 容易和个人计算机（personal computer）混淆，所以人们还沿用 PLC 作为可编程控制器的英文缩写。

1987 年 2 月，国际电工委员会（IEC）对可编程控制器的定义："可编程控制器是一种数字运算操作的电子系统，专为在工业环境应用而设计的。它采用一类可编程的存储器，用于其内部存储程序，执行逻辑运算、顺序控制、定时、计数与算术操作等面向用户的指令，并通过数字或模拟式输入 / 输出控制各种类型的机械或生产过程。可编程控制器及其有关外围设备，都按易于与工业控制系统联成一个整体，易于扩充其功能的原则设计。"

二、PLC 的特点及应用领域

1. PLC 的特点

从近年的统计数据看，在世界范围内 PLC 产品的产量、销量、用量高居工业控制装置榜首，而且市场需求量一直以每年 15% 的比率上升。PLC 已成为工业自动化控制领域中占主导地位的通用工业控制装置。PLC 技术之所以高速发展，除了工业自动化的客观需求外，主要是因为其具有许多独特的优点。PLC 较好地解决了工业领域中人们普遍关心的可靠、安全、灵活、方便和经济等问题。主要有以下特点：

（1）可靠性高、抗干扰能力强

可靠性高、抗干扰能力强是 PLC 最重要的特点之一。传统的继电器控制系统使用了大量的中间继电器和时间继电器，长期使用，会使触点接触不良，容易出现故障。PLC 用软件代替传统继电器，大大减少了因触点接触不良造成的故障。并且，PLC 采用了一系列的硬件和软件的抗干扰措施，具有很强的抗干扰能力，平均无故障时间可达几十万小时。

笔记栏：

（2）编程简单、使用方便

目前，大多数 PLC 采用的编程语言是梯形图（LAD），它是一种面向生产、面向用户的编程语言。梯形图与继电器控制电路相似，形象直观、易学易懂，熟悉继电器电路图的技术人员很快就能掌握。当生产流程需要改变时，可以在现场修改程序，方便灵活。

（3）功能完善、通用性强

经过长期发展，PLC 不仅具有逻辑运算、定时、计数、顺序控制等功能，而且还具有 A/D（模 / 数）和 D/A（数 / 模）转换、数值运算、数据处理、PID 控制、通信联网等许多功能。同时，由于 PLC 产品的系列化、模块化，并且有很多型号的硬件可供用户选择，能够满足各种要求的控制系统。

（4）安装简单、维护方便

由于 PLC 用软件代替了传统电气控制系统的硬件、控制柜的设计，安装接线工作量大大减少。PLC 的用户程序大部分还可以在实验室进行仿真调试，缩短了项目的设计和调试周期。在维修维护方面，由于 PLC 的故障率极低，维修工作量很小，而且 PLC 具有很强的自诊断功能，一旦出现故障，可根据 PLC 的信息提示或编程器上提供的故障信息，进行排故、维护，极为方便。

（5）体积小、能耗低

复杂的控制系统使用 PLC 后，可大大减少继电器的使用量。PLC 内部采用了集成电路，结构紧凑、体积小、能耗低。

2. PLC 的应用领域

目前，在国内外 PLC 已经广泛用于汽车制造、轨道交通、冶金、建材、石化、电力、轻工、环保等产业，随着 PLC 性能及价格优势的提升，其应用领域将不断扩大。从应用的类型看，PLC 的应用可归纳为以下几个方面：

（1）开关量逻辑控制

利用 PLC 最基本的逻辑运算、定时、计数等功能实现逻辑控制，可以取代传统的继电器控制电路，用于单机控制、多机群控制、自动生产线控制等，例如：汽车焊装、机床、注塑机、印刷机械、装配生产线、电镀流水线及电梯的控制等。这是 PLC 最基本的应用，也是 PLC 最广泛的应用领域。

（2）运动控制

大多数 PLC 都有拖动步进电动机或伺服电动机的单轴或多轴位置控制模块。可对直线运动或圆周运动的位置、速度和加速度进行控制，运动控制与顺序控制还可结合使用。PLC 的运动控制功能广泛用于各种机械设备，如对各种机床、装配机械、机器人等进行运动控制。

（3）过程控制

大、中型 PLC 都具有多路模拟量 I/O 通道，可实现模拟量和数字量之间的转换，可以对例如温度、压力、流量等连续变化的模拟量进行闭环 PID 控制。这一功能广泛

笔记栏:

应用于锅炉、反应堆、水处理等设备。

（4）数据处理

现代的 PLC 都具有算术运算、数据传输、转换、排序、查表、位操作等功能。可进行数据采集、分析、处理，同时可通过通信接口将这些数据传送给其他装置，如计算机数值控制（CNC）设备，进行处理。

（5）通信联网

PLC 的通信包括：PLC 与 PLC、PLC 与上位机、PLC 与其他智能设备之间的通信，PLC 系统与通用计算机可直接或通过通信处理单元、通信转换单元相连构成网络，以实现信息的交换，并可构成“集中管理、分散控制”的多级分布式控制系统，满足工厂自动化系统发展的需要。

三、PLC 的分类

PLC 产品种类繁多，其规格和性能也各不相同。通常根据 PLC 结构形式的不同、功能的差异和 I/O 点数的多少等对其进行大致分类。

1. 按结构形式分类

根据 PLC 的结构形式，可将 PLC 分为一体化紧凑型和标准模块式两类。

（1）一体化紧凑型 PLC

电源、CPU（中央处理器）、I/O 接口都集成在一个机壳内，具有结构紧凑、体积小、价格低的特点。小型 PLC 一般采用这种一体化结构。一体化紧凑型 PLC 由不同 I/O 点数的基本单元和扩展单元组成。基本单元内有 CPU、I/O 接口、与 I/O 扩展单元相连的扩展口以及与编程器或 EPROM 写入器相连的接口等，如西门子 S7-200 系列，其实物如图 1-6-1 所示。

（2）标准模块式 PLC

标准模块式 PLC 由各个相互独立的模块构成，如电源模块、CPU 模块、I/O 模块以及各种功能模块。模块安装在固定的机架（导轨）上，构成一个完整的 PLC 应用系统。这种结构的特点是配置灵活，可根据需要选配不同规模的系统，而且装配方便，便于扩展和维修。如西门子 S7-300、S7-400 系列，其实物如图 1-6-2 所示。

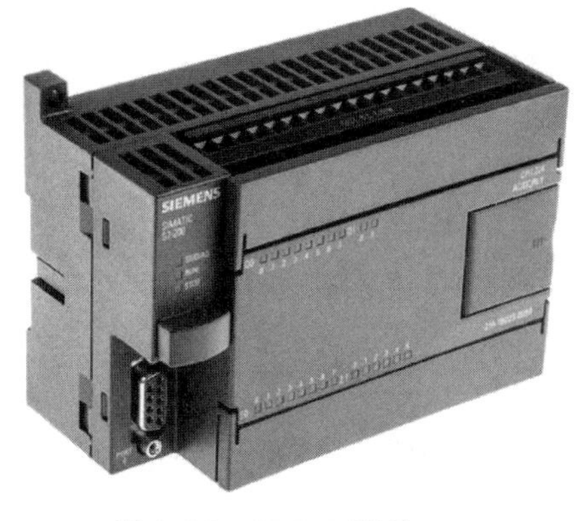

图 1-6-1　S7-200 系列 PLC

图 1-6-2　S7-300 系列 PLC

笔记栏:

2. 按功能差异分类

（1）低档 PLC

具有逻辑运算、定时、计数、移位以及自诊断、监控等基本功能，还有少量模拟量输入 / 输出、算术运算、数据传送和比较、通信等功能。主要用于逻辑控制、顺序控制或少量模拟量控制的单机控制系统。

（2）中档 PLC

除具有低档 PLC 的功能外，还具有较强的模拟量输入 / 输出、算术运算、数据传送和比较、数制转换、远程 I/O、子程序、通信联网等功能。有些还可增设中断控制、PID 控制等功能，适用于复杂控制系统。

（3）高档 PLC

高档 PLC 除具有中档 PLC 的功能外，还增加了带符号算术运算、矩阵运算、位逻辑运算、平方根运算及其他特殊功能函数的运算、制表及表格传送功能等。高档 PLC 具有更强大的通信联网功能，可用于大规模过程控制或构成分布网络控制系统，实现工厂自动化。

3. 按 I/O 点数分类

按 PLC 的 I/O 点数的多少，可将 PLC 分为小型、中型和大型三类。

（1）小型 PLC

I/O 点数为 256 以下的为小型 PLC。其中，I/O 点数小于 64 点的为超小型或微型 PLC。

（2）中型 PLC

I/O 点数为 256 点以上、1 024 点以下的为中型 PLC。

（3）大型 PLC

I/O 点数在 1 024 点以上的为大型 PLC。其中，I/O 点数超过 8 192 点的为超大型 PLC。

在实际中，一般 PLC 功能的强弱与其 I/O 点数的多少是相互关联的，即 PLC 的功能越强，其可配置的 I/O 点数越多。因此，通常所说的小型、中型、大型 PLC，除指其 I/O 点数不同外，同时也表示其对应功能为低档、中档、高档。

4. 按生产厂家分类

①日本欧姆龙（OMRON）公司 C 系列；

②日本三菱（MITSUBISHI）公司 F、F1、F2、FX2 系列；

③日本松下（PANASONIC）电工公司的 FP1 系列；

④美国通用电气（GE）公司的 GE 系列；

⑤美国艾论 - 布拉德利（AB）公司的 PLC-5 系列；

⑥德国西门子（SIEMENS）公司的 S5、S7 系列。

笔记栏：

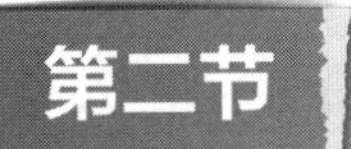

第二节 PLC 的工作原理

一、PLC 系统的组成

PLC 主机的硬件由中央处理器（CPU）、存储器（ROM/RAM）、输入 / 输出单元（I/O 单元）、电源、编程器等部分组成。PLC 硬件系统结构如图 1-6-3 所示。

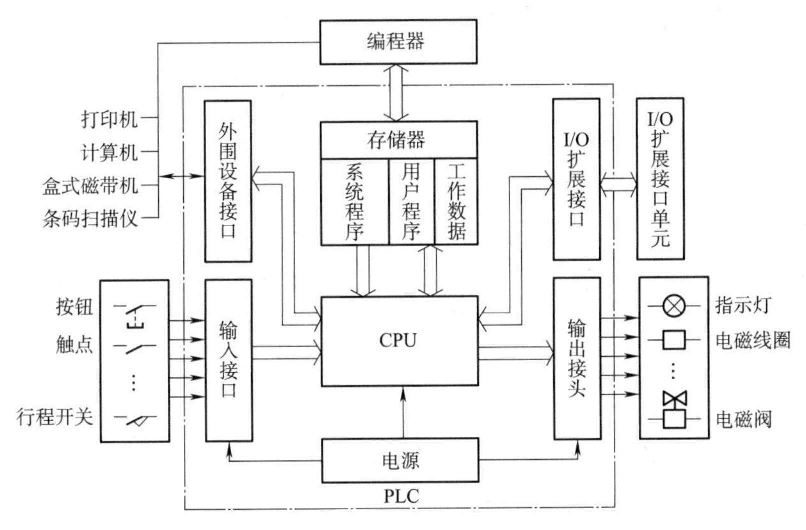

图 1-6-3　PLC 硬件系统结构

1. 中央处理器（CPU）

CPU 是 PLC 的控制中枢，它的主要任务包括以下几个方面：

①接收、存储用户程序和数据，并通过显示器显示出程序的内容和存储地址。

②检查、校验用户程序。对输入的用户程序进行检查，发现语法错误立即报警，并停止输入，在程序运行过程中若发现错误，则立即报警或停止程序的执行。

③接收、调用现场信息。将接收到现场输入的数据保存起来，在需要数据的时候将其调出并送到需要该数据的地方。

④执行用户程序。PLC 进入运行状态后，CPU 根据用户程序存放的先后顺序，逐条读取、解释并执行程序，完成用户程序中规定的各种操作，并将程序执行的结果送至输出端口，以驱动 PLC 的外部负载。

⑤故障诊断。诊断电源、PLC 内部电路的故障，根据故障或错误的类型，通过显示器显示出相应的信息，以提示用户及时排除故障或纠正错误。

2. 存储器

PLC 的存储器可分为系统程序存储器、用户程序存储器及工作数据存储器。

①系统程序存储器：用来存放由 PLC 生产厂家编写的系统程序，并固化在 ROM 内，用户不能直接更改。系统程序质量的好坏，直接决定了 PLC 的性能。

②用户程序存储器：用来存放针对具体的控制任务，用规定的 PLC 编程语言编

笔记栏：

写的各种用户程序，其内容可以由用户任意修改或增删。

③工作数据存储器：用来存储工作数据，即用户程序中使用的 ON/OFF 状态、数值数据等。

3. 输入 / 输出接口（I/O 接口）

输入 / 输出接口是 PLC 与外界连接的接口。

①输入接口：用来接收和采集两种类型的输入信号，一类是由按钮、选择开关、行程开关、继电器触点、接近开关、光电开关等开关量的输入信号；另一类是由电位器、各种变送器等送来的模拟量输入信号。如图 1-6-4 所示，输入回路的实现是将输入元件连接到对应的输入点上。如果某个输入元件的状态发生变化，对应输入点状态也随之变化，PLC 在输入采样阶段即可获取这些信息。

②输出接口：用来连接被控对象中各种执行元件，如接触器、电磁阀、指示灯、调节阀（模拟量）、调速转置（模拟量）等，输出回路就是 PLC 的负载驱动回路。如图 1-6-5 所示，输出回路通过输出点，将负载和负载电源连接成一个回路，这样负载就由 PLC 输出点的 ON/OFF 状态进行控制。负载电源的规格应根据负载的需要和输出点的技术规格进行选择。

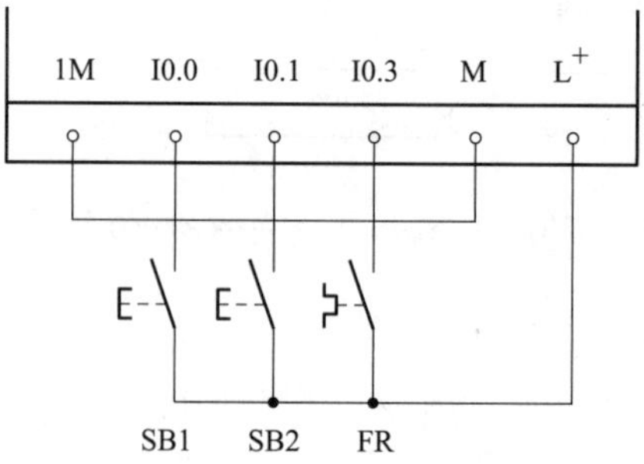

图 1-6-4　输入回路的连接

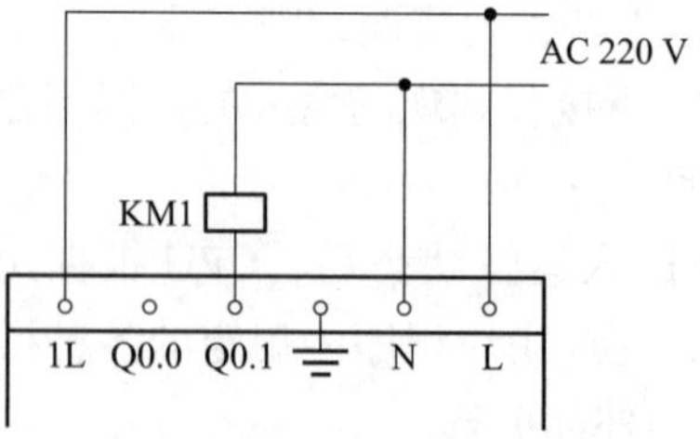

图 1-6-5　输出回路的连接

为了适应控制的需要，PLC 的 I/O 接口通常有不同的类型。其输入接口有直流输入和交流输入两种，如图 1-6-6 和图 1-6-7 所示；输出接口有继电器输出（见图 1-6-8）、晶闸管输出和晶体管输出三种。继电器输出和晶闸管输出适用于大电流输出场合。晶体管输出、晶闸管输出适用于快速、频繁动作的场合。相同的驱动能力，继电器输出价格较低。为了提高 PLC 的抗干扰能力，其输入、输出接口电路均采取隔离措施。

笔记栏：

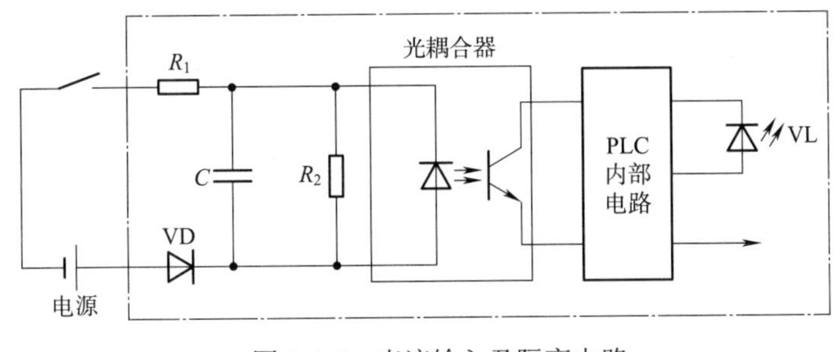

图 1-6-6　直流输入及隔离电路

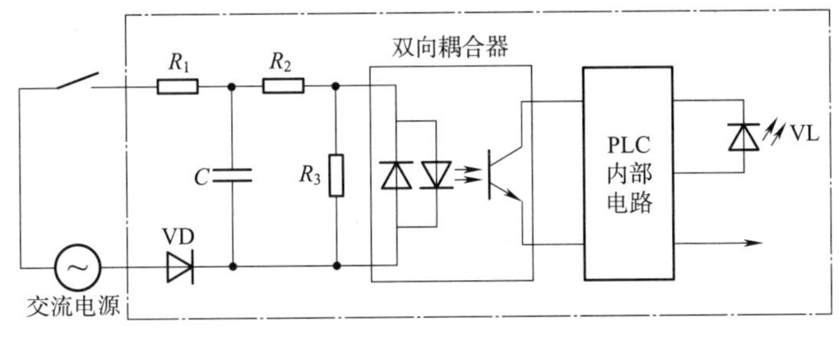

图 1-6-7　交流输入及隔离电路

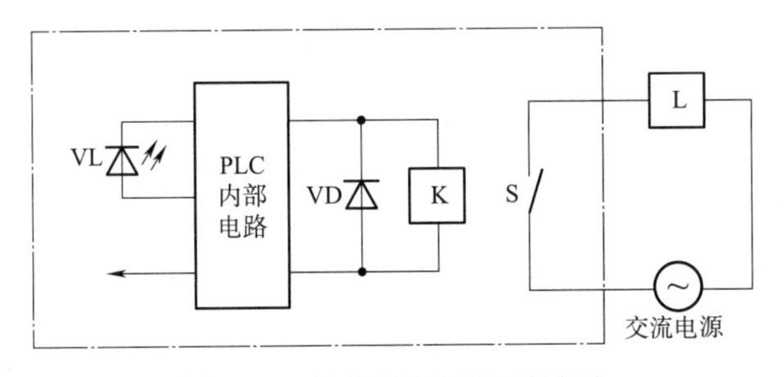

图 1-6-8　继电器输出及隔离电路

4. 电源

PLC 的电源是指为 CPU、存储器和 I/O 接口等内部电路所配备的直流开关电源。电源的交流输入端一般都有脉冲吸收电路，交流输入电压范围一般都比较宽，抗干扰能力比较强。电源的直流输出电压多为直流 24 V，除了供内部使用外还可以供输入 / 输出单元和各种传感器使用。

5. 外围设备接口

PLC 的外围设备主要有编程器、操作面板、文本显示器和打印机等。编程器接口是用来连接编程器的，PLC 本身通常是不带编程器的。为了能对 PLC 编程及监控，PLC 专门设置有编程器接口，通过这个接口可以连接各种形式的编程装置，还可以利用此接口进行通信和监控。比如计算机作为编程器，计算机上应安装有相应的编程软件，程序下载时还要匹配相应的通信电缆。

操作面板和文本显示器不仅是用于显示系统信息的显示器，还是操作控制单元，它们可以在执行程序的过程中修改某个量的数值，也可直接设置输入或输出量，以便

笔记栏：

立即起动或停止一台外围设备的运行。打印机可以把过程参数和运行结果以文字的形式输出。外围设备接口可以把上述外围设备与 CPU 连接，以完成相应的操作。

除上述一些外围设备接口以外，PLC 还设置了存储器接口和通信接口。存储器接口是为扩展存储区而设置的，用于扩展用户程序存储区和用户数据参数存储区，可以根据使用的需要扩展存储器。通信接口是为在计算机与 PLC、PLC 与 PLC 之间建立通信网络而设立的接口。

6.I/O 扩展接口

I/O 扩展接口用于扩展输入 / 输出单元，它使 PLC 的控制规模配置更加灵活，这种扩展接口实际上为总线形式，可以配置开关量的 I/O 单元，也可配置模拟量和高速计数等特殊 I/O 单元及通信适配器等。

二、PLC 系统的工作原理

1. 扫描工作方式

PLC的工作原理和计算机的工作原理基本一致,它有两种工作模式,即运行(RUN)和停止（STOP）。当处于停止（STOP）工作模式时，PLC 只进行内部处理和通信服务等内容。当处于运行（RUN）工作模式时，PLC 要进行内部处理、通信服务、输入处理、执行程序和输出处理等操作，并按上述过程循环扫描工作。PLC 的这种周而复始的循环工作方式称为循环扫描工作方式。

循环扫描工作方式是 PLC 的一大特点，也可以说 PLC 是“串行”工作的，这和传统的继电器控制系统“并行”工作有质的区别。PLC 的串行工作方式避免了继电器控制系统中触点竞争和时序失配的问题。

2. 扫描周期

PLC 在运行工作模式时，执行一次循环扫描操作所需要的时间称为扫描周期，其典型值为 1 ~ 100 ms。扫描周期与用户程序的长短、指令的种类和 CPU 执行指令的速度有很大的关系。当用户程序较长时，指令执行时间在扫描周期中占有相当大的比值。

3. 工作过程

PLC 通过循环扫描输入端口的状态、执行用户程序来实现控制任务，其操作过程框图如图 1-6-9 所示，操作过程分析如下：

PLC 将内部数据存储器分成若干个寄存区域，其中过程映像区域又称 I/O 映像寄存器区域。过程映像区域的输入映像寄存器区域（PII）用来存放输入端点的状态，输出映像寄存器区域（PIQ）用来存放用户程序（OB1）运行的结果。

PLC 输入模块的输入信号状态与外部输入信号相对应，为外部输入信号经过隔离和滤波后的有效信号。开关量输入电路通过识别外部输入电平 0 或 1，识别开关的通断。CPU 在每个扫描周期的开始，扫描输入模块的信号状态，并将其状态送入到输入映像寄存器区域；CPU 根据用户程序中的程序指令来处理外部输入信号，并将处理结果送到输出映像寄存器区域。

笔记栏:

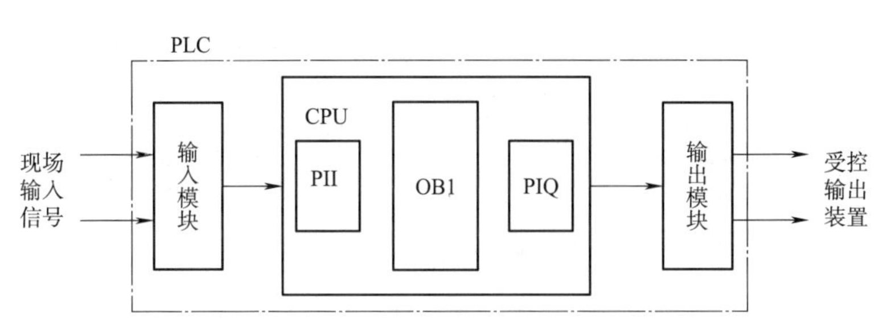

图 1-6-9 PLC 系统的操作过程框图

PLC 输出模块具有一定的负载驱动能力，在额定负载以内，直接与负载相连可以驱动相应的执行器。

4. 输入 / 输出滞后时间

输入 / 输出滞后时间又称系统响应时间，是指 PLC 的外部输入信号发生变化的时刻到它控制的外部输出信号发生变化的时刻之间的时间间隔。由输入电路滤波时间、输出电路的滞后时间和因扫描工作方式产生的滞后时间三部分组成。

输入单元的 *RC* 滤波电路用来滤除由输入端引起的干扰噪声，消除因外接输入触点动作时产生抖动引起的不良影响，滤波电路的时间常数决定了输入滤波时间的长短，其典型值为 10 ms 左右；双向晶闸管型输出电路在负载通电时的滞后时间一般在 1 ms 左右，负载由通电到断电时的最大滞后时间为 10 ms；晶体管型输出电路的滞后时间一般在 1 ms 以下。故扫描工作方式产生的滞后时间最长可达两个扫描周期以上。

对于用户来说，合理编写程序是缩短响应时间的关键。

第三节 S7-300 系列 PLC 的硬件与创建项目

一、S7-300 系列 PLC 简介

1. S7-300 系列 PLC 的系统结构单元

S7-300 系列 PLC 是一种通用型 PLC，能适合自动化工程中的各种应用场合。尤其是在生产制造工程中的应用。S7-300 系列 PLC 基于模块化、无风扇结构设计，采用 DIN 标准导轨安装，配置灵活、安装简单、维护容易、扩展方便，各种模块可以进行广泛的组合和扩展。

基于模块化设计的 S7-300 系列 PLC 系统由导轨和各种模块组成。构成系统的主要模块有：中央处理单元（CPU）、信号模块（SM）、通信处理模块（CP）、功能模块（FM）；辅助模块有：电源模块（PS）、接口模块（IM）。

导轨是安装 S7-300 模块的机架，导轨用螺钉紧固安装在支撑物体上，S7-300 系列 PLC 的所有模块均直接用螺钉紧固在导轨上，导轨采用特制不锈钢异型板（DIN 标准导轨），其长度有 160 mm、482 mm、530 mm、830 mm、2 000 mm，可根据实际需要选择。

笔记栏：

图 1-6-10 所示为 S7-300 系列 PLC 的系统结构，图 1-6-11 为 S7-300 系列 PLC 实物图。

PS 电源模块 | CPU | IM 接口模块 | SM: DI | SM: DO | SM: AI | SM: AO | FM: - 计数 - 定位 - 闭环控制 | CP: - 点-到-点 - PROFIBUS 工业以太网

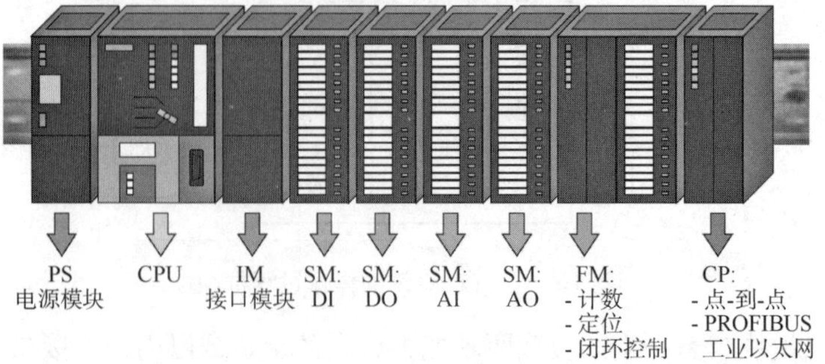

图 1-6-10　S7-300 系列 PLC 的系统结构

中央处理单元 CPU | 电源模块 PS | 信号模块 SM | 通信处理模块 CP | 功能模块 PM | 占位模块 DM

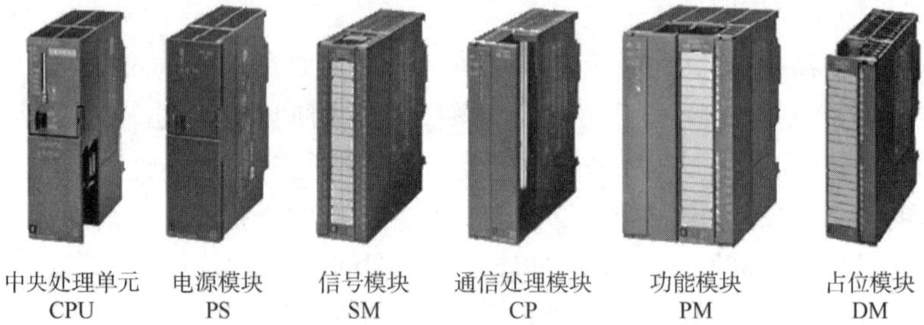

图 1-6-11　S7-300 系列 PLC 实物图

2. S7-300 系列 PLC 的安装

S7-300 系列 PLC 的电源模块（PS）安装在机架的最左边的 1 号槽，CPU 模块和接口模块（IM）分别安装在 2 号槽和 3 号槽。除电源模块外，其他模块之间通过 U 形总线连接器相连。总线连接器插在模块的背后，安装时先将插有总线连接器的 CPU 模块固定在导轨上，然后依次安装其他各个模块，如图 1-6-12 所示。

S7-300 系列 PLC 的电源模块通过电源连接器或导线与 CPU 模块相连。其他外部接线接在信号模块和功能模块的前连接器端子上，前连接器用插接的方式安装在模块前门处的凹槽中。

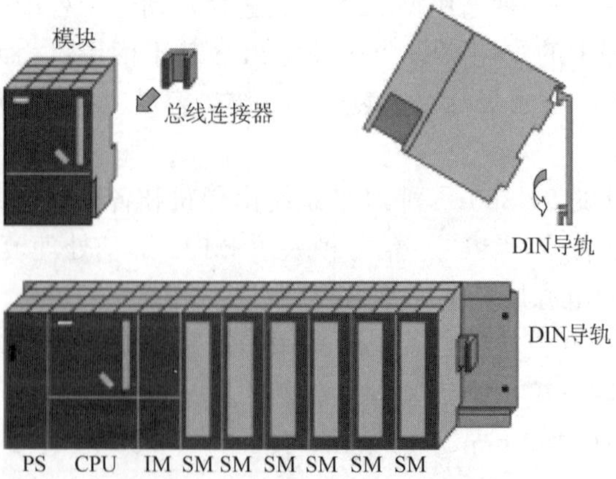

模块　总线连接器　DIN导轨

DIN导轨

PS CPU IM SM SM SM SM SM SM

图 1-6-12　S7-300 系列 PLC 的安装

除了带 CPU 的中央机架，最多可以增加三个扩展机架（见图 1-6-13），每个机架 4 ~ 11 号槽可以插八个信号模块（SM）、功能模块（FM）和通信模块（CP）。机架导轨上并不存在物理槽位，例如在不需要扩展机架时，CPU 模块和 4 号槽的模块是靠在一起的。此时 3 号槽位仍然被实际上并不存在的接口模块占用。

PS307 电源模块用于将交流电源转换为直流稳压电源，供 CPU 模块和 I/O 模块使用。其额定输出电流分别为 2 A、5 A、10 A。

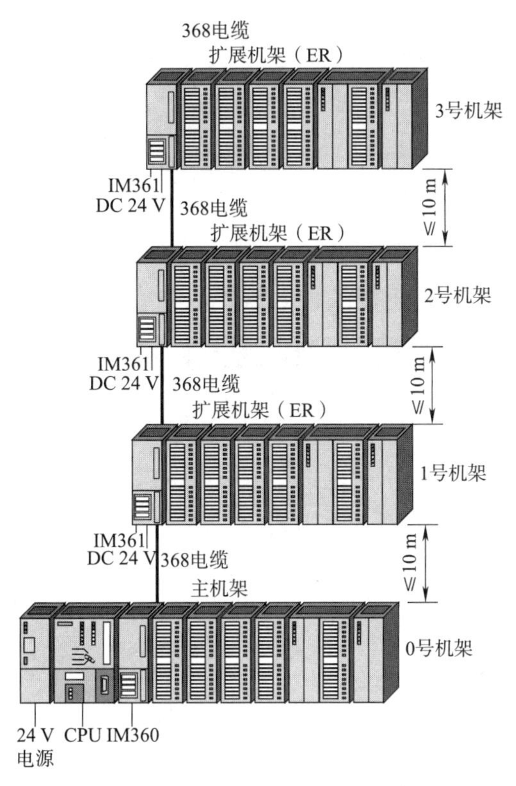

图 1-6-13　S7-300 系列 PLC 扩展机架

二、STEP 7 编程软件生成项目

1. STEP 7 编程软件简介

STEP 7 是西门子公司的标准编程工具，用于对整个控制系统（包括 PLC、远程 I/O、HMI、驱动装置和通信网络等）进行组态、编程和监控。STEP 7 主要有以下功能：

①硬件组态，即在机架中放置模块，为模块分配地址和设置模块的参数。

②组态通信连接，定义通信伙伴和连接特性。

③使用编程语言编写用户程序。

④下载和调试用户程序，起动、维护、文件建档、运行和故障诊断等。

2. STEP 7 项目创建

（1）使用向导创建项目

首先双击桌面上的 STEP 7 图标，进入 SIMATIC Manager 窗口，进入 File，选择

笔记栏：

笔记栏：

New Project' Wizard…，弹出标题为 STEP 7 Wizard："New Project"的小窗口（见图 1-6-14）。

图 1-6-14　新项目向导窗口

单击 Next 按钮，在新项目中选择 CPU 模块的型号为 CPU313C-2DP（见图 1-6-15）。

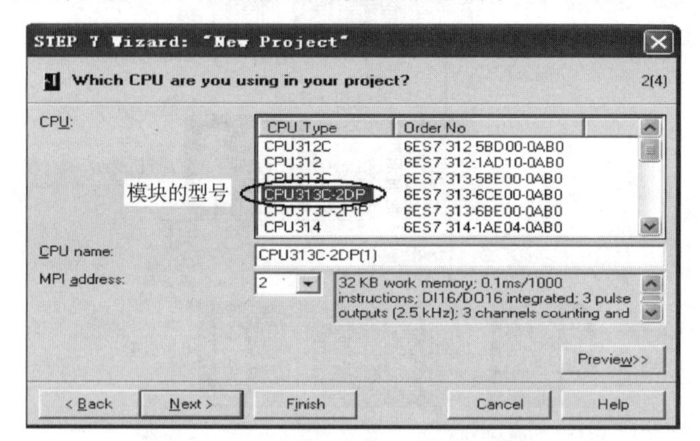

图 1-6-15　选择 CPU 模块的型号

单击 Next 按钮，选择需要生成的逻辑块，至少需要生成作为主程序的组织块 OB1（见图 1-6-16）。

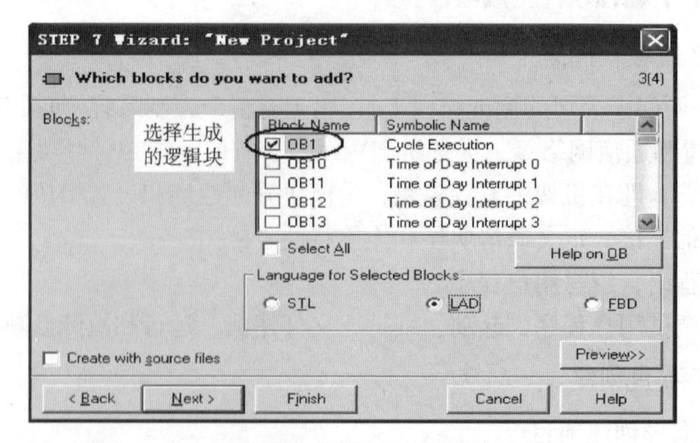

图 1-6-16　选择生成逻辑块

笔记栏:

单击 Next 按钮，输入项目的名称（见图 1-6-17），单击 Finish 按钮生成项目。生成项目后（见图 1-6-18），可以先组态硬件，然后生成软件程序。也可以在没有组态硬件的情况下，首先生成软件程序。

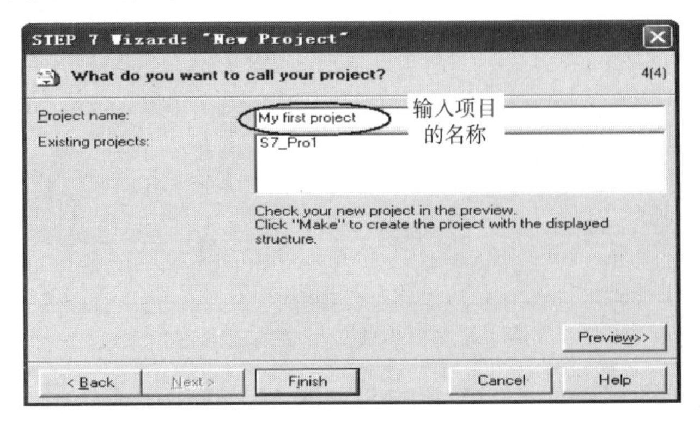

图 1-6-17　输入项目的名称

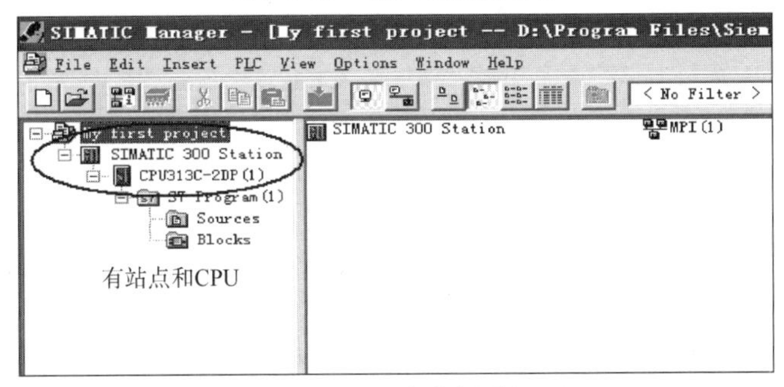

图 1-6-18　生成新项目

（2）直接创建项目

在 SIMATIC Manager 中执行菜单命令 File → New，弹出 New Project 对话框，在 Name 文本框中输入项目名称，在 Storage location 文本框中显示的是默认的项目存放路径（见图 1-6-19）。单击 Browse 按钮可以修改保存项目的路径。单击 OK 按钮后，返回 SIMATIC Manager，生成一个空的新项目（见图 1-6-20）。

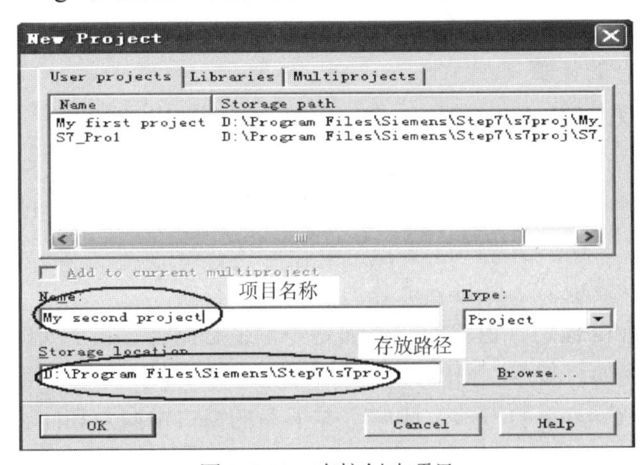

图 1-6-19　直接创建项目

笔记栏:

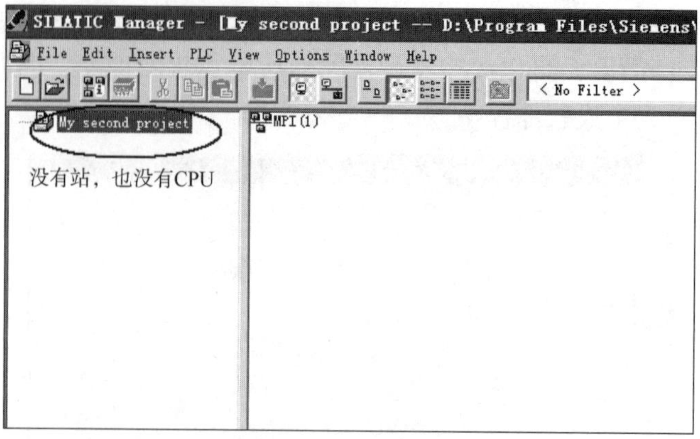

My second project

MPI(1)

没有站，也没有CPU

图 1-6-20　生成一个空的新项目

右击新项目的图标，插入一个新的 S7-300 站，选中生成的站，双击右边窗口中的 Hardware（见图 1-6-21）。

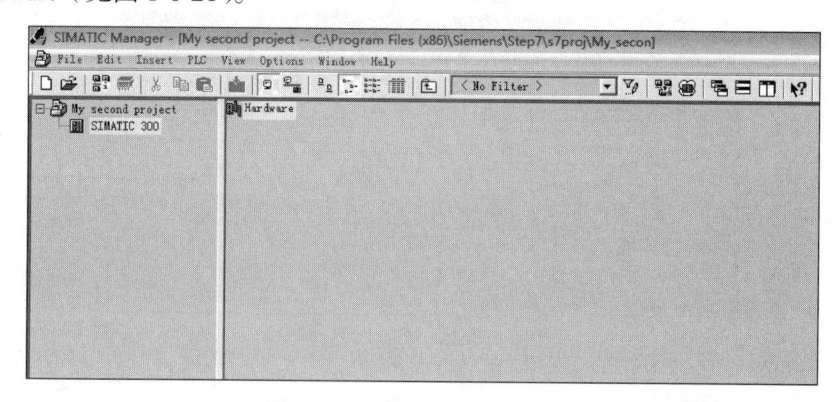

图 1-6-21　生成一个 S7-300 站

3. 硬件组态

硬件组态的任务就是在 STEP 7 中生成一个与实际的硬件系统完全相同的系统，例如要生成网络、网络中各个站的导轨和模块，以及设置各硬件组成部分的参数，即给参数赋值。硬件组态确定了 PLC 输入/输出变量的地址，为设计用户程序打下了基础。

（1）硬件组态的步骤

①生成站，双击 Hardware 图标，进入硬件组态窗口。

②插入导轨，在导轨中放置模块。

③双击模块，在打开的对话框中设置模块的参数，包括模块的属性和 DP 主站、从站的参数。

④保存编译硬件设置，并将它下载到 PLC 中。

进入 HW Config 窗口，窗口的左上部是一个组态简表，它下面的窗口列出了各模块详细的信息，例如订货号、MPI 地址和 I/O 地址等。右边是硬件目录窗口，可以用菜单命令 View → Catalog 打开或关闭它。左下角的窗口中向左和向右的箭头用来切换导轨。通常 1 号槽放电源模块，2 号槽放 CPU，3 号槽放接口模块（使用多机架安装，

笔记栏：

单机架安装则保留），从 4 到 11 号则安放信号模块（SM）、功能模块（FM）、通信模块（CP）（见图 1-6-22）。

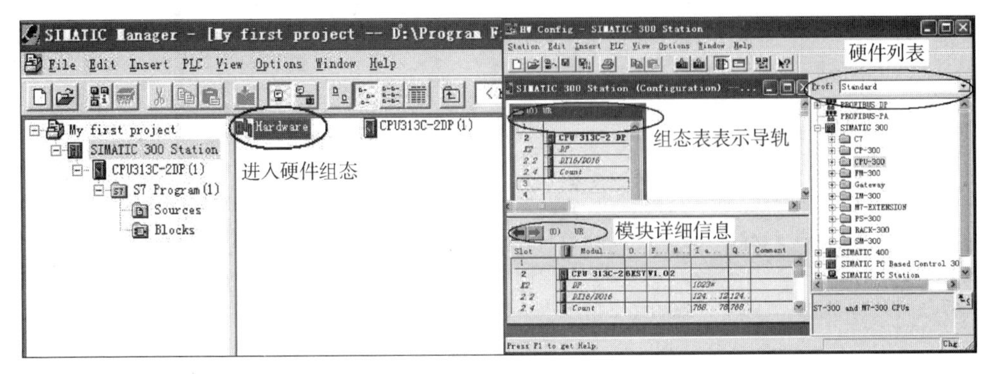

图 1-6-22　硬件组态

组态时设置的 CPU 的参数保存在系统数据块（SDB）中，其他模块的参数保存在 CPU 中。在 PLC 起动时，CPU 自动向其他模块传送设置的参数，因此在更换 CPU 之外的模块后不需要重新对它们赋值；在 PLC 起动时，STEP 7 中生成的硬件设置与实际的硬件配置进行比较，如果二者不符，立即产生错误报告。

插入导轨后，可以双击右侧硬件目录中选择的硬件，就好像将真正的模块插入导轨上的某个槽位一样。插入信号模块（SM）以后，可以右击 I/O 模块，在弹出的快捷菜单中选择 Edit Symbolic Names 命令，可以打开和编辑该信号模块的 I/O 符号表（见图 1-6-23）。

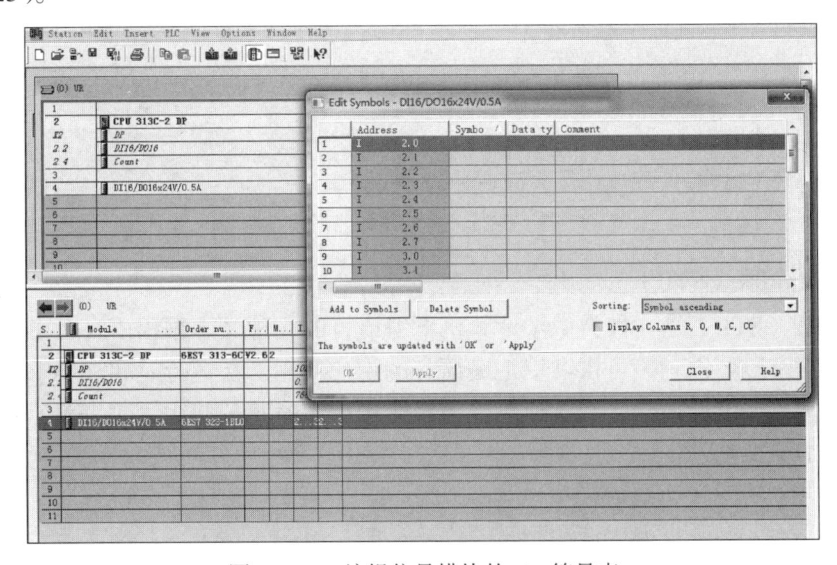

图 1-6-23　编辑信号模块的 I/O 符号表

（2）SIMATIC Manager 主界面

在 SIMATIC Manager 中进行项目的编程和组态，每一个操作所需的工具均由 SIMATIC Manager 自动运行，用户不需要分别起动各个不同的工具。STEP 7 安装完成后，在桌面上双击图标，起动 SIMATIC Manager（见图 1-6-24）。

笔记栏:

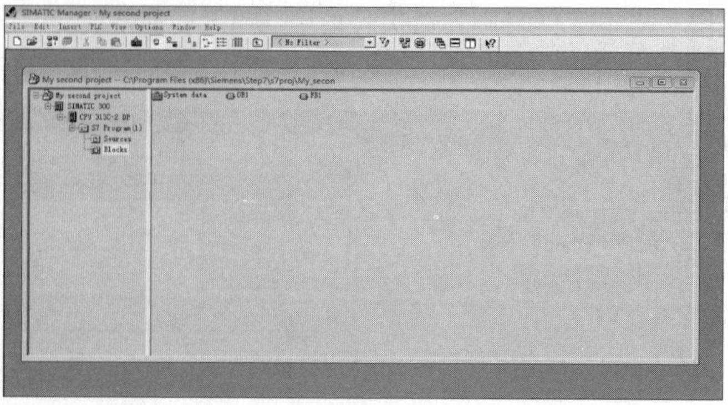

图 1-6-24 SIMATIC Manager 主界面

4. STEP 7 编程语言

(1) 梯形图 (LAD)

梯形图 (LAD) 是一种图形语言,比较形象直观,容易掌握,用得最多,堪称用户第一编程语言。梯形图与继电器控制电路图的表达方式极为相似,适合于熟悉继电器控制电路的用户使用,特别适用于数字量逻辑控制。梯形图语言示例如图 1-6-25 所示。

Network 1: 电动机起停控制程序段
Comment:
I0.0
"起动按钮"
I0.1
"停止按钮"
Q0.0
"接触器驱动"
Q0.0
"接触器驱动"

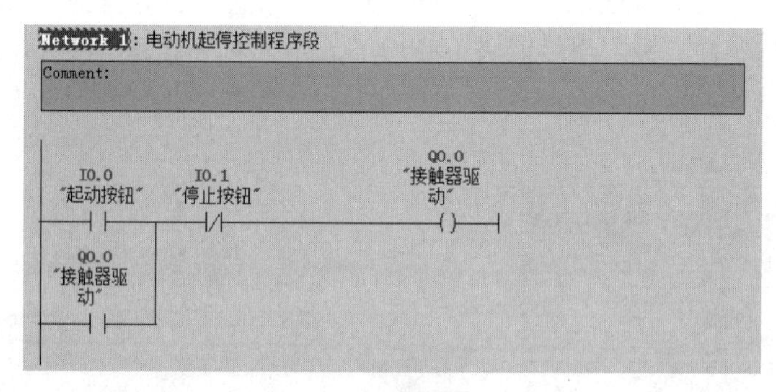

图 1-6-25 梯形图语言示例

(2) 语句表 (STL)

语句表 (STL) 是一种类似于计算机汇编语言的一种文本编程语言,由多条语句组成一个程序段。语句表可供习惯汇编语言的用户使用,在运行时间和要求的存储空间方面最优。在设计通信、数学运算等高级应用程序时建议使用语句表。语句表语言示例如图 1-6-26 所示。

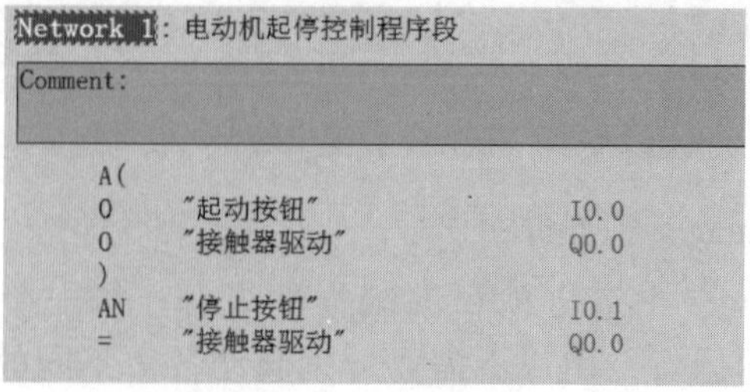

Network 1: 电动机起停控制程序段
Comment:
A(
O "起动按钮" I0.0
O "接触器驱动" Q0.0
)
AN "停止按钮" I0.1
= "接触器驱动" Q0.0

图 1-6-26 语句表语言示例

笔记栏：

（3）功能块图（FBD）

功能块图（FBD）使用类似于布尔代数的图形逻辑符号来表示控制逻辑，一些复杂的功能用指令框表示。FBD 比较适合于有数字电路基础的编程人员使用。功能块图语言示例如图 1-6-27 所示。

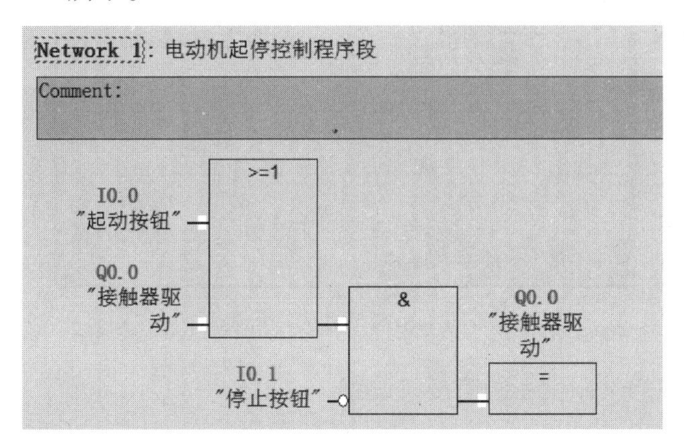

图 1-6-27 功能块图语言示例

SMATIC Manager 工具集成了梯形图 LAD、语句表 STL、功能块图 FBD 三种语言的编辑、编译和调试功能。 STEP 7 程序编辑器的界面主要由编程元素列表区、变量表、代码编辑区、信息区等构成，如图 1-6-28 所示。

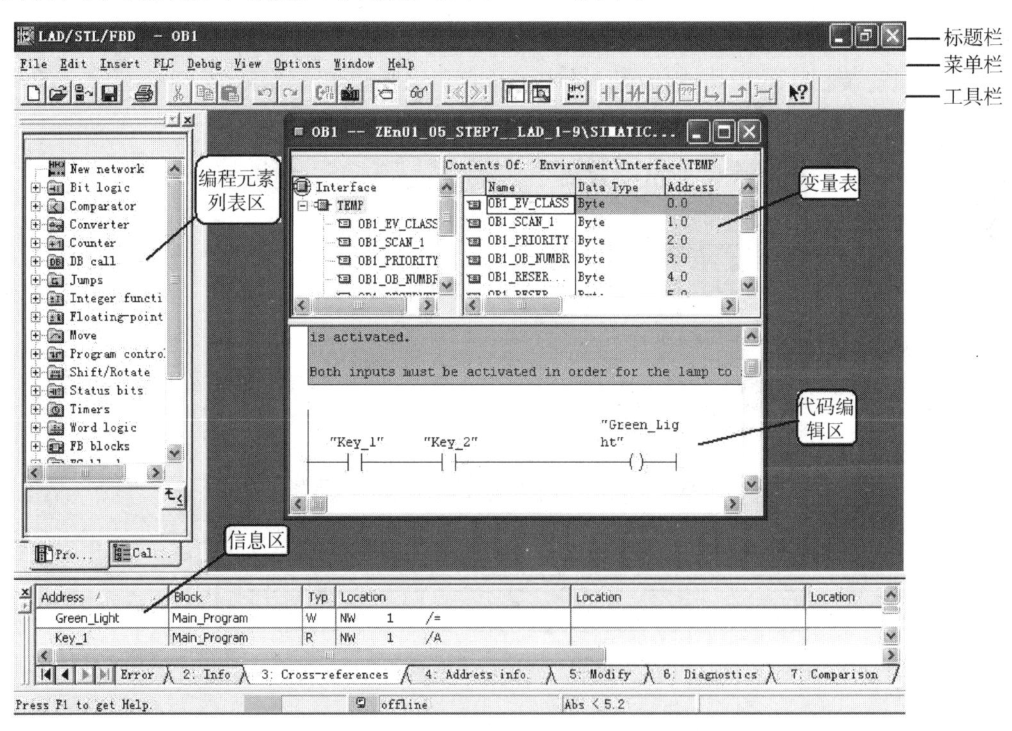

图 1-6-28 LAD/STL/FBD 编程界面

对于一个新项目，在 S7 程序目录下右击，在弹出的快捷菜单中选择 Insert New Object → Symbol Table 命令可以新建一个符号表。在图 1-6-29 所示的 S7 Program（1）

笔记栏：

目录下可以看到已经存在一个符号表 Symbols。

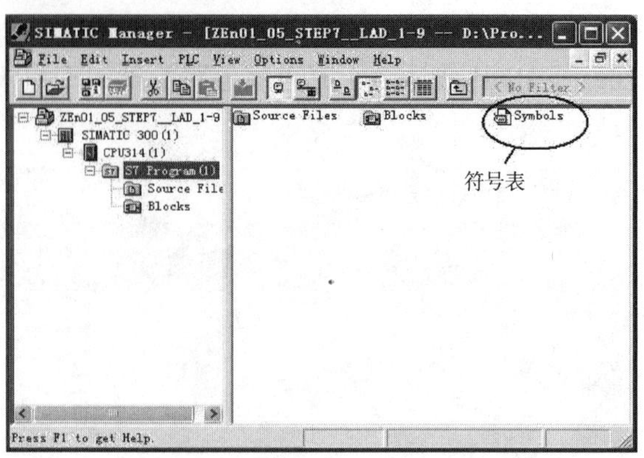

图 1-6-29　显示符号表

5. SET PG/PC Interface 通信接口设置

在 STEP 7 安装过程中，会提示用户设置 PG/PC 接口的参数。在安装完成之后，可以通过以下几种方式打开 PG/PC 接口设置对话框：

① 选择"控制面板"→ Set PG/PC Interface 命令。

② SIMATIC Manager 中，通过菜单项 Options → Set PG/PC Interface 命令，将 Access Point of Application 设置为 S7ONLINE（STEP 7）；在 Interface Parameter Assignment 列表中，选择所需的接口类型，如果没有所需的类型，可以通过单击 Select 按钮安装相应的模块或协议；选中一个接口，单击 Properties 按钮，在弹出的对话框中对该接口的参数进行设置（见图 1-6-30）。

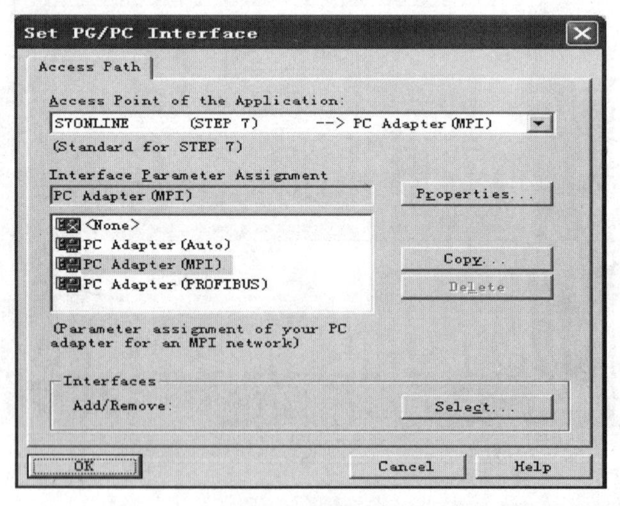

图 1-6-30　通信接口设置界面

6. PLCSIM 仿真软件的使用

（1）PLCSIM 简介

STEP 7 的可选软件工具 PLCSIM 是一个 PLC 仿真软件，它能够在 PG/PC 上模

笔记栏:

拟 S7-300、S7-400 系列 CPU 运行。如果没有安装该软件，则 SIMATIC Manager 工具栏中的模拟按钮 Simulation 处于失效状态；安装了 PLCSIM 之后，该软件会集成到 STEP 7 环境中。在 SIMATIC Manager 工具栏上，可以看到模拟按钮 Simulation 变为有效状态。

可以向对真实的硬件一样，生成项目后，可将项目下载到 PLCSIM 中，对模拟 CPU 进行程序下载、测试和故障诊断，具有方便和安全的特点，非常适合前期的工程调试。另外，PLCSIM 也可供不具备硬件设备的读者学习时使用。

（2）PLCSIM 使用

在 SIMATIC Manager 中，单击工具栏上的 Simulation on/off 按钮，即可起动 PLCSIM。起动 PLCSIM 后，出现图 1-6-31 所示的界面。界面中有一个 CPU 窗口，它模拟了 CPU 的面板，具有状态指示灯和模式选择开关。

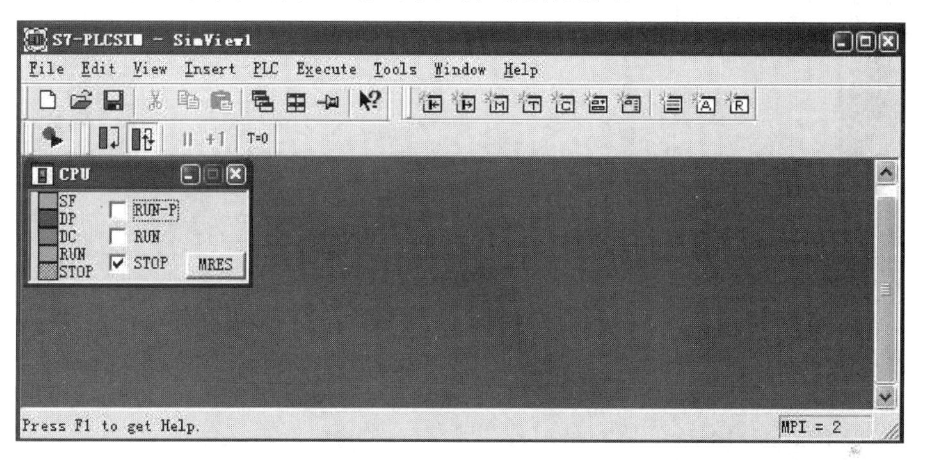

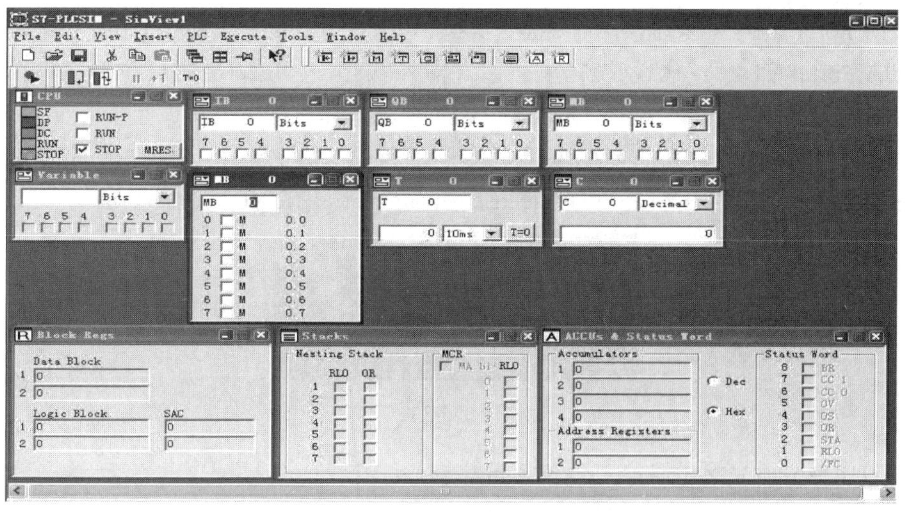

图 1-6-31　S7-PLCSIM 仿真界面

PLCSIM 提供了方便、强大的仿真模拟功能。与真实 PLC 相比，它的灵活性更高，提供了许多 PLC 硬件无法实现的功能，使用也更方便。但软件毕竟无法完全取代真

笔记栏：

实的硬件，不可能实现完全的仿真。

7. 项目下载到 PLC 硬件

连接 PLC 和 PC/PG 机；打开 PLC 电源模块的 POWER 电源开关，调节 CPU 模块的模式选择开关或钥匙，使其处于 STOP 状态，用 SIMENS 下载线的 USB 接口连接 PC/PG 机，MPI 接口连接 PLC 的 CPU 的 MPI 接口，此时，下载线上的 MPI、POWER 和 USB 三个指示灯点亮。按动下载按钮，即可将其下载到 PLC 的 CPU 中（见图 1-6-32）。

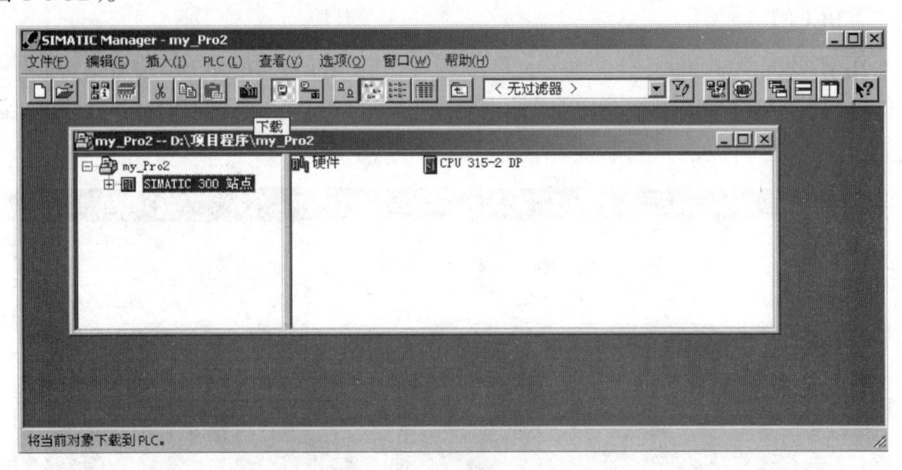

图 1-6-32　打开站点界面进行下载

三、TIA Portal V14 创建项目

1. TIA Portal V14 简介

TIA Portal V14 可以对西门子 300、400、1 200 及 1 500 产品进行组态、编程和调试。TIA Portal V14 是一个系统，里面包含多种软件，可以满足用户在不同自动化控制系统中的各种需求。因此，TIA Portal V14 要求计算机配置较高，且安装文件较大，但安装过程还算比较容易。博途 V14 版本产品包括 TIA Portal、WinCC、S7-PLCSIM 仿真及 TIA Portal V14 的密匙管理 License Manager，如图 1-6-33 所示。

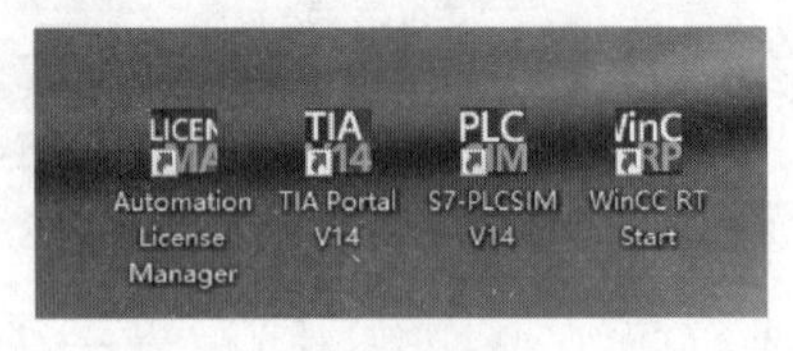

图 1-6-33

2. TIA Portal V14（博途）创建项目简介

TIA Portal V14 创建项目的步骤如图 1-6-34 所示。

图 1-6-34　TIA Portal V14 创建项目的步骤

笔记栏:

（1）Portal 视图

双击桌面 TIA Portal V14 图标，打开软件。Portal 视图（见图 1-6-35）是面向工作流程的视图，通过简单直观的操作，快速进入项目的初始步骤。Portal 视图下的硬件组态如图 1-6-36 所示。

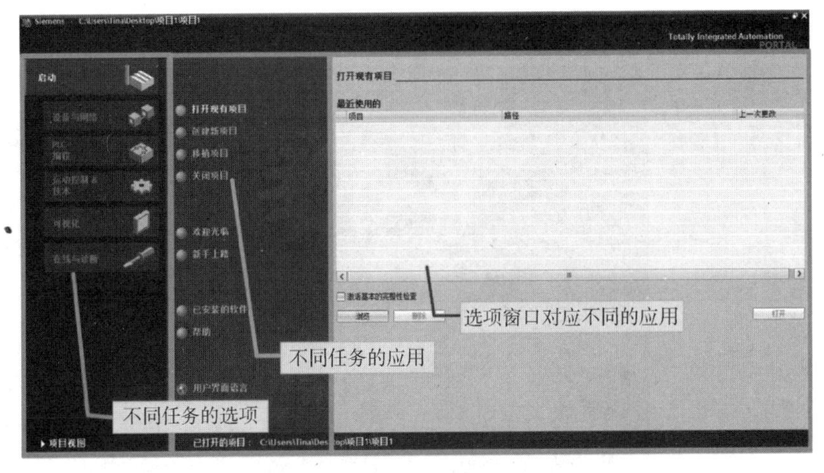

图 1-6-35　Portal 视图

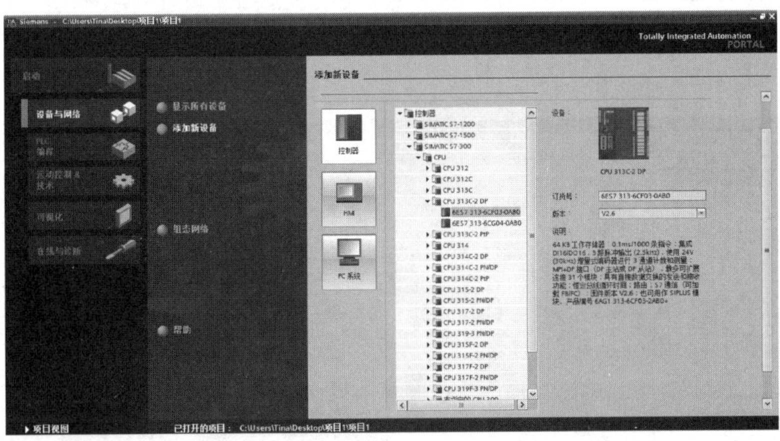

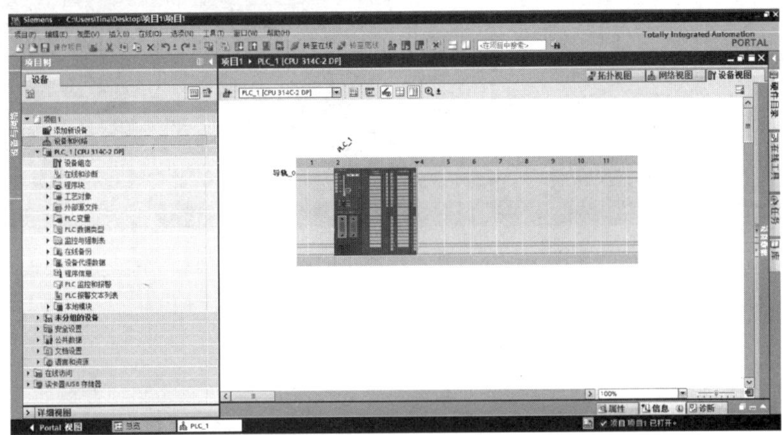

图 1-6-36　Portal 视图下的硬件组态

笔记栏：

(2) 项目视图

与STEP 7相似，打开TIA Portal后，也可从Portal视图切换到项目视图。项目视图是将整个项目进行树状分级，所有的编辑器、参数以及数据都可以在相同的视图中查看，如图1-6-37 ~ 图1-6-39所示。

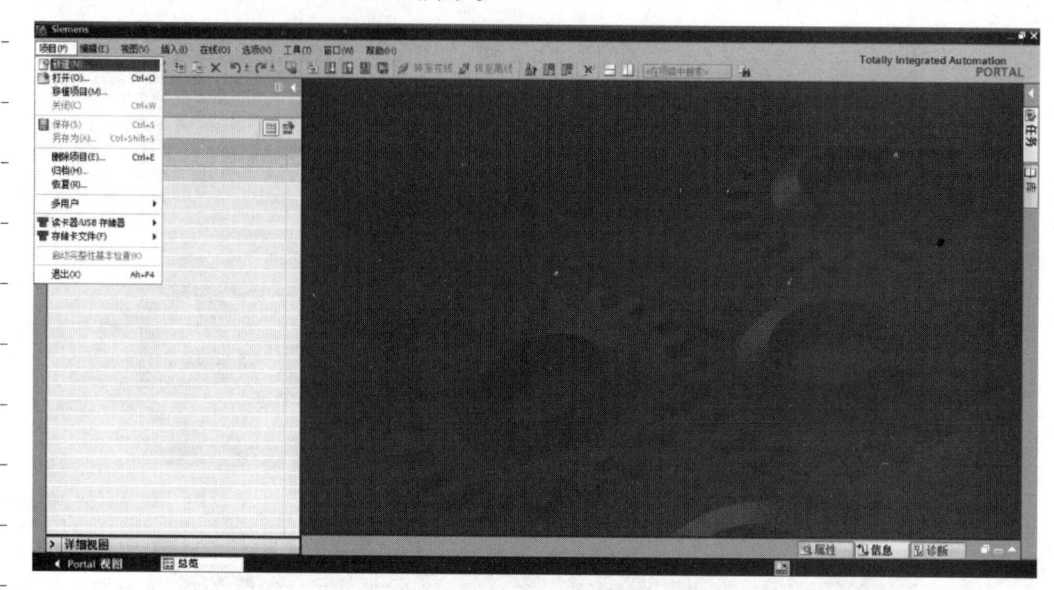

图1-6-37　项目视图下的新建项目

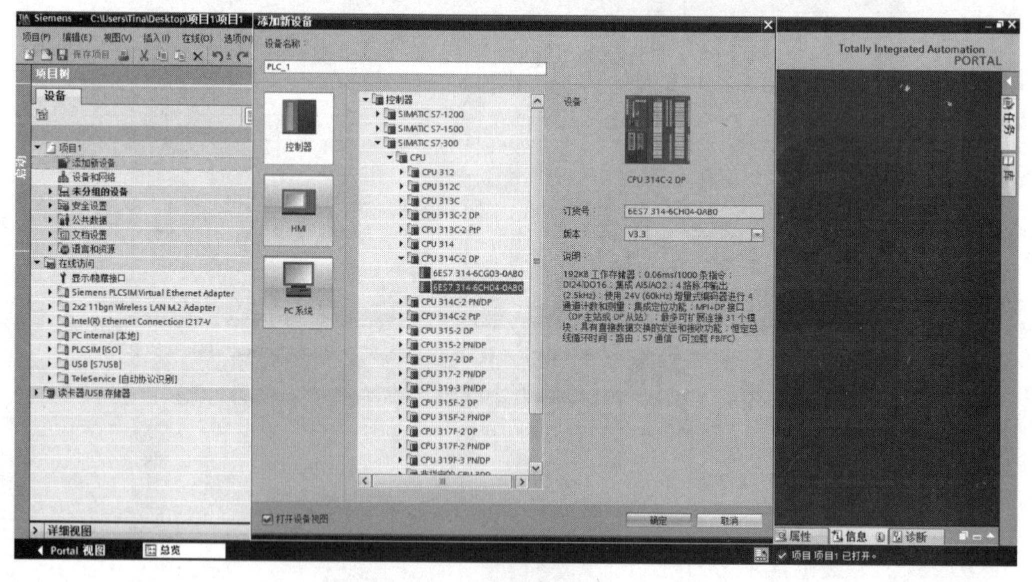

图1-6-38　项目视图下的硬件组态

笔记栏：

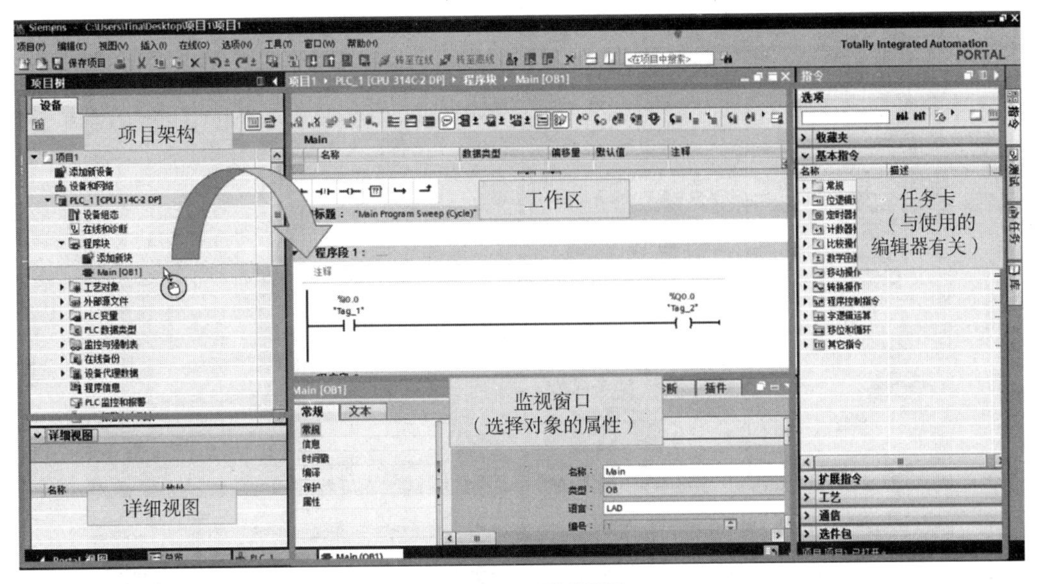

图 1-6-39　项目视图

（3）软件编程

博途的编程语言主要有三种：梯形图（LAD）、语句表（STL）、功能块图（FBD），常用的是 LAD。博途界面的梯形图程序如图 1-6-40 所示。

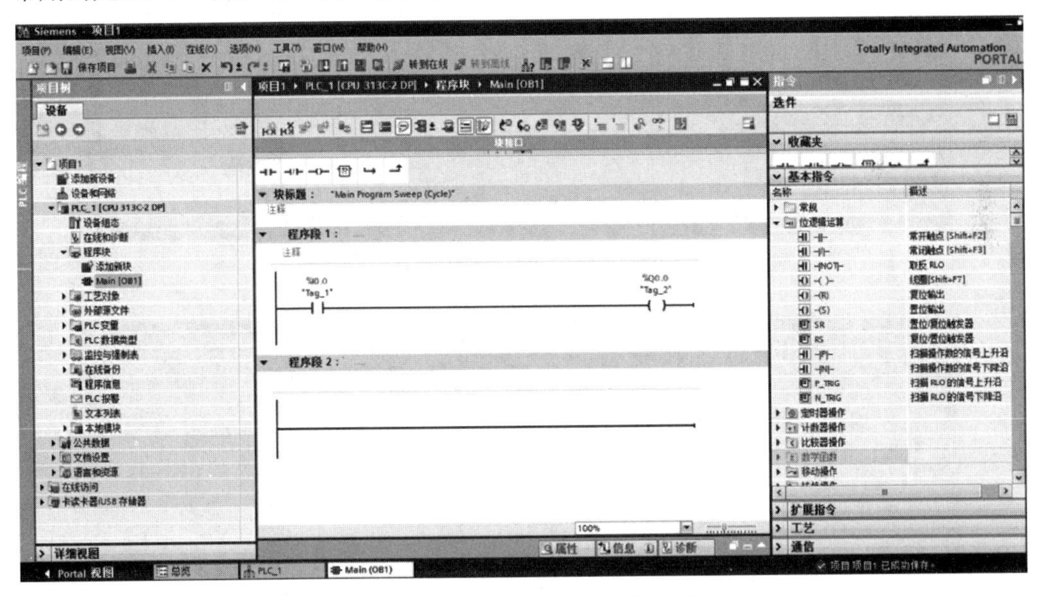

图 1-6-40　博途界面的梯形图程序

（4）编辑变量

变量的编辑有两种方法：一种是可以直接在操作数位置右击，直接对变量进行重命名（见图 1-6-41）；另一种是在项目视图左侧项目树下，PLC 变量表里编辑变量（见图 1-6-42）。

笔记栏：

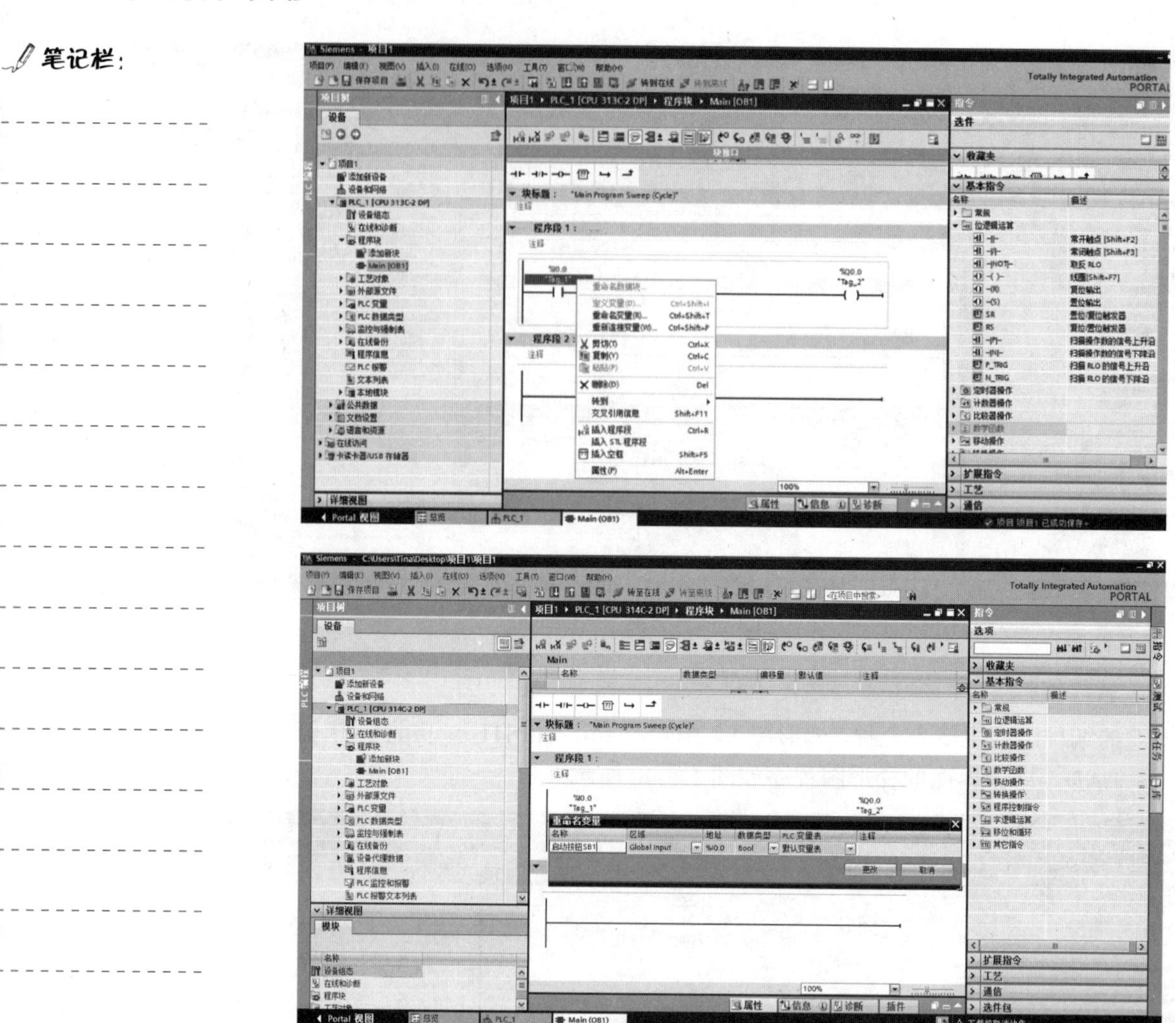

图 1-6-41　直接编辑变量

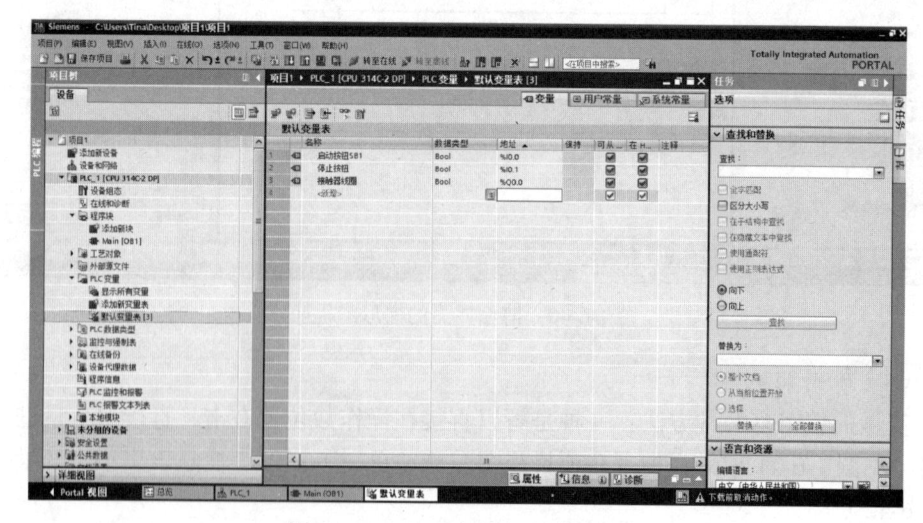

图 1-6-42　PLC 变量表中编辑变量

笔记栏：

（5）下载

以上工作完成后，单击工具栏中的“编译”按钮，保证编译没有错误，才能进行下载调试。

①下载到仿真器：编译后，单击工具栏中的“起动仿真”按钮，可将项目下载到仿真器中进行调试。通常情况下，与 TIA Portal V14 对应使用的仿真器是 S7-PLCSIM V14。如果没有安装最新的仿真器，也可下载到较早版本的 S7-PLCSIM 中，如图 1-6-43 所示。

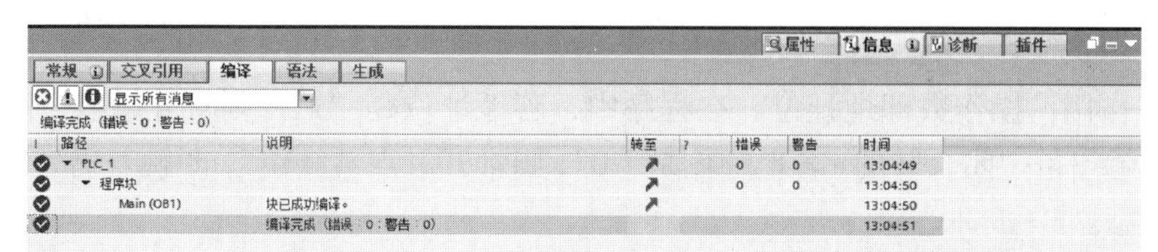

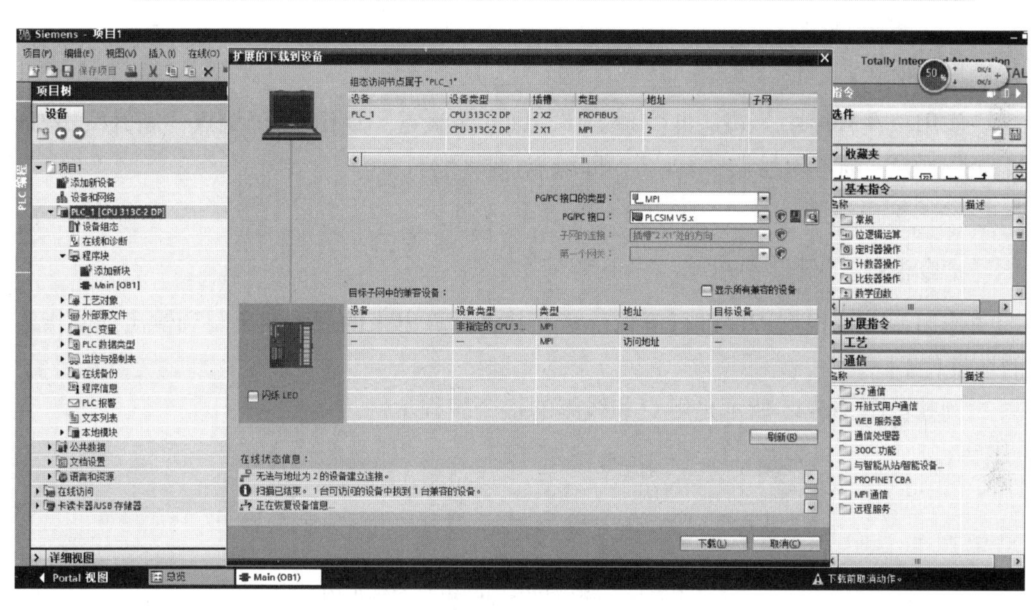

图 1-6-43　编译项目并下载到 S7 仿真器

②下载到硬件：单击工具栏中的“下载到设备”按钮，可将项目下载到实际的 CPU 中。

无论是下载到仿真器还是下载到 PLC 的硬件，根据 CPU 自带的通信接口和实际项目需要，在下载界面选择所需要的 PG/PC 接口，如图 1-6-44 所示。

PG/PC 接口的类型：MPI
PG/PC 接口：
接口/子网的连接：
第一个网关：
请选择 ...
PROFIBUS
MPI
TeleService

图 1-6-44　PG/PC 接口类型选择

笔记栏：

第四节　S7-300 系列 PLC 控制三相异步电动机

一、基本指令

1. 触点和线圈指令

（1）常开触点

指令格式：<操作数>
—| |—

作用：操作数即地址位。在程序中，若地址位是“1”，则常开触点“动作”，即认为触点是“闭合”的；若地址位是“0”，则常开触点“复位”，即触点仍处于“打开”的状态。

（2）常闭触点

指令格式：<操作数>
—|/|—

作用：在程序中，若地址位是“1”，则常闭触点“动作”，即触点“断开”；若地址位是“0”，则常闭触点“复位”，即触点保持闭合。

（3）输出线圈

指令格式：<操作数>
—( )

作用：PLC 根据程序进行逻辑计算，并将计算出来的逻辑结果写到输出线圈指定的地址位。

例如：图 1-6-45 所示是触点和线圈的指令编程示例。

%I1.0 “Tag_4”　%I1.2 “Tag_5”　%Q2.0 “Tag_6”

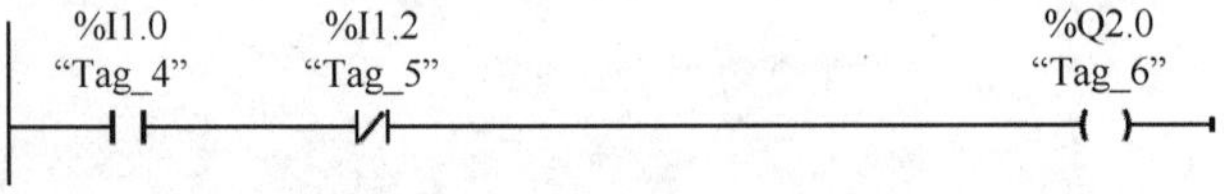

图 1-6-45　触点和线圈的指令编程示例

当 I1.0 得电动作，表示常开触点闭合；I1.2 未得电不动作，表示常闭触点状态不变，线圈 Q2.0 得电，状态为 1。

2. 置位指令和复位指令

（1）置位指令（Set）

指令格式：<操作数>
—(S)

作用：将指定的地址位置 1（变为 1 状态并保持）。

（2）复位指令（Reset）

指令格式：<操作数>
—(R)

作用：将指定的地址位复位（变为 0 状态并保持）。

例如：图 1–6–46 所示是置位指令编程示例，图 1–6–47 所示是复位指令编程示例。

笔记栏：

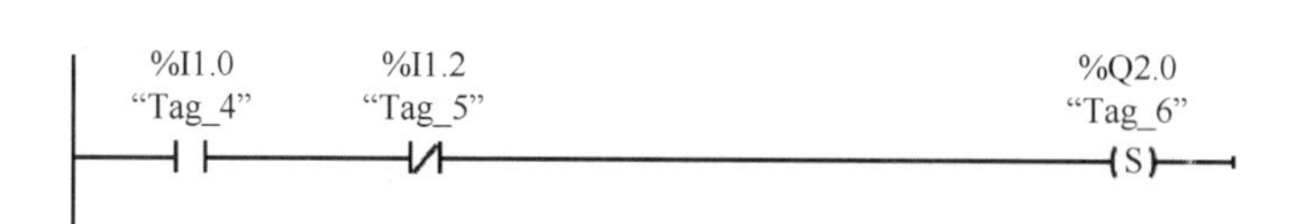

图 1-6-46　置位指令编程示例

当 I1.0 动作且 I1.2 未动作时，对 Q2.0 置位并保持。

%I1.1 “Tag_4”　%I1.2 “Tag_5”　%Q2.0 “Tag_6”　R

图 1-6-47　复位指令编程示例

当 I1.1 动作且 I1.2 未动作时，对 Q2.0 复位并保持。

3. 接通延时定时器（TON）

①定时器指令格式，如图 1-6-48 所示。

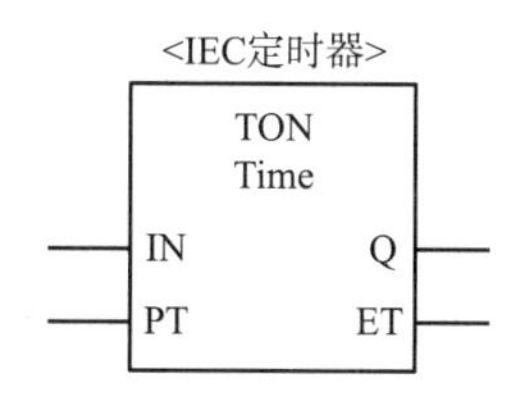

图 1-6-48　定时器指令格式

②指令说明，如表 1-6-1 所示。

表 1-6-1　定时器指令说明

参数	声明	数据类型	存储区	说明
IN	Input	BOOL	I、Q、M、D、L	起动输入
PT	Input	TIME	I、Q、M、D、L、P 或常量	接通延时的持续时间 PT 参数的值必须为正数
Q	Output	BOOL	I、Q、M、D、L	超过时间 PT 后，置位的输出
ET	Output	TIME	I、Q、M、D、L	当前时间值

使用“接通延时”指令，可以将 Q 的输出延时 PT 指定的一段时间。当输入 IN 的逻辑运算结果（RLO）从“0”变为“1”（信号上升沿）时,起动该指令。指令起动时，预设的时间 PT 即开始计时。当持续时间 PT 计时结束后，输出 Q 的信号状态为“1”。只要起动输入仍为“1”,输出 Q 就保持置位。起动输入的信号状态从“1”变为“0”时，将复位输出 Q。在起动输入检测到新的信号上升沿时，该定时器功能将再次起动。

ET 输出处显示的是当前时间值。时间值从 T#0s 开始，达到 PT 时间值时结束。只要输入 IN 的信号状态变为“0”，输出 ET 就复位。

每次调用“接通延时”指令，必须将其分配给存储指令数据的 IEC 定时器。声明类型可以是 TON 的数据块（DB）（例如，系统默认为“IEC_TIMER_0_DB”，也可命名为“TON_DB”）。

③接通延时定时器工作时序，如图 1-6-49 所示。

笔记栏:

图 1-6-49 接通延时定时器工作时序

二、三相异步电动机起动、停止的 PLC 控制

1. 输入 / 输出信号分析

根据电动机起动、停止控制系统的任务描述，输入信号有起动按钮 SB1、停止按钮 SB2 共两个输入端；输出信号有控制电动机运行的接触器 KM 这一个输出端。

2. 系统硬件设计

系统硬件设计包括系统的主电路、PLC 的 I/O 分配表及端子接线。

①系统的主电路：主电路与继电器 - 接触器控制线路的主电路完全相同（见图 1-6-50）。

②PLC 的 I/O 分配表：根据任务分析，确定输入 / 输出信号与 PLC 端子的对应关系，并分配相应的地址，如表 1-6-2 所示，其中按钮全部采用点动按钮。

表 1-6-2 三相异步电动机起动、停止的 PLC 控制 I/O 分配表

输入信号			输出信号		
设备名称	符号	PLC 地址	设备名称	符号	PLC 地址
起动按钮（常开触点）	SB1	I0.0	接触器线圈	KM	Q0.0
停止按钮（常开触点）	SB2	I0.1			

③PLC 端子接线图：根据 PLC 控制系统的 I/O 分配表，可画出 PLC 的端子接线图，如图 1-6-51 所示。

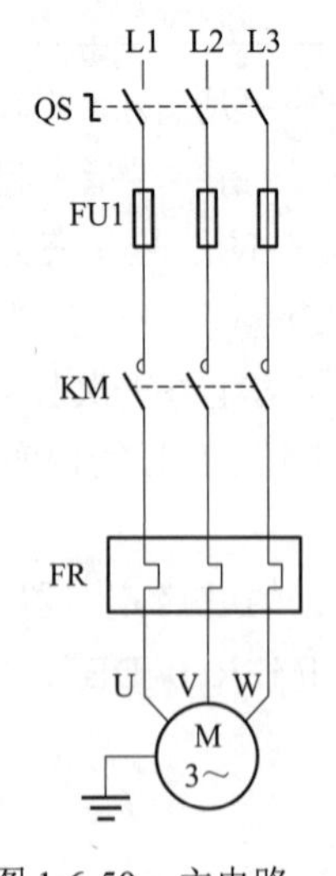

图 1-6-50 主电路

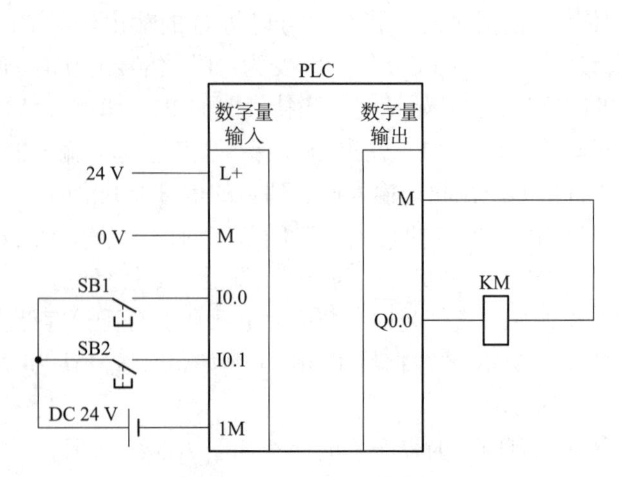

图 1-6-51 PLC 端子接线图

笔记栏：

3. 系统软件设计

①在 TIA Portal V14 项目视图下，先创建项目，再硬件组态，如图 1-6-52 所示。

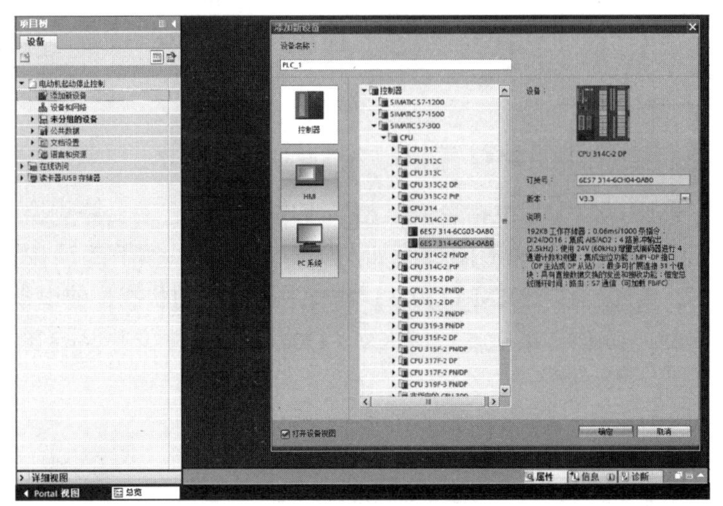

（a）创建项目

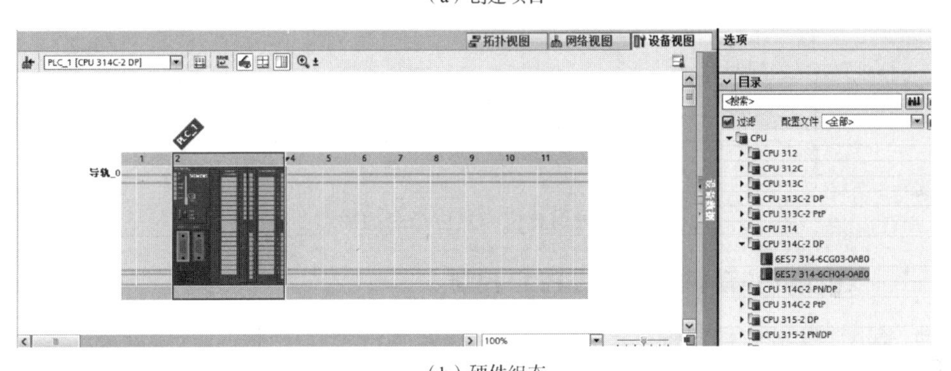

（b）硬件组态

图 1-6-52　创建项目和硬件组态

②在项目下的 PLC 变量里，编辑变量表，如图 1-6-53 所示。

默认变量表

	名称	数据类型	地址 ▲	保持	可从 HMI/OPC UA 访问	在 HMI 工程组态中可见	注释
1	SB1	Bool	%I0.0		☑	☑	起动按钮
2	SB2	Bool	%I0.1		☑	☑	停止按钮
3	KM	Bool	%Q0.0		☑	☑	接触器线圈

图 1-6-53　PLC 变量表

③在 OB1 里编写程序：

a. 方法 1：采用触点和线圈指令。根据控制要求，其梯形图程序如图 1-6-54 所示。按下起动按钮 SB1，即 I0.0 为高电平，I0.1 保持初始的低电平状态，接通 KM 线圈，即 Q0.0 得电，电动机运行；松开按钮 SB1，即 I0.0 为低电平，由于 Q0.0 与 I0.0 并联，实现自锁功能，电动机保持连续运行；按下停止按钮 SB2，即 I0.1 为高电平，断开能流，断开 KM 线圈，即 Q0.0 断电，电动机停止运行。

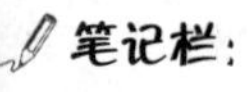

笔记栏：

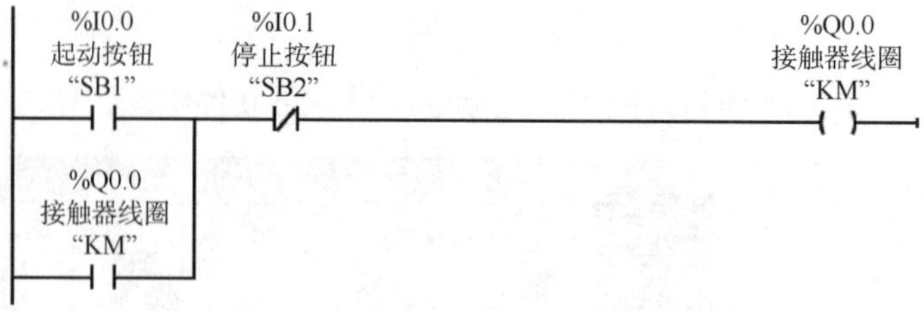

%I0.0 起动按钮 "SB1"　%I0.1 停止按钮 "SB2"　%Q0.0 接触器线圈 "KM"

%Q0.0 接触器线圈 "KM"

图 1-6-54　采用触点和线圈的梯形图程序

b. 方法 2：采用置位和复位指令。三相异步电动机的起动、停止控制也可采用置位和复位指令进行编程，其梯形图程序如图 1-6-55 所示。按下起动按钮 SB1（I0.0）接通置位指令 S，接触器线圈 KM（Q0.0）得电并保持 1 的状态，使电动机连续运行。按下停止按钮 SB2（I0.1），接触器线圈 KM（Q0.0）断电复位并保持 0 的状态，使电动机停止运行。

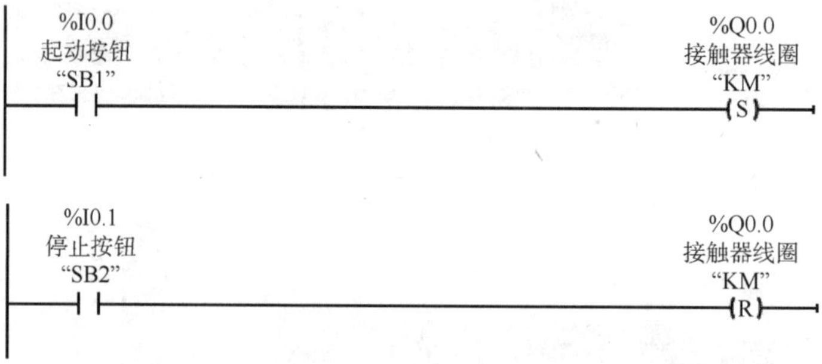

%I0.0 起动按钮 "SB1"　%Q0.0 接触器线圈 "KM"　S

%I0.1 停止按钮 "SB2"　%Q0.0 接触器线圈 "KM"　R

图 1-6-55　采用置位和复位指令的梯形图程序

想一想：

如果硬件接线中，将停止按钮换成常闭触点，PLC 程序应该如何编写？

三、三相异步电动机正反转的 PLC 控制

1. 输入 / 输出信号分析

根据电动机正反转控制系统的任务描述，输入信号有正转起动按钮 SB1、反转起动按钮 SB2 和停止按钮 SB3 共三个输入端；输出信号有控制电动机正向运行的接触器 KM1、控制电动机反向运行的接触器 KM2，共两个输出端。

2. 系统硬件设计

系统硬件设计包括系统的主电路、PLC 的 I/O 分配表及端子接线。

①系统的主电路：主电路与继电器 - 接触器控制线路的主电路完全相同（见图 1-6-56）。

②PLC 的 I/O 分配表：根据任务分析，确定输入 / 输出信号与 PLC 端子的对应关系，并分配相应的地址，如表 1-6-3 所示，其中按钮全部采用点动按钮。

表 1-6-3　三相异步电动机正反转的 PLC 控制 I/O 分配表

输入信号			输出信号		
设备名称	符号	PLC 地址	设备名称	符号	PLC 地址
正转起动按钮（常开触点）	SB1	I0.0	正转接触器线圈	KM1	Q0.0
反转起动按钮（常开触点）	SB2	I0.1	反转接触器线圈	KM2	Q0.1
停止按钮（常开触点）	SB3	I0.2			

③ PLC 端子接线图：根据 PLC 控制系统的 I/O 分配表，可画出 PLC 的端子接线图，如图 1-6-57 所示。

笔记栏：

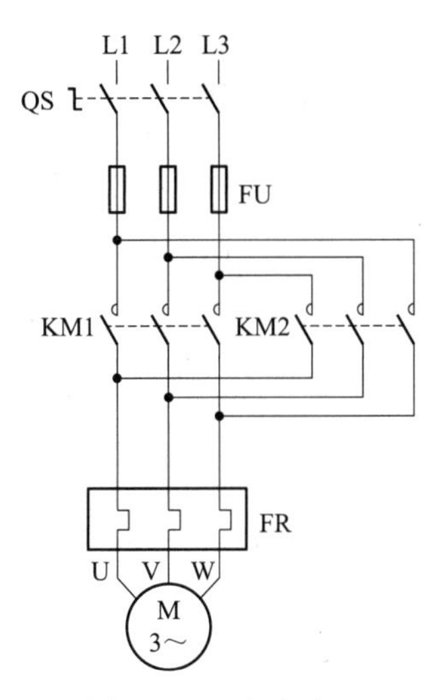

图 1-6-56　主电路

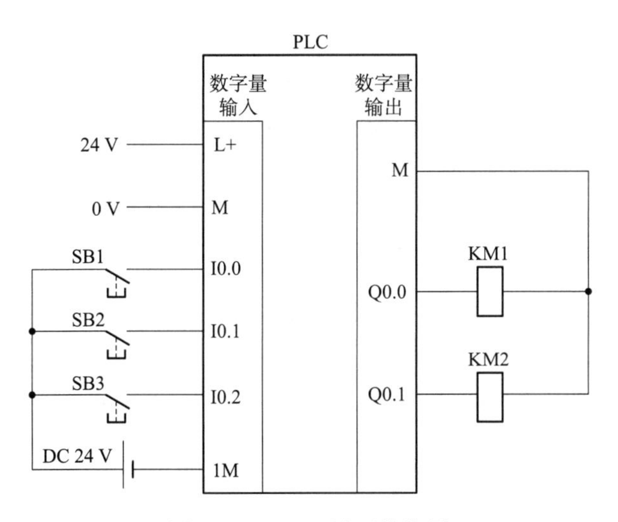

图 1-6-57　PLC 端子接线图

3. 系统软件设计

硬件组态与三相异步电动机起动、停止控制项目过程相同。编辑变量表，如图 1-6-58 所示。

默认变量表

		名称	数据类型	地址 ▲	保持	可从 HMI/OPC UA 访问	在 HMI 工程组态中可见	注释
1		SB1	Bool	%I0.0		☑	☑	正转起动按钮
2		SB2	Bool	%I0.1		☑	☑	反转起动按钮
3		SB3	Bool	%I0.2		☑	☑	停止按钮
4		KM1	Bool	%Q0.0		☑	☑	正转接触器线圈
5		KM2	Bool	%Q0.1		☑	☑	反转接触器线圈

图 1-6-58　PLC 变量表

笔记栏：

根据控制要求，其梯形图程序如图 1-6-59、图 1-6-60 所示。

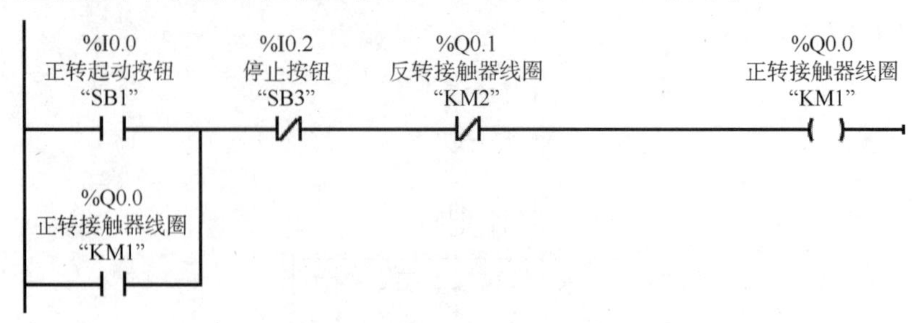

图 1-6-59　三相异步电动机正转的梯形图程序

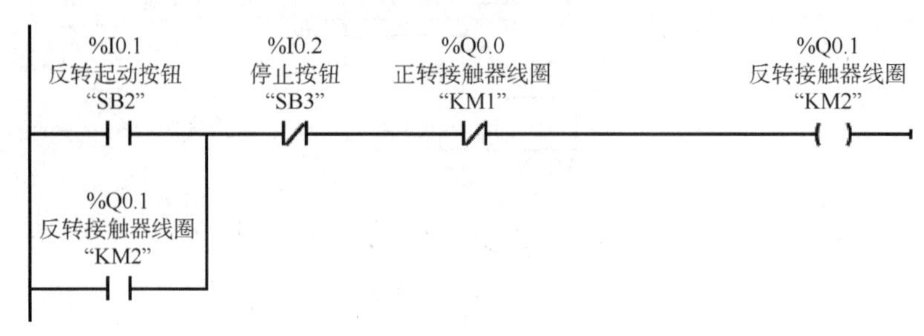

图 1-6-60　三相异步电动机反转的梯形图程序

按下正转起动按钮 SB1(I0.0),正转接触器线圈 KM1 得电(Q0.0),电动机正向运行；按下停止按钮 SB2 (I0.2),正转接触器线圈 KM1 断电；按下反转起动按钮 SB2 (I0.1),反转接触器线圈 KM2 得电（ Q0.1 ），电动机反向运行。

程序中 Q0.0 与 I0.0 并联，Q0.1 与 I0.1 并联，实现自锁功能；线圈 Q0.0 和 Q0.1 的前面分别串联常开触点的地址为 Q0.1 和 Q0.0，实现互锁功能。

想一想：如果应用置位和复位指令，电动机正反转的 PLC 程序应该如何编写？

四、三相异步电动机星形 - 三角形降压起动的 PLC 控制

1. 输入 / 输出信号分析

根据电动机星形 - 三角形降压起动控制系统的任务描述，输入信号有起动按钮 SB1、停止按钮 SB2 共两个输入端，输出信号有接触器 KM 线圈，控制降压起动的 KM Y线圈和正常运行时的 KM △线圈三个输出点。

2. 系统硬件设计

系统硬件设计包括系统的主电路、PLC 的 I/O 分配表及端子接线。

①系统的主电路：主电路的接线与第四章第一节中的主电路相同（见图 1-6-61）。

②PLC 的 I/O 分配表：根据任务分析，确定输入 / 输出信号与 PLC 端子的对应关系，并分配相应的地址，如表 1-6-4 所示，其中按钮全部采用点动按钮。

表 1-6-4　三相异步电动机星形 - 三角形降压起动的 PLC 控制 I/O 分配表

输入信号			输出信号		
设备名称	符号	PLC 地址	设备名称	符号	PLC 地址
起动按钮（常开触点）	SB1	I0.0	接触器线圈	KM	Q0.0
停止按钮（常开触点）	SB2	I0.1	电动机星形接线接触器线圈	KM Y	Q0.1
			电动机三角形接线接触器线圈	KM △	Q0.2

笔记栏：

③ PLC 端子接线图：根据 PLC 控制系统的 I/O 分配表，可画出 PLC 的端子接线图，如图 1-6-62 所示。

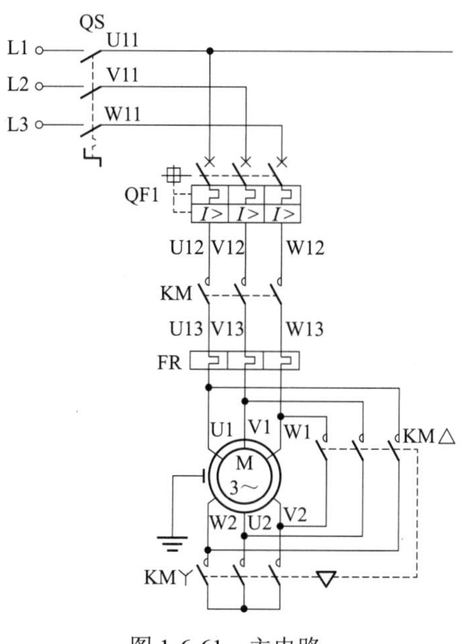

图 1-6-61　主电路

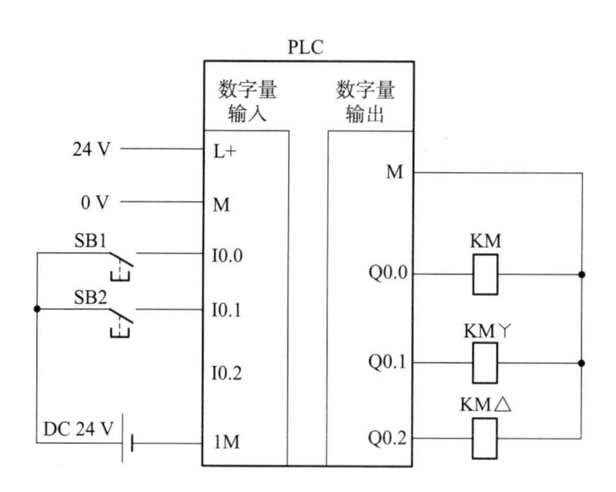

图 1-6-62　PLC 端子接线图

3. 系统软件设计

硬件组态与前面创建项目过程相同，编辑变量表，如图 1-6-63 所示。

默认变量表

		名称	数据类型	地址 ▲	保持	可从 HMI/OPC UA 访问	在 HMI 工程组态中可见	注释
1		SB1	Bool	%I0.0		☑	☑	起动按钮
2		SB2	Bool	%I0.1		☑	☑	停止按钮
3		KM	Bool	%Q0.0		☑	☑	接触器线圈
4		KMY	Bool	%Q0.1		☑	☑	电动机星形连接接触器线圈
5		KMΔ	Bool	%Q0.2		☑	☑	电动机三角连接接触器线圈

图 1-6-63　PLC 变量表

笔记栏：

根据控制要求，梯形图程序如图 1-6-64 所示。

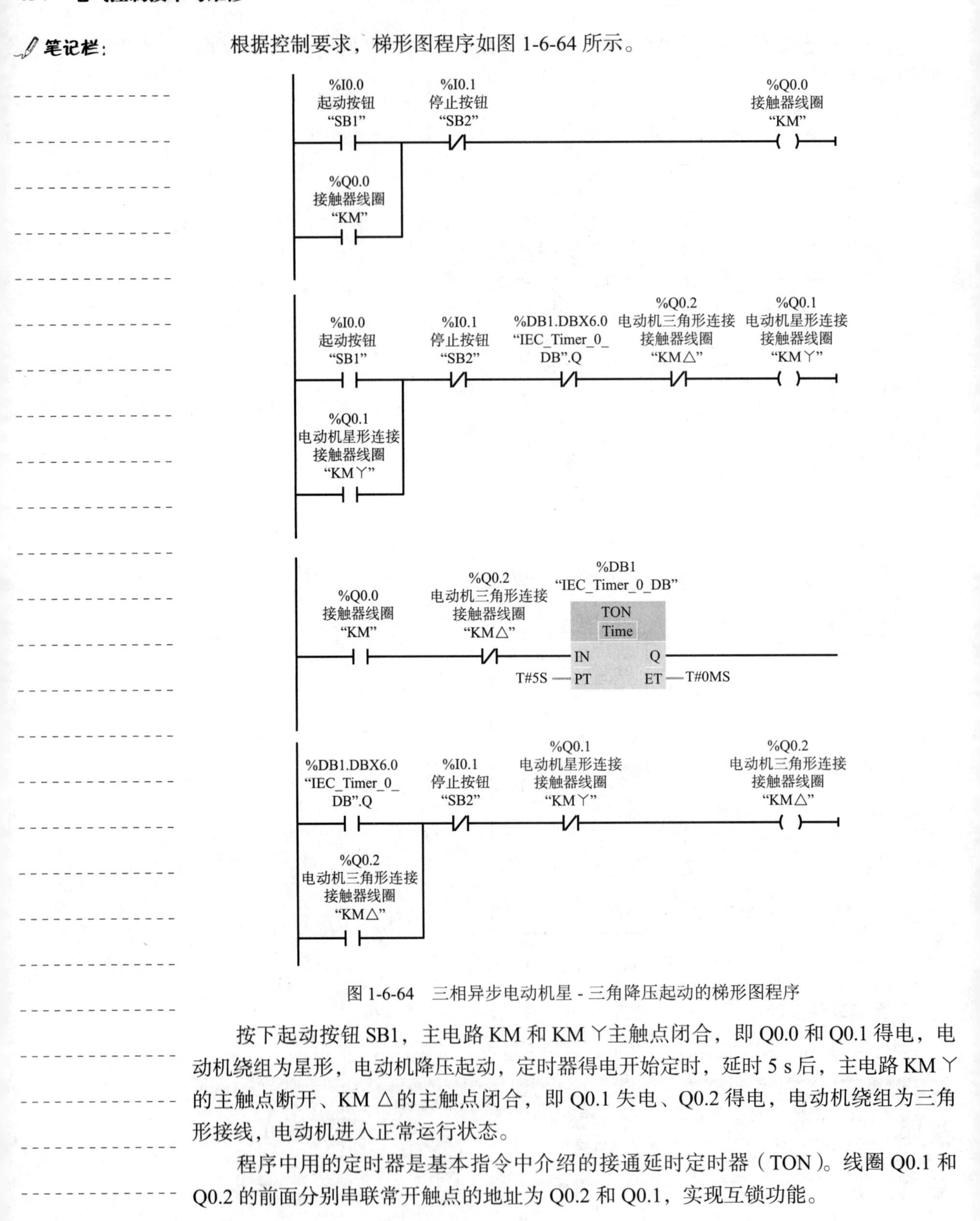

图 1-6-64　三相异步电动机星 - 三角降压起动的梯形图程序

按下起动按钮 SB1，主电路 KM 和 KM 丫主触点闭合，即 Q0.0 和 Q0.1 得电，电动机绕组为星形，电动机降压起动，定时器得电开始定时，延时 5 s 后，主电路 KM 丫的主触点断开、KM △的主触点闭合，即 Q0.1 失电、Q0.2 得电，电动机绕组为三角形接线，电动机进入正常运行状态。

程序中用的定时器是基本指令中介绍的接通延时定时器（TON）。线圈 Q0.1 和 Q0.2 的前面分别串联常开触点的地址为 Q0.2 和 Q0.1，实现互锁功能。

小　结

本章主要介绍了 PLC 的基本概念、特点及应用领域，以及 PLC 的分类；PLC 系统的组成和工作原理；S7-300 系列 PLC，包括系统组成及模块安装，用 STEP 7 软件和 TIA Portal V14 软件生成项目的过程和 PLCSIM 仿真软件的使用方法；S7-300 系列 PLC 的基本指令，包括触点和线圈指令、置位指令和复位指令、接通延时定时器指令，以三相异步电动机的起动 / 停止、正反转以及星形 - 三角形降压起动的 PLC 控制为例，进行系统的硬件设计和应用基本指令编写软件程序并调试。

习　题

1. 简述 PLC 的发展过程。
2. PLC 应用于哪些领域？
3. PLC 怎样分类？
4. 与传统的继电器 - 接触器控制电路相比，PLC 有哪些优点？
5. S7-300 系列 PLC 的系统结构组成是什么？
6. 应用 STEP 7 创建项目有几种方法？简述其过程。
7. PLC 常用的编程语言有哪些？
8. 写出几种常用的基本指令，并简述指令的作用。

技 能 篇

内容提要

前两个任务是进入实训室进行实操训练的必备知识和技能；任务三和任务四是对三相异步电动机的接线和故障排除的训练；任务五是对常用低压电气元件的使用训练；任务六～任务十二是对几种典型的电动机控制线路的安装及故障排除的训练；任务十三和任务十四是初步掌握PLC 控制三相异步电动机的训练。

特点

本篇任务覆盖全面，技能训练从易到难。在实操训练过程中，接线是需要掌握的最基本的技能，重点是训练在实操过程中遇到电路故障时，如何应用有效的方法快速、准确地排除故障。注重培养电工的基本素养，全面提升其解决实际问题的能力。

任务一 学习“5S”现场管理

任务目标

笔记栏：

1. 知识点

现代企业管理中“5S”的具体内容。

2. 技能点

实训中，做到“5S”：整理、整顿、清扫、清洁、素养。

任务描述及要求

1. 任务描述

通过学习和了解现代企业管理“5S”的具体内容，将“5S”引入实训课堂。学生按照要求，在实训室完成“5S”规定内容：整理、整顿、清扫、清洁、素养。

2. 任务要求

在实操训练中践行“5S”管理，规范实训现场管理。

①工作内容变换时，工具、物品马上找到，寻找时间为零。

②整洁的现场，不良品为零。

③努力降低成本，减少消耗，浪费为零。

④工作顺畅进行，及时完成工作任务，延期为零。

⑤无泄漏、无危害、安全、整齐，事故为零。

⑥提升职业素养、培养工匠精神。

任务分析

“5S”现场管理法起源于日本企业，是现代企业最基本的现场管理方法之一。“5S”即整理（SEIRI）、整顿（SEITON）、清扫（SEISO）、清洁（SEIKETSU）、素养（SHITSUKE）。

做好“5S”管理中的整理（SEIRI）——将实操训练中的废物，如线头、垃圾等区别处理，线头等可回收的废物放置指定位置，不可回收的垃圾送到垃圾站点。

做好“5S”管理中的整顿（SEITON）——元器件、电工工具及仪表、扫除工具定位放置，摆放整齐，并明确标示。

做好“5S”管理中的清扫（SEISO）——实操训练结束，进行清扫。清扫工作台及地面上的垃圾、电工工具及仪表上的油污、灰尘，做到清扫日常化。

做好“5S”管理中的清洁（SEIKETSU）——落实前 3S 工作，制定目视管理基准以照片形式挂在实训室墙上，加强执行，教师监督检查。

做好“5S”管理中的素养（SHITSUKE）——持续推动前4S至习惯化，遵守规则，提升各种职业精神和个人素养。

笔记栏：

任务实施

①整理（SEIRI）：制定“需要”和“不需要”的判别基准，清除不需要的器件、工具及物品；制定废弃物处理方法，并严格执行，如图2-1-1所示。

图2-1-1　整理（SEIRI）

②整顿（SEITON）：要落实前一步整理工作，确定放置场所，规定放置方法，划线定位，标识场所物品（目视管理的重点），如图2-1-2所示。

图2-1-2　整顿（SEITON）

③清扫（SEISO）：寻找污染源，制订清扫计划，清扫油污、灰尘，清扫不良状态，然后将其日常化，如图2-1-3所示。

笔记栏：

图 2-1-3　清扫（SEISO）

④清洁（SEIKETSU）：落实前 3S 工作，制定目视管理基准，加强执行，如图 2-1-4 所示。

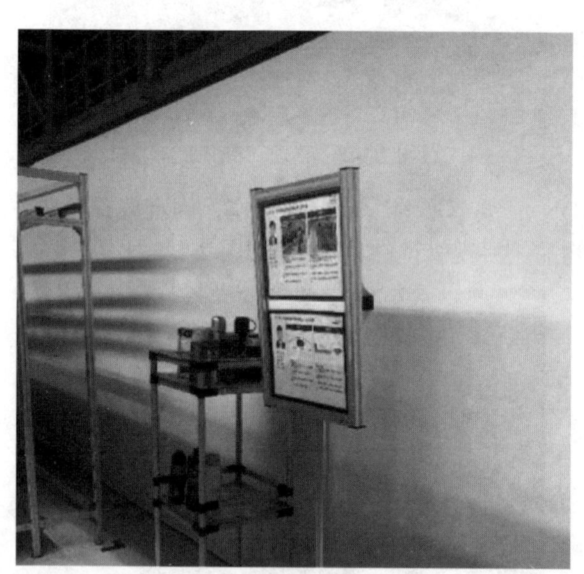

图 2-1-4　清洁（SEIKETSU）

⑤素养（SHITSUKE）：持续推动前 4S 至习惯化，制定共同遵守的有关规则，制定礼仪守则，推动各种精神提升活动，如图 2-1-5 所示。

笔记栏：

图 2-1-5　素养（SHITSUKE）

注意事项

①在任务实施过程中，保证工具及仪表的轻拿轻放。

②注意团队协作、分工明确，责任落实到位。

思考题

完成下面思考题，并将答案写在实训报告册中。

①“5S”现场管理的作用有哪些？

②在“5S”现场管理基础上，有的企业已形成了“7S”，增加了哪些内容？

完成实训报告及测评

按照要求，完成实训报告册中实训报告一的内容，由教师对本任务完成情况进行测评。

任务二 正确使用电工工具和仪表

笔记栏：

任务目标

1. 知识点

①电工工具的功能、操作规范。

②电工仪表的功能、操作规范。

2. 技能点

①正确使用电工工具并掌握其使用注意事项。

②正确使用电工仪表并掌握其使用注意事项。

任务描述及要求

1. 任务描述

本任务要求学生通过训练，熟练掌握电工工具和电工仪表的选择和使用。

2. 任务要求

①熟练掌握螺丝刀、尖嘴钳、斜口钳、剥线钳、压线钳和验电器的选择和使用。

②熟练掌握万用表挡位的选择和使用。

任务分析

正确选择和使用电工工具和电工仪表是电气工程技术人员必备的基本技能之一。在工作时选择的工具仪表是否得当、操作方法是否规范，不仅影响电气工程的工作质量和效率，甚至会影响生产安全。电工仪表的选择对提高工作效率和安全生产都具有重要的意义。操作人员需要熟练掌握常用电工工具的结构、性能和正确的使用方法。

任务实施

表 2-2-1 列举了常用电工工具及使用方法，表 2-2-2 列举了常用电工仪表及使用方法。按照表格中介绍的使用方法，训练各种电工工具和电工仪表的使用，在训练过程中遵守注意事项。

笔记栏:

表 2-2-1　常用电工工具及使用方法

序号	名称	实物图	功用	使用方法	注意事项
1	螺丝刀	一字头 十字头	螺丝刀是拆卸和紧固螺钉的专用工具。常用的类型有一字头和十字头	在拆卸或紧固螺钉时，其顺时针旋转方向为紧固，反之为拆卸	带电作业时，手不可触及螺丝刀的金属杆以免发生触电事故
2	尖嘴钳和斜口钳	尖嘴钳 斜口钳	尖嘴钳：用于切断和弯曲细小导线、金属丝、夹持较小的螺钉、垫片、导线等，同时还具有弯绞、扳旋、剪切、拉剥导线绝缘层等功能。钳柄的耐压在 500 V 以上。 斜口钳：又称断线钳，主要用于剪切导线、元器件多余的引线，还常用来代替一般剪刀剪切绝缘套管、尼龙扎线卡等。斜口钳刀口较长且锋利，钳柄耐压 10 000 V 以上	尖嘴钳：剪切、拉剥绝缘层用刀口；夹持、弯绞、扳旋用钳口。 斜口钳：剪切方法同尖嘴钳	尖嘴钳： （1）使用前，检查钢丝钳绝缘是否良好，以免带电作业时造成触电事故。如有破损、裂缝等现象，不许使用。 （2）刀口只能剪断细小金属丝。 斜口钳： （1）带电使用前，要检查绝缘手柄是否完好。如有破损、裂缝等现象，不许使用。 （2）带电剪切导线时，要单线进行，不许同时剪切两根或两根以上的导线，否则，将发生短路故障
3	剥线钳		剥线钳是剥削小直径导线绝缘层的专用工具	（1）先将导线绝缘层剥削长度定好。 （2）选择相应直径的刀口放入其中。 （3）右手向内握紧钳柄，导线绝缘层被割破拉开，自动弹出。 （4）右手向外松开钳柄，钳口在弹簧作用下，自动复位	（1）严禁带电剥削导线绝缘层，极易发生触电事故。 （2）选择刀口时，其刀口直径比导线直径要稍大些
4	压线钳		压线钳又称压接钳，是连接导线与端头的常用工具。采用压接的电连接施工方便，接触电阻比较小，牢固可靠	（1）准备好压线端头或压线片，将导线进行剥线处理，裸线长度约 1.5 mm，与压线端头或压线的压线片部位大致相等。 （2）将压线端头或压线片的开口方向向着压线槽放入，并使压线片尾部的金属带与压线钳平齐。 （3）将导线插入压线端头或压线片，对齐后压紧。 （4）将压线端头或压线片取出，观察压线的效果	压线钳在使用时要选择好钳口，就是与线径和线鼻子相匹配，压线时只要将两钳口的平面压靠就可以了

笔记栏：

续表

序号	名称	实物图	功用	使用方法	注意事项
5	验电器		验电器又称验电笔，是检测低压电气线路和低压电气设备是否有电的一种电工工具，测量范围为50 V ~ 250 V	使用验电器时，以中指和拇指持验电器笔身，食指接触金属体或笔挂。当带电体接地之间的电位差大于60 V时，氖管产生辉光，说明有电。 注意：人手接触验电器部位一定是验电器的金属笔盖或者笔挂，绝对不能接触验电器的笔尖，以免发生触电	（1）验电前应检查验电器外观。观察验电器内是否有安全电阻，验电器是否损坏、受潮或有进水现象。 （2）若验电器外观完好，先要将验电器在有电源的部位检查一下氖管是否正常发光，若能正常发光，方可使用。 （3）在明亮的光线下使用验电器时，应注意避光，以免光线太强而不易观察氖管是否发光，造成误判。 （4）螺丝刀式验电器前端金属体较长，应加装绝缘套管，避免测试时造成短路或触电事故。 （5）使用完毕，要保持验电器清洁，并放置在干燥处，严防碰碎

表 2-2-2　常用电工仪表及使用方法

序号	名称	实物图	功用	使用方法	注意事项
1	万用表		数字万用表是一种多用途的电子测量仪器，可以测量电阻、电流、电压、电容、二极管、三极管等电子元件和电路	在测量不同的参数时将表笔插到相应的插孔，旋钮转到相应的位置和量程	在测量电阻时，被测电路或器件一定断电，含有电容的电路要等电路放完电再进行测量
2	兆欧表	E端接线柱；表头盖；刻度盘；发电机手柄；L端接线柱；保护环（屏蔽端）；手提；橡胶底角；标配测试棒	兆欧表俗称摇表，是用于检查电动机、电器及线路的绝缘情况和测量高阻值电阻的仪表。 兆欧表有三个测量端钮，接线路端钮（L），接地端钮（E），屏蔽端钮（G）。L端接到被测设备的“相线端”，E端接到被测设备的“地”端。在测量电缆对地绝缘电阻时或被测设备的漏电流严重时，使用“G”端钮	测量方法：端子E接地线，端子L接被测线路，顺时针摇动手柄至120 r/min，当指针稳定时，即为测得的绝缘电阻值	（1）兆欧表使用前进行开路检查和短路检查。 开路检查：将兆欧表水平放置，L、E两接线柱开路，顺时针摇动手柄至120 r/min，若指针指∞，表示兆欧表合格。 短路检查：将L、E两接线柱短接，缓慢摇动手柄，若指针指0，立即停止摇动，表示兆欧表合格。 （2）测量前，应切断被测电器及回路的电源，并对相关元件进行临时接地放电，以保证人身与兆欧表的安全和测量结果准确。 （3）摇动兆欧表时，不能用手接触兆欧表的接线柱和被测回路，以防触电

续表

笔记栏:

序号	名称	实物图	功用	使用方法	注意事项
3	钳形电流表	钳口 电流互感器 扳机 输入端 数据保持键 测量功能转盘 LED显示屏	钳形电流表又称钳形表或钳表，是常用电工测量工具。当需要在不断开电路的情况下测量电流时，便需要使用钳形电流表。 测量运行中笼形异步电动机工作电流。根据电流大小，可以检查判断电动机工作情况是否正常，以保证电动机安全运行，延长使用寿命	钳形电流表通常作为交流电流表使用。在其表头上有一个钳形头，在测量电流时，钳形电流表不需要与待测电路连接，只需将供电导线（只一条）穿过钳口，便可直接进行电流的测量	首先正确选择钳形电流表的电压等级，检查其外观绝缘是否良好，有无破损，指针式的钳形电流表指针是否摆动灵活，钳口有无锈蚀等。根据电动机功率估计额定电流，以选择表的量程。 （1）钳形电流表钳口在测量时闭合要紧密，闭合后如有杂音，可打开钳口重合一次，若杂音仍不能消除时，应检查磁路上各接合面是否光洁，有尘污时要擦拭干净。 （2）钳形电流表每次只能测量一相导线的电流，被测导线应置于钳口中央，不可以将多相导线都夹入钳口测量。 （3）被测电路电压不能超过钳形电流表上所标明的数值，否则容易造成接地事故，或者引起触电危险。 （4）维修时不要带电操作，以防触电

注意事项

①任务实施过程中，保证电工工具和仪表的轻拿轻放。

②注意团队协作、分工明确，责任落实到位。

③项目完成后，按照要求进行清理工作区、整理工具。

思考题

完成下面思考题，并将答案写在实训报告册中。

①验电器的测量范围是多少？

②需要测量 AC 380 V 时和测量通路时，万用表应该分别调到哪个挡位？

完成实训报告及测评

按照要求，完成实训报告册中实训报告二的内容，由教师对本任务完成情况进行测评。

任务三 三相异步电动机的接线

笔记栏：

任务目标

1. 知识点

①三相异步电动机的结构及工作原理。

②三相异步电动机的铭牌数据。

2. 技能点

①正确选择和使用电工工具及仪表。

②根据三相异步电动机的铭牌完成端子接线。

任务描述及要求

1. 任务描述

识读三相异步电动机铭牌，按三相异步电动机的铭牌数据进行端子接线。

2. 任务要求

①按照要求着装、领取工具，方可进入实训场地。

②根据三相异步电动机铭牌，确定三相异步电动机端子接线方式并画出端子接线图。

③完成三相异步电动机端子接线，接到电源试运行。

任务分析

1. 三相异步电动机的结构及工作原理

三相异步电动机主要由定子和转子构成，定子和转子间有空气隙。定子由定子铁芯和定子绕组组成，定子铁芯是磁路部分，定子绕组是电路部分。定子绕组有三相，即 U 相、V 相、W 相，三相绕组空间互差 120° 嵌放在定子铁芯的槽中，为接线方便，将它们的六个引出线端子 U1-U2、V1-V2、W1-W2 放置在电动机外壳上的接线盒中，接三相交流电源。转子由转子铁芯和转子绕组组成，转子铁芯是磁路部分，转子绕组是电路部分，嵌放在转子铁芯槽中。转子绕组分为鼠笼型和绕线型，两种形式的绕组都自成闭合回路。

当电动机接上三相交流电后，将在空气隙中产生旋转磁场，电动机的转子绕组在旋转磁场中产生感生电动势和感生电流。流动着感生电流的转子在旋转磁场中又会受

笔记栏:

到电磁力的作用，形成电磁转矩，转子便转动起来。

2. 三相异步电动机的接线方式

三相异步电动机接线方式有两种，即星形（Y）联结和三角形（△）联结，如图 2-3-1 所示。

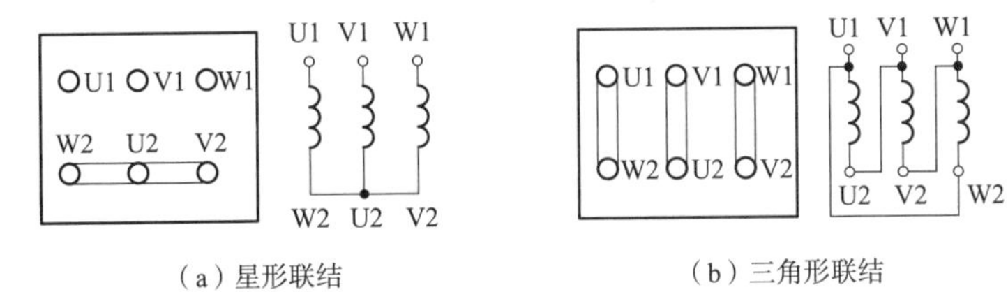

（a）星形联结　　（b）三角形联结

图 2-3-1　三相异步电动机定子绕组连接方式

3. 三相异步电动机接线方式的选择

三相异步电动机的接线方式写在电动机的铭牌上。是根据三相异步电动机定子绕组的额定电压和电源电压来决定的。图 2-3-2 所示为电动机铭牌数据。当电源电压是 380 V 时，电动机端子进行星形联结；当电源电压是 220 V 时，电动机端子进行三角形联结。由图 2-3-2 可知，此三相异步电动机定子绕组的额定电压是 220 V。

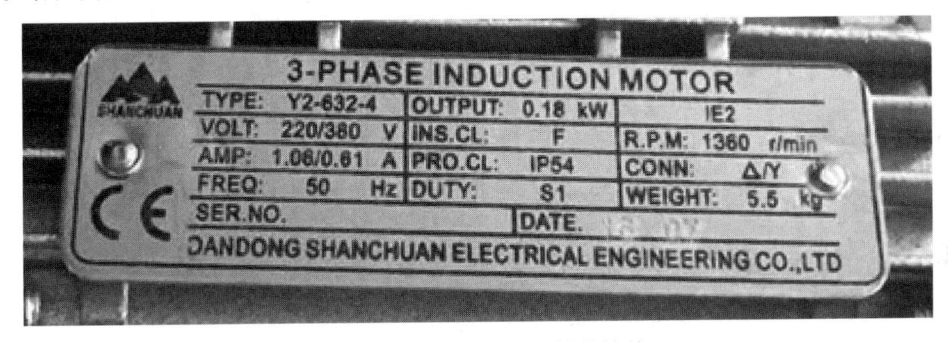

图 2-3-2　三相异步电动机的铭牌

任务实施

电源电压分别是 220 V 和 380 V 时，对电动机的端子进行接线。

三相异步电动机端子接线步骤：

①通过实训台调压器，将电源电压调至 220 V。

②电动机在断电状态，将原有的接法解开，使接线盒中的六个接线端子处于无连接状态。

③从电动机铭牌上，确定电动机端子接线方式。

④对电动机的端子进行接线。

⑤端子接好检查无误后，通过低压断路器，接三相交流电源。

⑥线路接线完成后，合上实训台电源，合上低压断路器，电动机运转。

⑦断开低压断路器使电动机停止运转。

笔记栏：

⑧将电源电压调至 380 V，重复上面步骤②～⑦。

注意事项

如果电源电压是 380 V 且不能调节，电动机在作三角形联结时，其绕组是在过电压情况下运行，通电运行时间不宜过长。

思考题

完成下面思考题，并将答案写在实训报告册中。

已知电源电压为 380 V，星形联结的电动机和三角形联结的电动机得到的功率是否一样？

完成实训报告及测评

按照要求，完成实训报告册中实训报告三的内容，由教师对本任务完成情况进行测评。

任务四 三相异步电动机绕组故障的检测及排除

任务目标

1. 知识点

①三相异步电动机的结构。

②三相异步电动机的绕组断路故障及通地故障的检测方法。

2. 技能点

①正确选择和使用电工工具及仪表。

②三相异步电动机绕组的检测及绕组断路故障、通地故障的排除。

笔记栏：

任务描述及要求

1. 任务描述

电动机定子绕组常见故障有绕组断路、绕组通地（即碰壳）、绕组短路等。本任务是对电动机定子绕组常见故障中的断路及通地故障进行检测，并进行故障排除。

2. 任务要求

①按照要求着装、领取工具，方可进入实训场地。

②选择合适的仪表，对电动机绕组进行检测。

③根据检测结果，判断出电动机绕组断路故障及通地故障，并对故障进行排除。

任务分析

1. 三相异步电动机绕组的断路故障

（1）三相异步电动机绕组断路故障现象

①电动机无法起动，并发出异常声音。

②电动机运行时发出异常声音，电流过大，外壳过热。

（2）三相异步电动机绕组断路故障多发点

三相异步电动机绕组断路故障多发点一般在电动机绕组的端部、各绕组元件的接线头、电动机引出线端等处附近。

（3）三相异步电动机绕组断路故障常见原因

三相异步电动机绕组断路故障常见原因通常是绕组受外力或电磁力的作用而断裂、接线头焊接不良而松脱、电动机绕组短路或电流过大使绕组过热而烧断等。

笔记栏:

（4）三相异步电动机绕组断路故障的排除

三相异步电动机绕组断路点在铁芯槽外部时，分清导线端头，将断裂的导线焊牢，包好绝缘并进行绑扎。如果断路点在铁芯槽内部，若是个别槽的线圈，可用穿绕修补的方法更换个别线圈；若是引出线断裂，则更换引出线。

2. 三相异步电动机绕组的通地故障

（1）三相异步电动机绕组通地故障现象

三相异步电动机绕组通地后，会造成绕组过电流而发热，从而引起绕组匝间短路，使电动机外壳带电，容易造成人身触电事故。

（2）三相异步电动机绕组通地故障常见原因

三相异步电动机长期不用、周围环境潮湿、电动机受雨淋日晒、长期过载运行或遭受有害气体侵蚀等，使电动机绕组绝缘性能降低，绝缘电阻下降；或是金属异物掉进三相异步电动机内部，损坏绕组绝缘；有时在三相异步电动机重绕定子绕组时，损伤了绝缘，使导线与铁芯相碰等。

（3）三相异步电动机绕组通地故障的排除

在三相异步电动机绕组有通地故障时，新嵌线的电动机通地点，通常发生在线圈伸出铁芯的槽口处或端部最外一侧面。因为在嵌线或整形时，如不慎极易损坏槽口处线圈绝缘或与端盖相碰。这种情况可用绝缘纸或竹片垫入线圈与铁芯槽口之间。如在端部，可烘热后重新局部整形，再包扎绝缘带涂上绝缘漆；如是由于槽内导线绝缘损坏而通地，则需重新绕绕组，或采取线圈穿绕修补方法更换通地线圈。

任务实施

1. 三相异步电动机绕组的断路故障

（1）选择工具及仪表

螺丝刀、万用表等。

（2）操作步骤

切断电动机供电电源，将电动机从电源线上拆除。仔细观察故障现象，如怀疑是绕组断路则进行下面操作：

①万用表拨到电阻挡的合适量程。

②星形接法的电动机用万用表的电阻挡测量电动机绕组的电阻值。测试方法如图 2-4-1 所示。如果阻值无穷大，则绕组发生了断路故障。

③三角线接法的电动机用螺丝刀先将电动机三相绕组接线头拆开，再分别测试每相绕组的电阻值。测试方法如图 2-4-2 所示。如果阻值无穷大，则绕组发生了断路故障。

笔记栏：

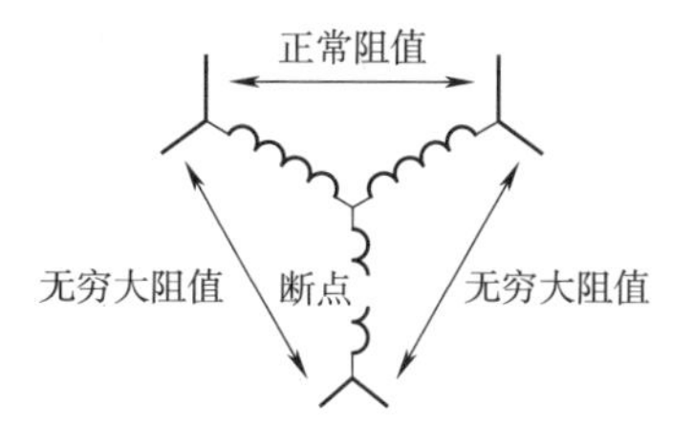

图 2-4-1　星形接法电动机绕组的检测

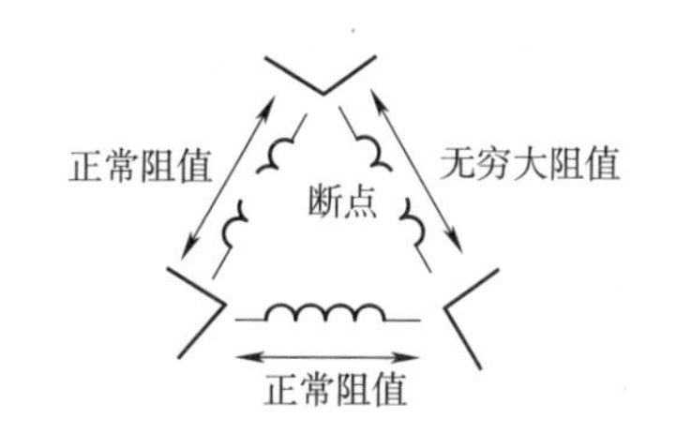

图 2-4-2　三角形接法电动机绕组的检测

④根据测量的阻值判断电动机绕组是否有断路点，若有，则采用合适的方法排除故障。

⑤将电动机通过断路器接上电源，试运行。

2. 三相异步电动机绕组的通地故障

（1）选择工具及仪表

螺丝刀、兆欧表、万用表。

（2）操作步骤

①对兆欧表进行短路检查和开路检查，以保证兆欧表是完好的。

②切断电动机供电电源，将电动机从电源线上拆除。将兆欧表的 L 和 E 两接线端子分别接在电动机绕组的引出线（可以分相测量也可以三相并在一起测量）和机座上（测量必须清除机座上的油污）。

③以 120 r/min 的速度摇动兆欧表手柄，当兆欧表指针稳定时，读数在 0.5 MΩ 以上，说明电动机绝缘尚好，可以继续使用；如果在 0.5 MΩ 以下，说明绕组已经受潮或绕组绝缘很差，应进行绝缘处理；若测得值为 0，表示绕组已通地。电动机绕组通地测试如图 2-4-3 所示。

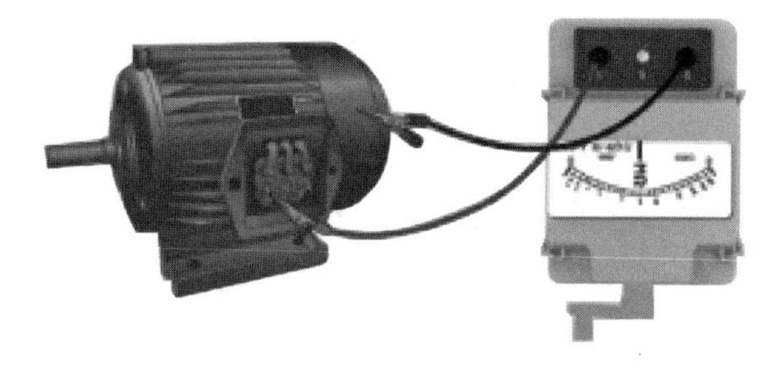

图 2-4-3　电动机绕组通地测试

④根据检测结果判断电动机绕组是否有通地故障，若有，则采用合适的方法进行排除。

⑤将电动机通过断路器接上电源，试运行。

注意事项

①在检测前，将电动机的接线端子从电源线上拆除，被测线路或设备处在断电状态。

笔记栏:

②在使用兆欧表进行检测时，如发现兆欧表指针指 0，应立即停止摇动手柄，以免烧坏兆欧表。

思考题

完成下面思考题，并将答案写在实训报告册中。

①三相异步电动机在进行绕组断路检测时，为什么角接电动机需要解开端子连接?

②三相异步电动机在进行绕组通地检测时，为什么选择兆欧表而不是万用表?

完成实训报告及测评

按照要求，完成实训报告册中实训报告四的内容，由教师对本任务完成情况进行测评。

任务五 三相异步电动机控制线路中电气元件的检测

任务目标

笔记栏：

1. 知识点

①低压电气元件的结构、工作原理。

②低压电气元件的检测方法。

2. 技能点

①正确选择和使用电工工具及仪表。

②检测低压电气元件并进行故障修复。

任务描述及要求

1. 任务描述

依据三相异步电动机控制线路原理图选择好电气元件后，需对电气元件进行检验，才能实施电气控制线路元件的安装；三相异步电动机控制线路在运行过程中，线路中的电气元件也会发生故障，需对电气元件进行检测和维修。本任务是使用万用表的电阻挡对电气元件完好性及功能进行检测及故障修复。

2. 任务要求

①按照要求着装、领取工具，方可进入实训场地。

②选择合适的仪表，对发放的电气元件进行检测。

③如果检测的电气元件有问题，尝试进行修复。

任务分析

对于电气元件，应检查外观上完好无破损，接线端子无损伤，技术数据如型号、规格、额定电压、额定电流等与电动机控制线路相匹配，符合要求。此外，还要对元件触点是否正常、线圈电阻等进行检测。

任务实施

1. 选择工具及仪表

螺丝刀、万用表等。

笔记栏：

2. 电气元件检测步骤及方法

表 2-5-1 中列出了常用的电气元件在断电情况下的检测方法。

表 2-5-1 常用的电气元件在断电情况下的检测方法

序号	元件名称及外观	检测方法
1	按钮	触点的检测：将万用表拨至蜂鸣挡。表笔检测任意两个接线端子，若有蜂鸣声，按下按钮帽，蜂鸣声断，说明该对触点是常闭触点；若无蜂鸣声，按下按钮帽有蜂鸣声，说明是常开触点。 若始终无蜂鸣声，说明不是一对触点
2	低压断路器 1 3 5 2 4 6	触点的检测：将万用表拨至蜂鸣挡，分别检测断路器的三对触点，1-2，3-4，5-6。断路器在断开状态时，无蜂鸣声；断路器在合闸状态时，有蜂鸣声
3	接触器	1. 线圈检测 接触器线圈电阻正常值在几百欧左右。 将万用表拨至 R × 100 挡，用表笔分别量测接触器线圈的接线端子 A1、A2。若读数为 0，则说明线圈短路；若读数 ∞，则说明线圈断路。 2. 触点检测 将万用表拨至蜂鸣挡，分别检测每对触点。有蜂鸣声的触点是常闭触点，无蜂鸣声的触点是常开触点；按下联动架，模拟接触器通电，再量测一次，此时，常闭触点无蜂鸣声，常开触点有蜂鸣声。不是上述情况，则触点有故障
4	热继电器 热元件端子 复位键 停止键 热元件端子	1. 热元件的检测 将万用表拨至蜂鸣挡，分别检测每个热元件，1-2，3-4，5-6，正常时有蜂鸣声，否则有故障。 2. 触点检测 将万用表拨至蜂鸣挡，分别检测常闭触点 95-96 和常开触点 97-98，检测若为正常值，按下红色 TEST 停止键，对常开触点和常闭触点再进行检测，此时，常开触点是接通状态，常闭触点是断开状态。若为正常值，则按下蓝色 RESET 复位键，此时万用表对触点检测值正常，证明复位按钮功能也完好
5	时间继电器	1. 线圈检测 同接触器线圈检测。 2. 触点检测 ①瞬动触点检测方法同接触器。 ②延时触点在检测时，将万用表拨至蜂鸣挡，表笔放在延时触点的两端子上，按下联动架，模拟时间继电器通电，延时接通触点延时发出蜂鸣声；当释放联动架，模拟时间继电器断电时，延时接通触点蜂鸣声立即停止；而在测试延时断开触点时，当释放联动架，模拟时间继电器断电后，蜂鸣声要延时一段再停止
6	行程开关	行程开关的检测方法同按钮

笔记栏：

续表

序号	元件名称及外观	检测方法
7	端子板	将万用表拨至蜂鸣挡，分别检测端子板的每对接线端子，接线端子若正常，应该发出蜂鸣声

注意事项

（1）轻拿、轻放检测元件，以免滑落损坏。

（2）在检测电动机控制线路中的元器件时，被测电气元件所在的线路或设备必须处在断电状态。

思考题

完成下面思考题，并将答案写在实训报告册中。

检测电气元件触点的完好性，如果元件所在的线路不断电时，则万用表应调到什么挡位进行检测？

完成实训报告及测评

按照要求，完成实训报告册中实训报告五的内容，由教师对本任务完成情况进行测评。

任务六 三相异步电动机点动控制线路的安装及运行

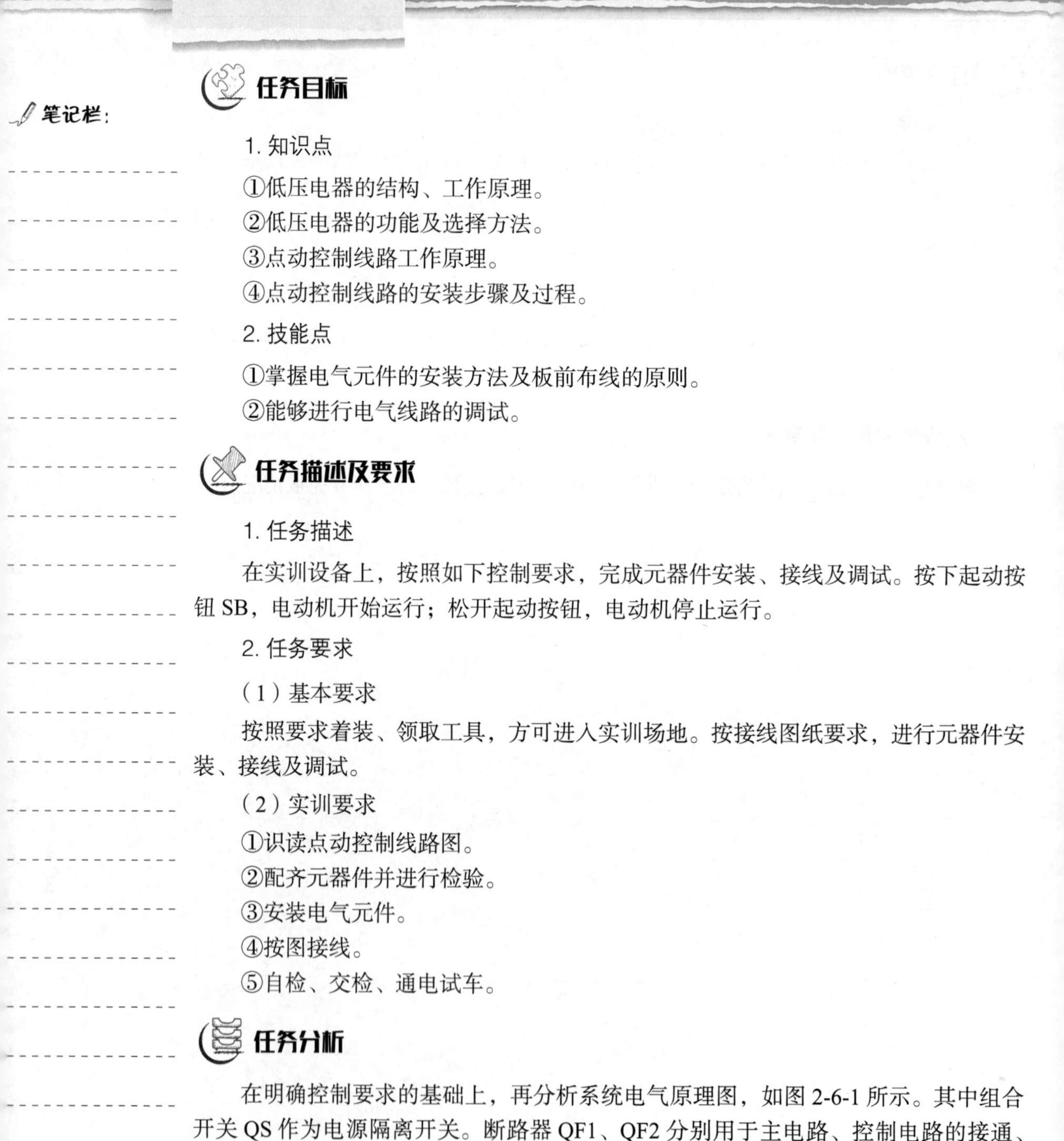

笔记栏：

任务目标

1. 知识点

①低压电器的结构、工作原理。

②低压电器的功能及选择方法。

③点动控制线路工作原理。

④点动控制线路的安装步骤及过程。

2. 技能点

①掌握电气元件的安装方法及板前布线的原则。

②能够进行电气线路的调试。

任务描述及要求

1. 任务描述

在实训设备上，按照如下控制要求，完成元器件安装、接线及调试。按下起动按钮 SB，电动机开始运行；松开起动按钮，电动机停止运行。

2. 任务要求

（1）基本要求

按照要求着装、领取工具，方可进入实训场地。按接线图纸要求，进行元器件安装、接线及调试。

（2）实训要求

①识读点动控制线路图。

②配齐元器件并进行检验。

③安装电气元件。

④按图接线。

⑤自检、交检、通电试车。

任务分析

在明确控制要求的基础上，再分析系统电气原理图，如图 2-6-1 所示。其中组合开关 QS 作为电源隔离开关。断路器 QF1、QF2 分别用于主电路、控制电路的接通、分断和保护。起动按钮 SB 控制接触器 KM 的线圈得电、失电。接触器 KM 主触点控制电动机 M 的起动与停止。热继电器 FR 作为主电路的过载保护。

笔记栏：

点动控制线路的工作原理：

起动：按下 SB → KM 线圈得电→ KM 主触点闭合→电动机 M 起动运转。

停止：松开 SB → KM 线圈失电→ KM 主触点分断→电动机 M 失电停转。

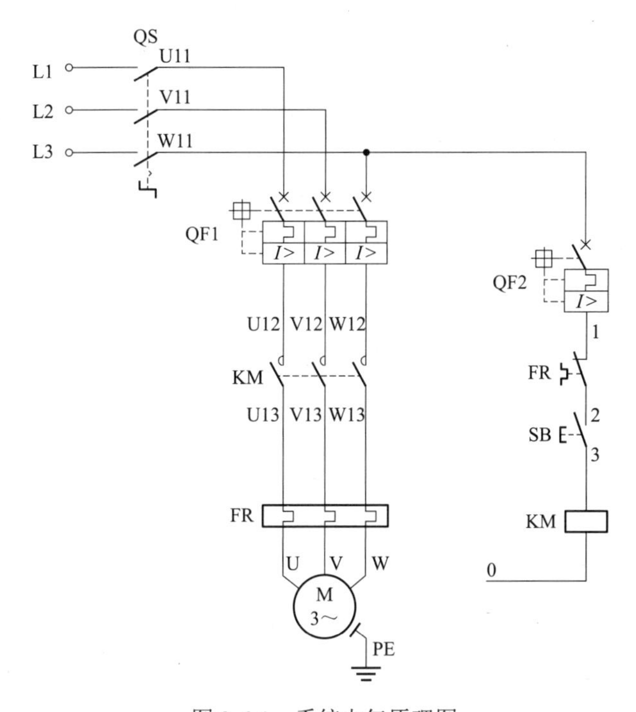

图 2-6-1　系统电气原理图

任务实施

1. 安装

①识读点动控制线路图，明确线路中所用电气元件及作用，熟悉线路的工作原理。

②根据电气原理图配齐所用电气元件。电气元件的技术数据（如型号、规格、额定电压、额定电流等）应完整并符合要求，并进行检验。

a. 电气元件：三相异步电动机、组合开关、低压断路器、交流接触器、按钮、端子排。

b. 检查电气元件规格、型号，应符合要求，外观无损伤。

c. 检查电气元件电磁机构，动作灵活，无衔铁卡阻等不正常现象。

d. 用万用表检查电磁线圈的通断情况及各触点的分合情况。

e. 检查接触器的线圈额定电压与电源电压是否一致。

③根据电气元件选配安装工具和控制面板。

④按元件布置图在控制板上安装电气元件，如图 2-6-2 所示，并贴上醒目的文字符号。电气安装接线图如图 2-6-3 所示。

笔记栏:

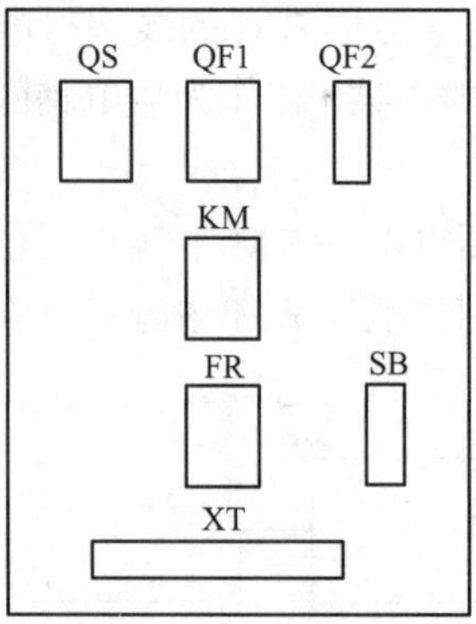

QS QF1 QF2
KM
FR SB
XT

图 2-6-2 电气元件布置图

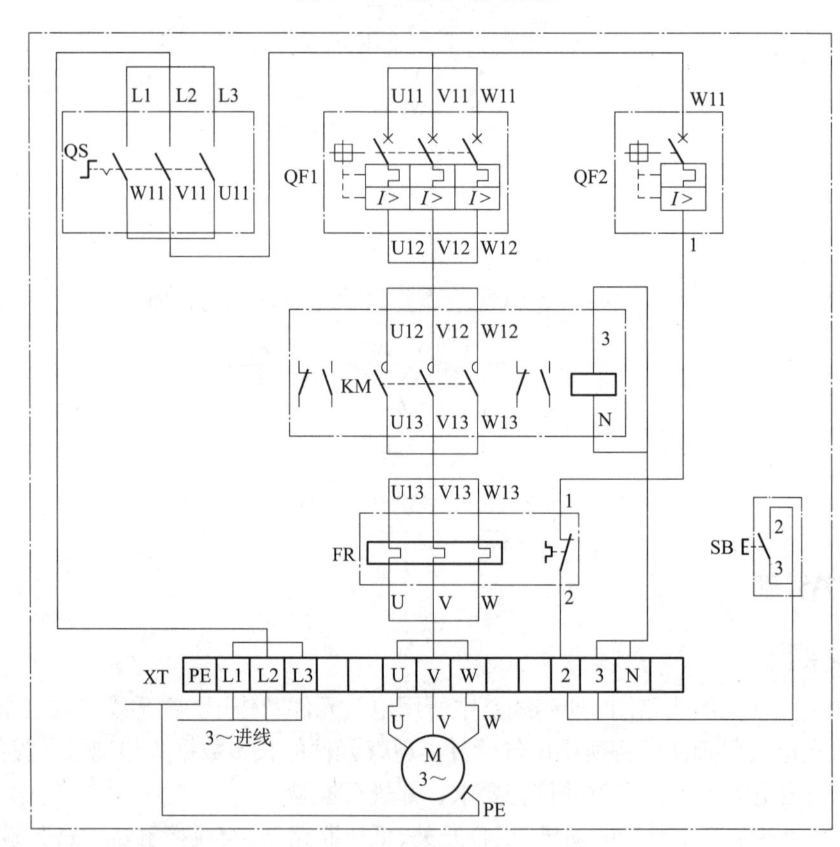

图 2-6-3 电气安装接线图

⑤布线：

a. 导线截面选择：

• 主电路导线的截面：根据电动机容量选配。

• 控制电路导线一般选用截面为 1 mm^2 的铜芯线（BVR）。

• 按钮线一般选用截面为 0.75 mm^2 的铜芯线（BVR）。

• 接地线一般选用截面不小于 1.5 mm^2 的铜芯线（BVR）。

笔记栏：

b. 布线方法：

按电气安装接线图（见图 2-6-3）所示的走线方法进行板前明线布线。按布线工艺要求布线。

⑥对电动机的质量进行常规检查，安装电动机。

⑦连接电动机和所有电气元件金属外壳的保护接地线。

⑧连接电源、电动机等控制板外部的导线。

2. 自检和通电调试

①外观检查有无漏接、错接，导线的接点接触是否良好，用万用表欧姆挡进行检查测量。

②先断开控制电路，再检查主电路有无开路或短路现象。

③在教师的监护下，合上电源开关 QS，合上断路器 QF，按下 SB 持续 1 ~ 2 s，随即松开，观察电动机运行是否正常。

注意事项

①电动机及按钮的金属外壳必须可靠接地。

②按钮内接线时，用力不可过猛，以防螺钉打滑。

③实训完成后，按照要求清理工作区、整理工具。

思考题

完成下面思考题，并将答案写在实训报告册中。

①在自检时，使用万用表欧姆挡测量哪些参数来判断控制电路无故障?

②在电动机点动控制线路中，短路保护和过载保护各由什么电器来实现?它们能否相互代替使用?

③在电动机点动控制线路中，电气元件安装前应如何进行质量检验?

完成实训报告及测评

按照要求，完成实训报告册中实训报告六的内容，由教师对本任务完成情况进行测评。

任务七 三相异步电动机单向连续运行控制线路的安装、调试及故障排除

笔记栏：

任务目标

1. 知识点

①三相异步电动机起动、停止过程的工作原理，实现自锁功能的原理。

②根据电路的原理图画出元件布置图。

2. 技能点

①按照工艺要求进行单向连续控制电路接线，电路布线工艺要求如下：

a. 布线通道尽可能少，同路并行导线按主、控电路分类集中，单层密排，紧贴安装面板布线。

b. 同一平面的导线应高低一致或前后一致，不能交叉。非交叉不可时，该根导线应在接线端子引出时，水平架空跨越，但必须走线合理。

c. 布线应横平竖直，分布均匀。变换走向时垂直。布线时严禁损坏线芯和导线绝缘。

d. 布线顺序一般以接触器为中心，由里向外，由低到高，先控制电路，后主电路进行，以不妨碍后续布线为原则。

e. 在每根剥去绝缘层导线的两端套上编码套管。所有从一个接线端子到另一个接线端子的导线必须连续，中间无接头。

f. 导线与接线端子或接线柱连接时，不得压绝缘层、不反圈及不漏铜过长。

g. 同一元件、同一回路的不同接点的导线间距离应保持一致。

h. 一个电气元件接线端子上的连接导线不得多于两根，每节接线端子板上的连接导线一般只允许连接一根。

②能正确使用万用表和兆欧表进行电路检查。

③能进行常见故障检测及排除。

任务描述及要求

1. 任务描述

在实训设备上，按照如下控制要求，完成元器件测试、安装与硬件接线，检查电路并进行故障排除。按下起动按钮 SB1，电动机开始运行；松开起动按钮，电动机保持连续运行；按下停止按钮 SB2，电动机停止运行。

2. 任务要求

（1）基本要求

按照要求着装、领取工具，方可进入实训场地。按接线图纸要求，进行元器件安装及接线。

（2）实训要求

①准备工具，所用元器件，检验工具和元器件是否能正常使用。

②根据电气原理图画出元件布置图，注意位置整齐匀称，间距合理，便于元件更换。

③按布置图安装电气元件，并贴上文字符号，各元件布局合理，便于拆卸。

④按照电路布置图进行布线，套编码套管。

⑤检查电路安装接线的正确性，用万用表检查电路有无开路或短路现象。用兆欧表检测电路是否绝缘。确认无误后通电运行。

⑥分析并排除常见故障。

笔记栏：

任务分析

在明确控制要求的基础上，再分析系统电气原理图，如图 2-7-1 所示。图中左侧为电路主电路，直接控制电动机起停。合上 QS、QF 之后，交流接触器 KM 主触点控制电动机是否能够运行。分析控制电路可知：当控制电路中，按下起动按钮 SB2，接通 KM 线圈，使主电路的 KM 主触点闭合，同时 KM 辅助常开触点闭合实现电路自锁。电动机起动并连续运行；按下停止按钮 SB1，KM 线圈断电，KM 常开触点闭合，接触器自锁。KM 主触点断开，电动机停止运行。

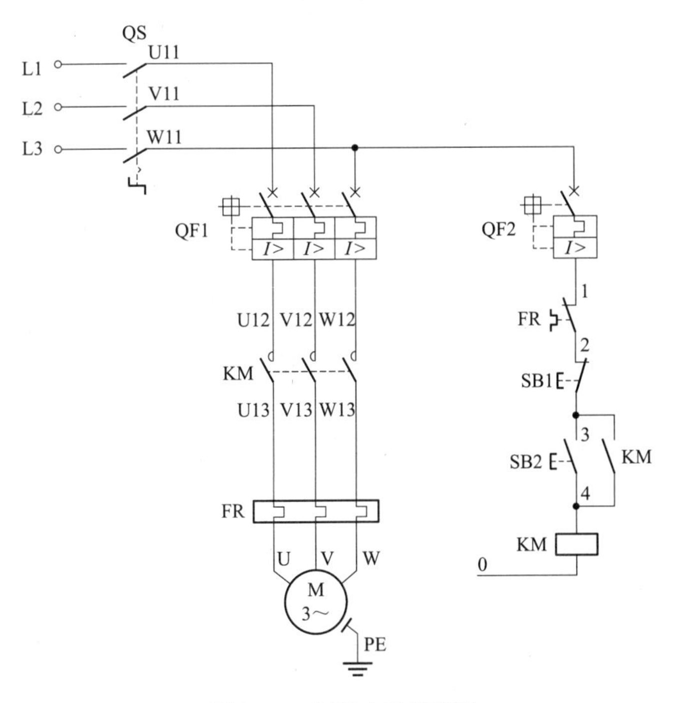

图 2-7-1　系统电气原理图

笔记栏：

任务实施

1. 完成硬件系统的接线

硬件系统的接线包括主电路接线、控制电路接线。

①通过元件布置图布置元件，如图 2-7-2 所示。

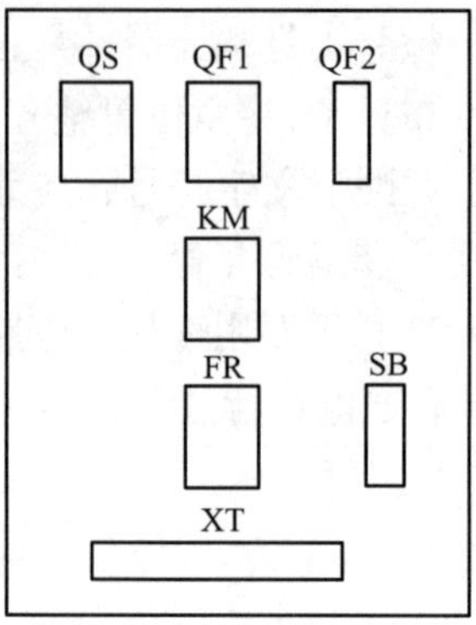

QS　QF1　QF2

KM

FR　SB

XT

图 2-7-2　元件布置图

②根据电路接线图进行硬件接线，如图 2-7-3 所示。

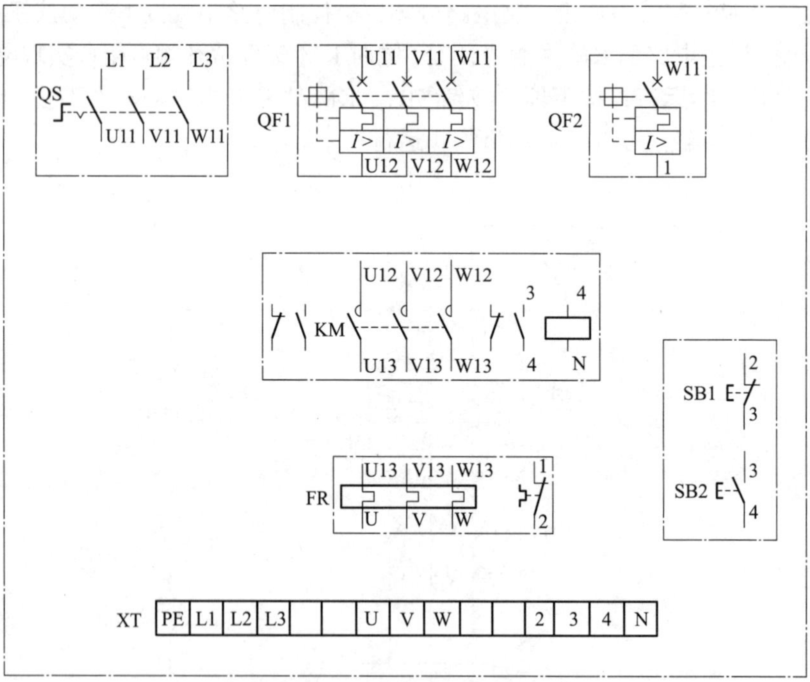

QS L1 L2 L3 U11 V11 W11

QF1 U11 V11 W11 I> I> I> U12 V12 W12

QF2 W11 I> 1

KM U12 V12 W12 3 4 U13 V13 W13 4 N

SB1 2 3

FR U13 V13 W13 U V W 1 2

SB2 3 4

XT	PE	L1	L2	L3			U	V	W			2	3	4	N

图 2-7-3　电气安装接线图

2. 使用万用表检测电路是否有开路或短路状态

用兆欧表检测是否绝缘，确认无误后通电运行。

合上 QF，按下按钮 SB2，观察交流接触器 KM 线圈是否吸合，按下停止按钮

笔记栏：

SB1，观察交流接触器线圈是否复位。

3. 常见故障检测及排除

（1）常见故障及分析

①合上 QF，按下起动按钮 SB2，电动机 M 不起动。

故障分析：观察 KM 线圈是否得电，主触点、辅助触点是否吸合。

②合上 QF，按下起动按钮 SB2，电动机 M 起动，松开 SB2，电动机停转。

故障分析：电路无自锁，检查自锁触点是否吸合。

（2）故障检测步骤

①切断电源，将万用表拨到合适挡位。

②用万用表短路法检查电路通断，找出故障点，并排除。

注意事项

①完成接线后，通电之前一定检测电路是否有短路情况。

②按照工艺要求进行电路布线。

③实训完成后，按照要求进行拆线、清理工作区、整理工具。

思考题

完成下面思考题，并将答案写在实训报告册中。

①主电路如何实现电动机的运行与停止？

②如何实现自锁功能？

③本实训中，排查出哪些故障点？

完成实训报告及测评

按照要求，完成实训报告册中实训报告七的内容，由教师对本任务完成情况进行测评。

任务八 接触器联锁正反转控制线路的安装、调试及故障排除

笔记栏：

任务目标

1. 知识点

①接触器联锁正反转控制线路的工作原理。

②主回路和控制回路电气故障的诊断。

③控制回路电气故障的排除方法：电压测量法、电阻测量法。

2. 技能点

①熟练掌握电气线路安装工艺，提升电气线路的接线速度及正确性。

②能够对控制回路断路故障、短路故障进行检测及排除。

任务描述及要求

1. 任务描述

在控制柜上，按照布局图和接线图，完成接触器联锁正反转控制线路的接线，并查找控制回路中出现的故障，排除故障，上电运行电动机。

2. 任务要求

（1）基本要求

按照要求着装、领取工具，方可进入实训场地。

（2）实训要求

①根据电气原理图检查各电气元件型号、规格和数量。

②用万用表的欧姆挡检测各电气元件的常开、常闭触点的通断情况。

③用手操作检查接触器触点闭合情况。

④按布局图纸要求，进行元件安装。

⑤按照接线图，先接主回路，后接控制回路。

⑥实际演示、排除故障，完成任务实训报告、能力测评。

任务分析

在明确控制要求的基础上，再分析系统电气原理图，如图 2-8-1 所示。其中，KM1 和 KM2 为两个接触器，同时接在主回路中，但是需要注意 KM1 和 KM2 的主触

点绝不允许同时闭合，否则将造成两相电源（L1 相和 L3 相）短路事故，为了避免两个接触器 KM1 和 KM2 同时得电动作，在正、反转控制电路中分别串联了对方接触器的一对常闭辅助触点，当一个接触器得电动作时，通过其常闭辅助触点使另一个接触器不能得电动作。

分析可知：按下按钮 SB1，KM1 线圈得电，KM1 主触点和自锁触点都闭合，KM1 的联锁触点断开 KM2 的控制线路，电动机 M 正转起动；按下按钮 SB3，KM1 线圈失电，KM1 主触点和自锁触点都断开，KM1 的联锁触点恢复闭合，解除对 KM2 控制线路的联锁，电动机 M 失电停转；再按下按钮 SB2，KM2 线圈得电，KM2 主触点和自锁触点都闭合，KM2 的联锁触点断开 KM1 的控制线路，电动机 M 反转起动。

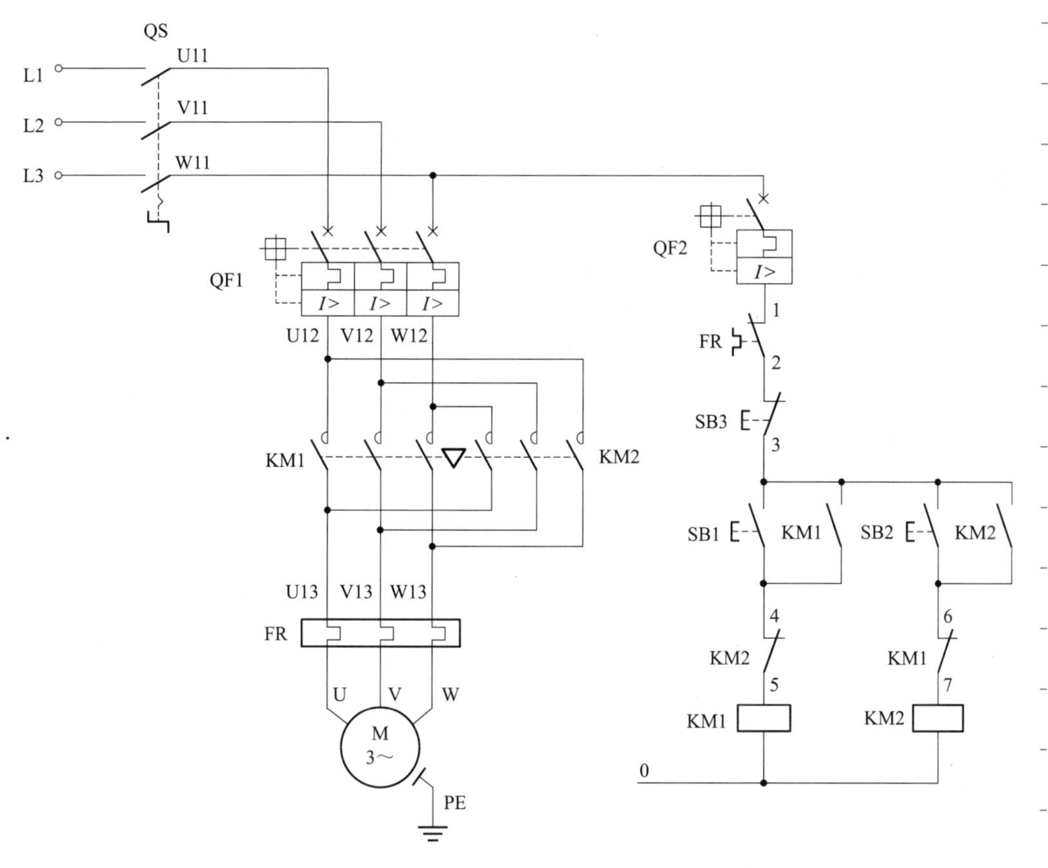

图 2-8-1　系统电气原理图

任务实施

1. 完成电路的接线

电路的接线包括主回路接线和控制回路接线。

①按照布局图（见图 2-8-2）和接线图（见图 2-8-3），先接主回路后接控制回路，按从左向右、自上而下、先串联后并联的接线原则接线。

笔记栏：

笔记栏：

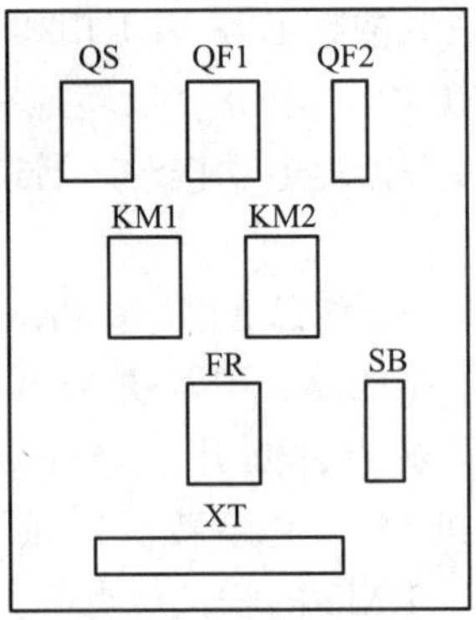

图 2-8-2　布局图

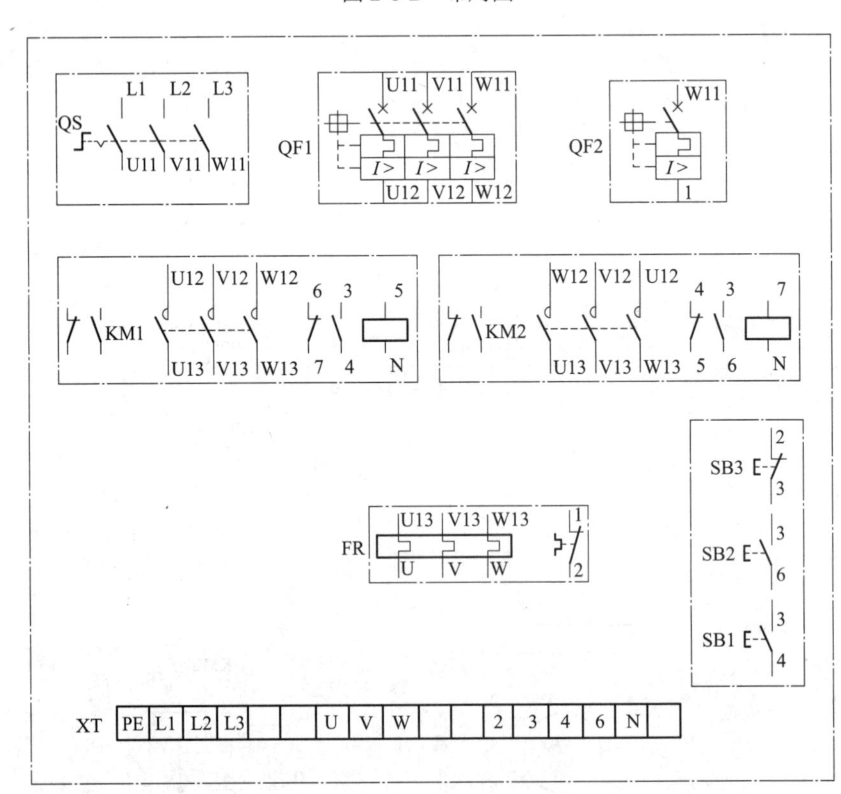

图 2-8-3　接线图

②接线完成后，对照电路图，自行检查电路中有无漏接、错接和短接；接线端的连接是否牢固。断开控制电路，对主电路用万用表的欧姆挡对各连接点做通断检查；断开主电路，对控制电路的各连接点做通断检查。

2. 电气故障的分析

（1）电气故障的分类

电气故障分类如图 2-8-4 所示。

笔记栏：

电气故障
- 器件故障
- 线路故障
  - 主回路故障
    - 断路故障
    - 短路故障
  - 控制回路故障
    - 断路故障
    - 短路故障

图 2-8-4 电气故障分类

根据接触器的状态，可以判断故障为主回路故障或控制回路故障。

按下起动按钮，接触器吸合，则为主回路故障；接触器未吸合，则为控制回路故障。

注意：在检查主回路时，要切断控制回路电源；检查控制回路时，要切断主回路电源。

（2）故障产生的现象

一类是有明显外表特征的故障，如电动机的发热、冒烟或火花等；另一类是没有外表特征的故障，由电气元件调整不当、触点及压线接头接触不良或脱落等原因造成，是主要故障。

（3）故障排除方法

故障排除方法有电压测量法、电阻测量法。

①电压测量法。将万用表转换开关置于交流电压合适的挡位。通电情况下，测量故障电路的线路电压或电气元件的接点电压，判断故障点。

② 电阻测量法（注意：必须断开电源！）。把万用表转换开关置于合适的电阻（Ω）挡位，测量故障电路的线路电阻或触点电阻，判断故障点。

a. 如果测试点间的电阻为无穷大，说明电路或触点开路。

b. 如果测试点间包含线圈元件，电阻应为线圈的阻值；如果电阻增大许多，说明测试点间的触点或接线接触不良。

c. 如果测试点间仅为触点与导线的连接通路，则电阻应为零（可选用蜂鸣挡）。

3. 故障排除

下面以接触器联锁控制线路为例，介绍控制回路的断路故障和短路故障排除方法。

假设：按下起动按钮，电动机不转，接触器未吸合，则为控制回路故障，切断主回路电源。

“开放线”的概念：常开按钮区，通常被称为“开放线路”。先选定一个参考点（0号线），再对开放线上下分别进行故障定位。

（1）断路故障

① 控制回路开放线上面的故障定位。具体步骤如下：

a. 电压测量法：测量 0 号线与 1 号线接线端子之间电压；

b. 继续测量 0 号线与 3 号接线端子之间的电压；

c. 继续测量 0 号线与 2 号接线端子之间的电压。

结论：

笔记栏：

a. 0 号线与 1 号线、2 号线、3 号接线端子之间有 / 没有电压？

b. 如果 2、3 号线的接线端子之间测出没有电压，则故障可能出在电柜外。

② 控制回路开放线下面的故障定位：

情况一：3 号线与 4 号接线端子之间电压为 0，则故障在配电柜内部（线圈或辅助触点），再测量 3 号线接线端子与 4 号线下端点间电压，若电压为 0，则 KM2 常闭触点或 KM1 线圈连续性有问题；若电压为 220 V，则 4 号线有问题。

情况二：3 号线与 4 号接线端子之间电压为 220 V，则故障在配电柜外部。再测量 SB1 两端电压，若为 220 V，则按钮损坏；若 SB1 电压为 0，则继续测量 2、4 号线两端电压。若电压为 0，则 4 号线有问题；若电压为 220 V，则 3 号线有问题。

（2）短路故障

短路故障排除过程如图 2-8-5 所示。

线与线短路故障：指两个不同电势的通电导体之间的意外连接。

对地短路故障：指一个通电导体和接地金属外壳（或接地导线）之间的意外连接。

在电阻为 0 的回路中通过欧姆表测量法（电阻趋向 0），可以找到故障部位。

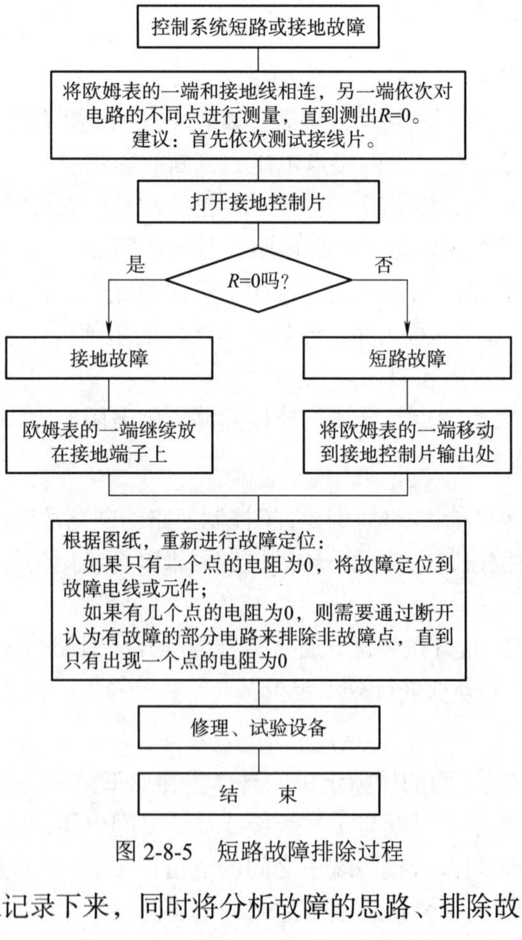

控制系统短路或接地故障

将欧姆表的一端和接地线相连，另一端依次对电路的不同点进行测量，直到测出R=0。
建议：首先依次测试接线片。

打开接地控制片

R=0吗？（是 → 接地故障；否 → 短路故障）

接地故障 → 欧姆表的一端继续放在接地端子上

短路故障 → 将欧姆表的一端移动到接地控制片输出处

根据图纸，重新进行故障定位：
如果只有一个点的电阻为0，将故障定位到故障电线或元件；
如果有几个点的电阻为0，则需要通过断开认为有故障的部分电路来排除非故障点，直到只有出现一个点的电阻为0

修理、试验设备

结　束

图 2-8-5　短路故障排除过程

将电路故障现象记录下来，同时将分析故障的思路、排除故障的方法和找到的故障原因记录下来。

笔记栏：

注意事项

①接触器联锁触点接线必须正确，否则会造成主电路中两相电源短路事故。

②通电试车时，应先合上 QS，再按下 SB1 或 SB2 及 SB3，看控制是否正确，并在按下 SB1 后再按下 SB2，观察有无联锁作用。

③实训完成后，按照要求进行拆线、清理工作区、整理工具。

思考题

完成下面思考题，并将答案写在实训报告册中。

①电气故障如何分类？

②电气故障的排除方法有哪些？

③本实训中，如何实现接触器联锁？

完成实训报告及测评

按照要求，完成实训报告册中实训报告八的内容，由教师对本任务完成情况进行测评。

任务九 位置控制线路的安装、调试及故障排除

任务目标

笔记栏：

1. 知识点

①三相异步电动机位置控制运行的工作原理。

②主回路故障的分析诊断。

③短路故障和断路故障的排除方法。

2. 技能点

①进一步熟练电气线路安装工艺，提升电气线路的接线速度及正确性。

②能够对主回路的短路故障、断路故障进行检测及排除。

任务描述及要求

1. 任务描述

在控制柜上，按照布局图和接线图，完成位置控制线路的接线，并查找主回路中出现的故障，排除故障，上电运行电动机。

2. 任务要求

（1）基本要求

按照要求着装、领取工具，方可进入实训场地。

（2）实训要求

①根据电气原理图检查各电气元件型号、规格和数量。

②用万用表的欧姆挡检测各电气元件的常开、常闭触点的通断情况。

③用手操作检查接触器触点闭合情况。

④按布局图纸要求，进行元件安装。

⑤按照接线图，先接主回路，后接控制回路。

⑥实际演示、排除故障，完成任务实训报告、能力测评。

任务分析

在明确控制要求的基础上，再分析系统电气原理图，如图 2-9-1 所示。

图 2-9-1 左侧的主电路与之前学习过的接触器联锁控制电动机正反转线路的主电

笔记栏:

路完全相同。分析可知：按下按钮 SB1，KM1 线圈得电，KM1 自锁触点闭合实现自锁，主触点闭合，电动机 M 起动连续运转，KM1 联锁触点分断对 KM2 控制线路联锁，行车向前运行，移动至限定位置，碰撞位置开关 SQ1，SQ1 常闭触点断开，KM1 线圈失电，KM1 自锁触点分断解除自锁，同时主触点断开，KM1 联锁触点恢复闭合，解除对 KM2 控制线路的联锁，电动机 M 失电，行车停止运行。行车向后运动分析同理，停车时只需按下 SB3 即可。

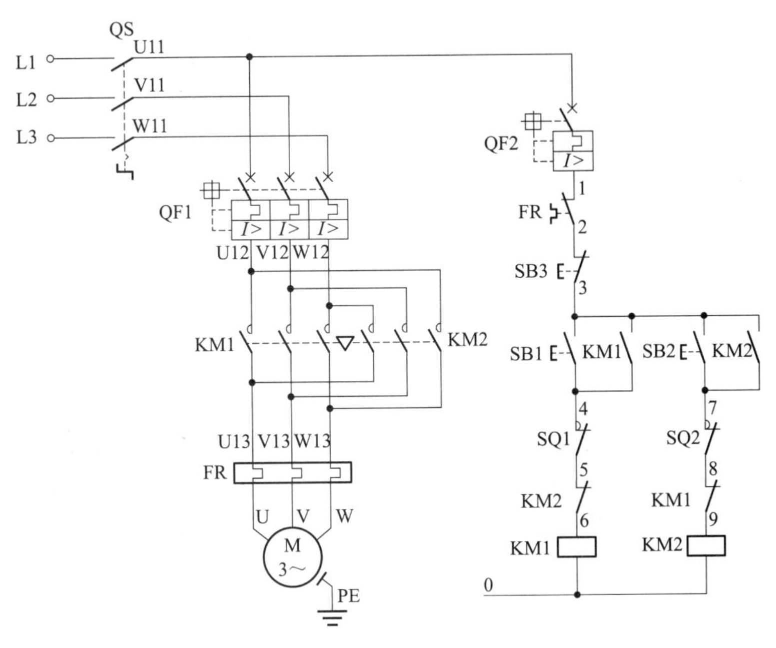

图 2-9-1　系统电气原理图

任务实施

1. 完成电路的接线

电路的接线包括主回路接线和控制回路接线。

①按照布局图（见图 2-9-2）和接线图（见图 2-9-3），先接主回路后接控制回路，按从左向右、自上而下、先串联后并联的接线原则接线。

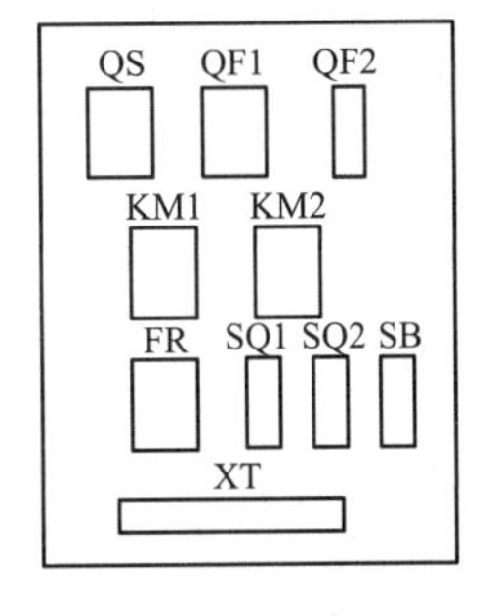

图 2-9-2　布局图

笔记栏：

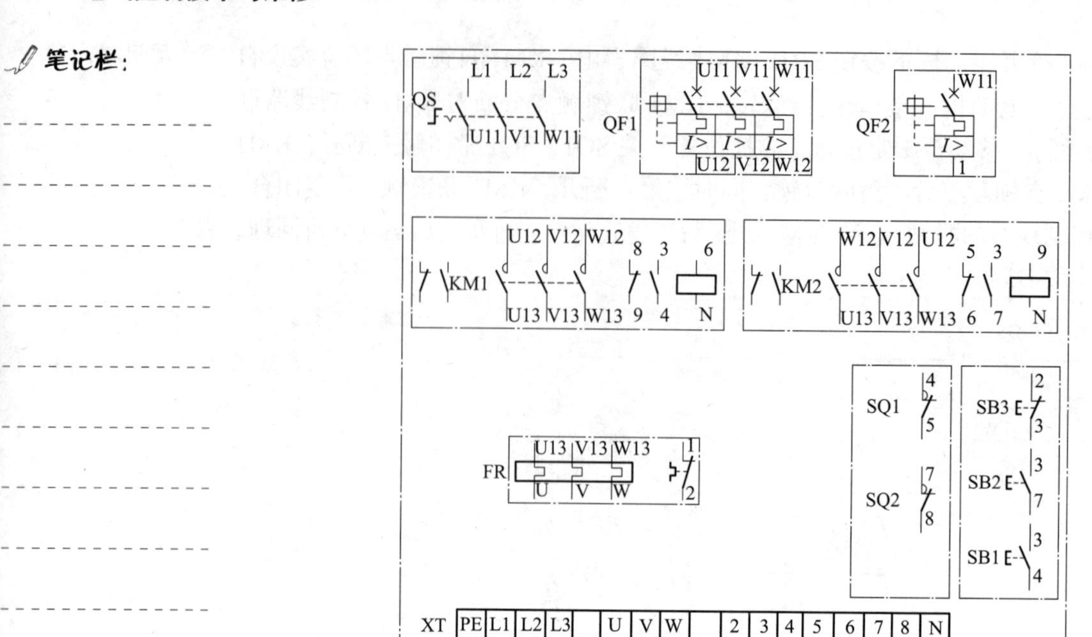

图 2-9-3　接线图

②接线完成后，对照电路图，自行检查电路中有无漏接、错接和短接；接线端的连接是否牢固。断开控制电路，对主电路用万用表的欧姆挡对各连接点做通断检查；断开主电路，对控制电路的各连接点做通断检查。

2. 故障分析与排除

下面假设按下起动按钮后，电动机不转，接触器吸合，则为主回路故障。

（1）断路故障

断路故障排除过程如图 2-9-4 所示。

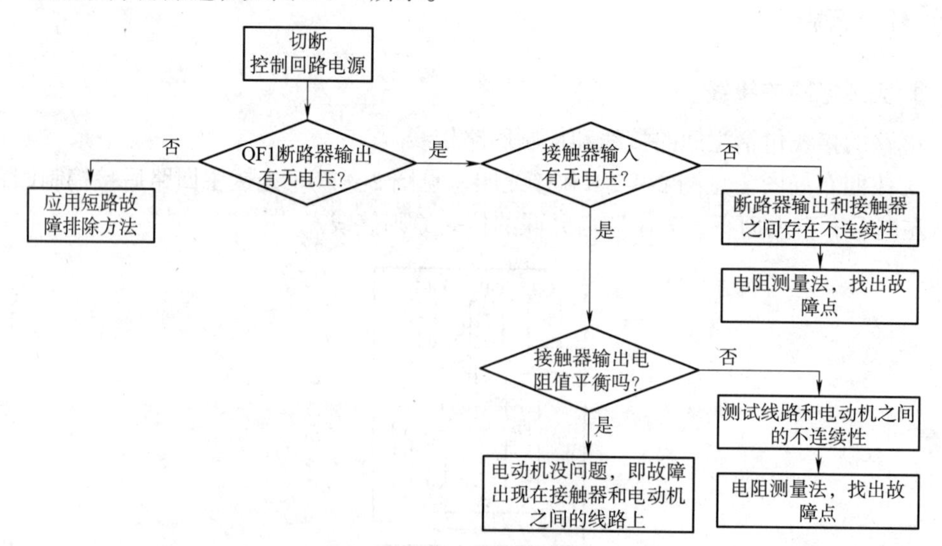

图 2-9-4　断路故障排除流程

笔记栏：

以接触器主触点为界，作为开放线，将主回路分为上下两个部分，开放线以上，用电压测量法；开放线以下，用电阻测量法。

①开放线以上。测量 QF1 断路器的输出电压，断开的断路器，表明是由于出现短路故障影响电动机运行。断路器闭合，假设有输出电压，则测量接触器是否有输入电压，如果有电压，则开放线以上没有故障；如果没有电压，表明断路器输出和接触器输入之间的线路存在不连续性。此时，需断电、验电，再用电阻测量法进行测量。

② 开放线以下（先断电验电，再用电阻测量法）。测量接触器的输出电阻值是否平衡，如果电阻值不平衡，则向下寻找，直至电动机。对每个元件的端子或接线盒重新测量来定位故障；如果电阻值平衡，说明电动机没问题，即故障出现在接触器和电动机之间的线路上

（2）短路故障

以开放线为界，短路故障通常有直接短路、间接短路和交叉短路。主要是电动机引出线、电缆以及线圈等容易出现短路。

①直接短路：通常指开放线以上出现的短路故障情况。

将欧姆表的一端放置在断路器的输出处，然后用另一端搜寻，直到显示 R=0 的时候为止。

线路受熔断器保护，则熔断时会有指示。这里的故障排除方法是要将出故障的导线替换掉。

②间接短路：通常指开放线以下出现的短路故障情况。断路器输出处经欧姆表测试，未显示故障。在接触器输出处检查故障是否存在。

将电柜接线柱上的电动机电缆拔掉：如果接触器输出处 R=0 Ω，则故障在电柜内部。为进一步查找故障，需将热继电器输出处导线拔掉。测试并验证故障是否和热继电器上面或者下面的线路有关，或者与热继电器本身有关。如果在接触器输出处 R= ∞，那么故障在电柜外面。为进一步查找故障，将电缆分线盒接线柱上的导线拔掉，如有必要，拔掉电动机上的电缆。故障在拔掉的线路段中可以发现。故障排除方法是将电缆或者电动机换掉。

③交叉短路：接触器上面相位与下面相位的偶然接触。这是一种非常罕见的情况。如果用欧姆表，无法查出线路或接触器有问题，需要进一步解决。

将电路故障现象记录下来，同时将分析故障的思路、排除故障的方法和找到的故障原因记录下来。

注意事项

①工具仪表要使用正确。

②带电检修故障时，必须有指导教师在现场监护，并要确保用电安全。

③在排除故障时，故障分析思路和方法要正确。

④实训完成后，按照要求进行拆线、清理工作区、整理工具。

笔记栏：

思考题

完成下面思考题，并将答案写在实训报告册中。

①如何判断电气故障是主回路故障还是控制回路故障？

②断路故障的排除中，开放线上下分别采用什么方法？

完成实训报告及测评

按照要求，完成实训报告册中实训报告九的内容，由教师对本任务完成情况进行测评。

任务十　三相异步电动机两地控制线路故障的检测及排除

笔记栏：

任务目标

1. 知识点

①三相异步电动机控制线路工作原理图。

②企业生产现场对设备的检测与维修的工作过程。

2. 技能点

在安全操作规程下，根据电动机控制原理图及故障现象对电动机控制线路进行故障检测及排除。

任务描述及要求

1. 任务描述

本任务模拟企业生产现场，着重安全操作规程，以安装好的三相异步电动机两地控制线路为例，实习企业电气工程人员对设备进行检修维护的工作过程。

2. 任务要求

①按照要求着装，领取工具、图纸，方可进入实训场地。

②了解并践行在安全操作规程下对电动机两地控制线路进行检测及故障排除。

任务分析

电气工程技术人员对设备进行检测及故障排除（维修）是一项非常严肃同时要求注意力高度集中的工作。所有维护主要包括三个阶段：

1. 查找故障阶段

如果设备必须处于通电状态，同时必须和其他供能系统连接（气、蒸汽），切记这一阶段对操作者或其他人都非常危险。因此必须在危险区设置标志（以机械或电气形式），确保安全；恪守安全规定；按规定佩戴安全眼镜；按规定戴绝缘手套；外部维修需接近带电裸件时，佩戴头盔；预先对作业可能导致的后果做好充分的思想准备；按维修章程操作。

①切勿用手或工具起动一个接触器或辅助继电器。

②切勿违反规定任意改变机器或元件的参数设置（如热继电器的整定值）。

笔记栏:

2. 维修阶段

维修必须在无电状态下进行，必须对设备做好以下工作：

①断开电源。

②加锁。

③挂好警告牌。

④验电。

⑤固定可能移动的部件。

3. 重新起动－试车

①试车前必须对以下部分进行复位：灭弧系统、安全罩、箱盖、设备修检门、机械固定部分。

②切勿遗忘整理、清点工具。

③必须结束以下工作，维修才算完成：设备全面试运行正常、撤除设置的安全标志、做好场地清洁。

任务实施

三相异步电动机两地控制线路原理图如图 2-10-1 所示。

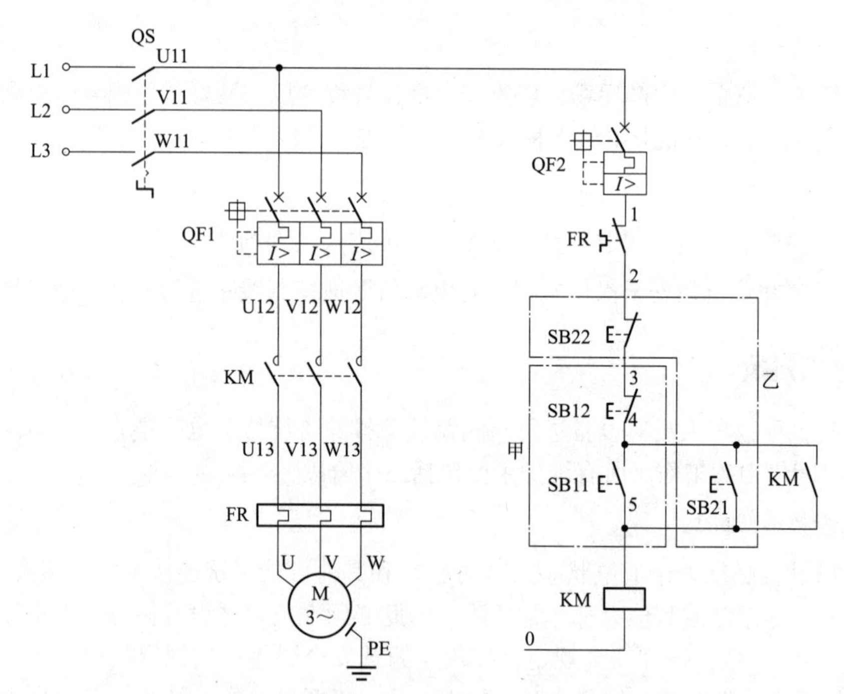

图 2-10-1　三相异步电动机两地控制线路原理图

①由教师设置并描述下列故障现象之一：

a. 按下 SB11、SB21 电动机都不能起动。

b. 电动机只能点动控制。

笔记栏：

c. 按下 SB11 电动机不起动，按下 SB21 能起动。

②学生按安全操作规程进行电动机两地控制线路的检测及故障排除。

注意事项

在使用万用表电阻挡进行检测时，被测线路或设备处在断电状态。

思考题

完成下面思考题，并将答案写在实训报告册中。

电动机两地控制线路中如果是发生过载而停止，怎样快速判断故障原因？

完成实训报告及测评

按照要求，完成实训报告册中实训报告十的内容，由教师对本任务完成情况进行测评。

任务十一 三相异步电动机Y-△降压起动控制线路的安装与调试

任务目标

笔记栏：

1. 知识点

①通电延时时间继电器，在通电的瞬间触点不动作并开始计时；当延时结束后触点动作。

②电动机在Y联结时，可将负载电压从 380 V 降到 220 V，限制了起动电流，起到了稳定电网电流瞬时波动的作用。

2. 技能点

安装完毕的控制线路板，必须经过认真检查以后，才允许通电试车，以防止错接、漏接造成不能正常运转或短路事故。

①按电路图或接线图从电源端开始，逐段核对接线及接线端子处线号是否正确，有无漏接、错接之处。检查导线接点是否符合要求，压接是否牢固。接触要良好，以免带负载运行时产生闪弧现象。

②用万用表检查线路的通断情况。检查时，应选用低倍率适当的电阻挡，并进行校零，以防短路故障的发生。

对控制电路的检查（可断开主电路 QF1），可将表笔分别搭在 U11、V11 线端上，读数应为“∞”。按下 SB1 时，读数应为接触器线圈的直流电阻值。

对主电路的检查（可断开控制电路 QF2），可将表笔分别搭在 U11、V11、W11 其中两个线端上，三次测量读数均应为“∞”。表笔分别搭在 U13、V13、W13 其中两个线端上，同时手动按下 KMY或 KM△接触器，使其主触点闭合，三次测量读数均应为电动机线圈星接或角接正常电阻。

③用兆欧表检查线路的绝缘电阻，应不小于 1 MΩ。

任务描述及要求

1. 任务描述

在规定时间内，采用时间继电器控制，实现三相异步电动机Y-△降压起动。要求按下起动按钮，电动机Y降压起动，时间继电器计时开始；计时结束后，自动切换成全压运行状态。

2. 任务要求

按照工艺要求完成三相异步电动机Y-△降压起动控制线路的安装与调试。

笔记栏:

任务分析

图2-11-1为时间继电器自动控制Y-△降压起动电路图。该电路使用了三个接触器、一个热继电器和三个按钮。接触器KM作引入电源用，接触器KMY和KM△分别作星形起动用和三角形运行用，SB1是起动按钮，SB2是Y-△换接按钮，SB3是停止按钮，FU1作为主电路的短路保护，FU2作为控制电路的短路保护，FR作为过载保护。

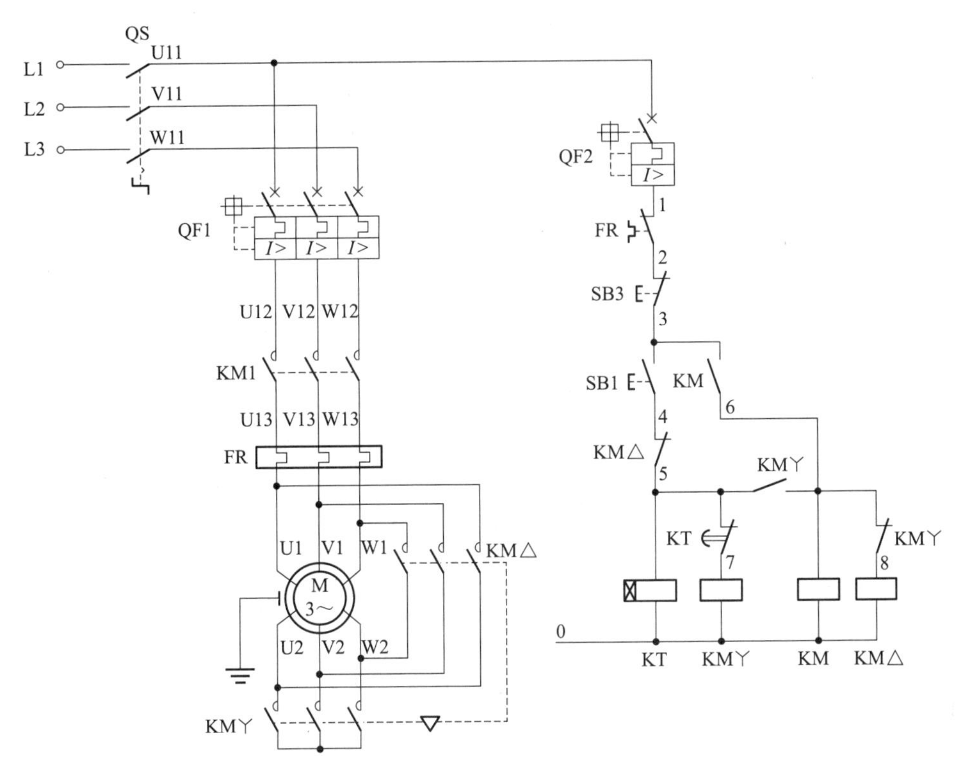

图2-11-1　时间继电器自动控制Y-△降压起动电路图

任务实施

资源配备：三相异步电动机一台、线路所需器件一套、数字万用表一块、螺丝刀十字头和一字头各一把、剥线钳和压线钳各一把、导线等耗材若干。线路安装与调试步骤如表2-11-1所示。

人员配备：电气维修专业人员两名。

表2-11-1　三相异步电动机Y-△降压起动控制线路安装与调试步骤

步骤	具体内容
识读原理图	分析原理图，如图2-11-1所示
绘制接线图	（1）考虑元件位置绘制元件布置图，如图2-11-2所示。 （2）画出电气元件接线图，如图2-11-3所示。 （3）标注线号
安装布线	（1）检查元件质量。 （2）按工艺要求固定元件。 （3）线槽布线，先接主电路，再接控制电路

笔记栏：

续表

步骤	具体内容
自检	（1）对照电路图，检查是否有掉线、错线等。 （2）用万用表对线路进行检查
通电调试	（1）时间继电器延时时间调整为 5 s。 （2）确认无安全隐患后，可通电调试

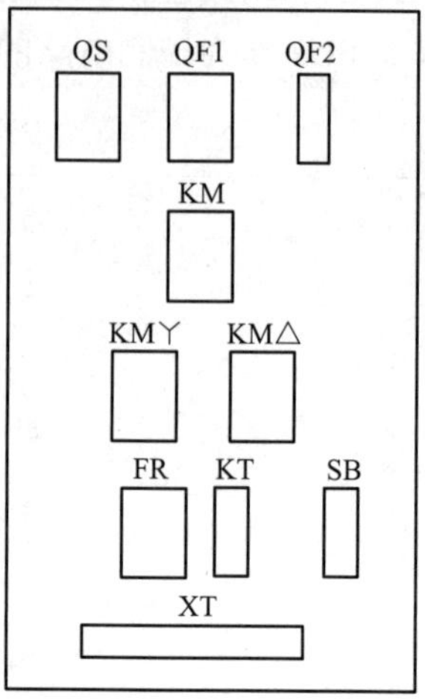
QS
QF1
QF2
KM
KM丫
KM△
FR
KT
SB
XT

图 2-11-2　时间继电器自动控制丫-△降压起动元件布置图

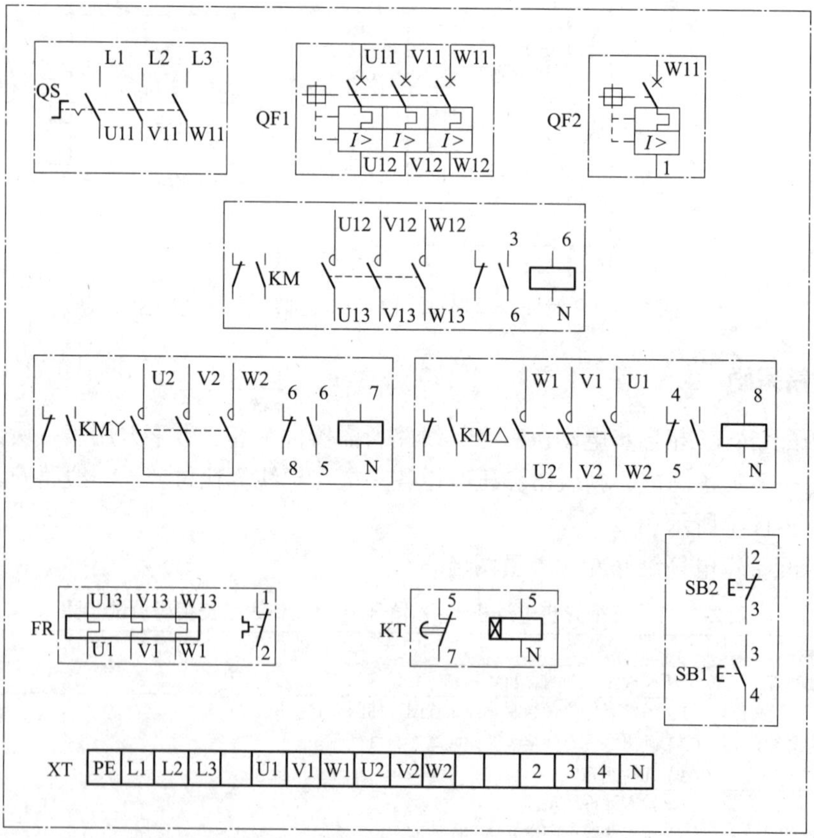
QS
L1
L2
L3
U11
V11
W11
QF1
U12
V12
W12
QF2
1
KM
U13
V13
W13
KM丫
U2
V2
W2
KM△
W1
V1
U1
FR
KT
SB2
SB1
XT
PE
N

图 2-11-3　时间继电器自动控制丫-△降压起动接线图

笔记栏：

注意事项

①不允许带电安装元器件或连接导线，在有指导教师现场监护的情况下才能接通电源。

②停止时必须先按下停止按钮，不允许带负荷分断电源开关。

③接线工艺应符合安装要求。

④电动机和按钮的金属外壳必须可靠接地。

思考题

完成下面思考题，并将答案写在实训报告册中。

什么是降压起动?

完成实训报告及测评

按照要求，完成实训报告册中实训报告十一的内容，由教师对本任务完成情况进行测评。

任务十二 三相异步电动机Y-△降压起动控制线路故障的检测及排除

笔记栏：

任务目标

1. 知识点

①通电延时时间继电器，在通电的瞬间触点不动作并开始计时；当延时结束后触点动作。

②电动机在Y形连接时，可将负载电压从 380 V 降到 220 V，限制了起动电流，起到了稳定电网电流瞬时波动的作用。

2. 技能点

①主电源切断的情况：万用表拨到电阻挡的合适量程，测量各个等电位点之间电阻是否为零，以此判断断路点位置。

②主电源未切断的情况：万用表拨到电压挡的合适量程，测量控制电路各点之间的电压，以此判断短路点位置。

任务描述及要求

1. 任务描述

三相异步电动机Y-△降压起动控制线路常见故障大致分为控制电路断路、短路故障及主电路断路、短路故障，当发生故障时，能够选择合适的仪表进行检测，判断出故障点，并能进行排除。本任务以控制电路断路故障为例。

2. 任务要求

①能够正确选择和使用检测仪表和设备。

②能够查找出线路故障，并进行排除。

任务分析

电气线路故障一般分为四大类：控制电路断路故障、控制电路短路故障、主电路断路故障和主电路短路故障。其中控制电路断路故障最为常见。

查找故障时，首先应从故障现象分析，简单判断故障类型。若判断为断路故障，可以使用万用表交流电压挡带电测量各点电压值是否正常；若判断为短路故障，则必须切断电源后使用万用表电阻挡进行故障查找。

任务实施

笔记栏：

资源配备：三相异步电动机Y-△降压起动控制线路、数字万用表一块、螺丝刀十字头和一字头各一把、剥线钳和压线钳各一把、导线等耗材若干。线路检测及故障排除步骤见表2-12-1。

人员配备：电气维修专业人员两名。

表2-12-1　三相异步电动机Y-△降压起动控制线路检测及故障排除步骤

故障现象	①电动机无法起动。 ②目测各个接触器均不吸合
故障原因	①故障点多发地：接触器不吸合多数为控制电路断路故障。 ②故障原因多为触点接触不良、导线老化导致
故障检测	①选用仪表：万用表。 ②操作步骤： a. 主电源切断的情况：万用表拨到电阻挡的合适量程。测量各个等电位点之间电阻是否为零，以此判断断路点位置。 b. 主电源未切断的情况：万用表拨到电压挡的合适量程。测量控制电路各点之间的电压，以此判断短路点位置
故障排除	①触点问题：维修触点；更换器件。 ②导线问题：更换导线。 ③其他问题：分析后解决

注意事项

在使用万用表电阻挡进行检测时，被测线路或设备应处在断电状态。检测时，禁止使用万用表蜂鸣挡。

思考题

完成下面思考题，并将答案写在实训报告册中。

降压起动的方法有哪些？

完成实训报告及测评

按照要求，完成实训报告册中实训报告十二的内容，由教师对本任务完成情况进行测评。

任务十三 PLC控制三相异步电动机起动、停止

笔记栏：

任务目标

1. 知识点

①三相异步电动机起动、停止过程的工作原理，实现自锁功能的原理。

②按钮和继电器线圈作为PLC输入和输出信号的工作原理。

③ S7-300 PLC位逻辑指令在控制系统程序中的作用。

2. 技能点

①能够使用TIA Portal软件进行编程。

②能够完成控制系统的硬件接线。

③熟悉S7-300 PLC控制系统的构建、编程下载、调试步骤。

任务描述及要求

1. 任务描述

在实训设备上，按照如下控制要求，完成硬件接线、软件编程、下载及调试。

按下起动按钮SB1，电动机开始运行；松开起动按钮，电动机保持连续运行；按下停止按钮SB2，电动机停止运行。

2. 任务要求

（1）基本要求

按照要求着装、领取工具，方可进入实训场地。按接线图纸要求，进行元件安装及接线。

（2）创建项目要求

① TIA Portal V14创建项目、系统硬件组态。

②创建输入/输出变量表、LAD语言编程。

③启动S7-PLCSIM，下载、仿真、调试程序。

④ S7-300 PLC（CPU314C）硬件接线、下载、调试程序。

⑤实际演示，完成任务实训报告、能力测评。

任务分析

在明确控制要求的基础上，再分析系统电气原理图，如图2-13-1所示。其

笔记栏：

中，AL 表示开关电源（AC/DC），其作用是将 AC 220 V 转换为 DC 24 V，提供系统中所需的 DC24 V，由 QF1 控制；PS 表示 PLC 的电源模块，将 AC 220V 转换为 DC 24 V，为 CPU 供电，由 QF 2 控制。

图 2-13-1 左侧的主电路与之前学习过的继电器 - 接触器控制线路的主电路完全相同。分析可知：当控制电路中的 KA 常开触点闭合，接通 KM 线圈，使主电路的 KM 主触点闭合，电动机起动；当 KA 常开触点断开，KM 线圈断电，KM 主触点断开，电动机停止运行。其中，使电动机保持连续运行的自锁功能，由 PLC 程序实现。

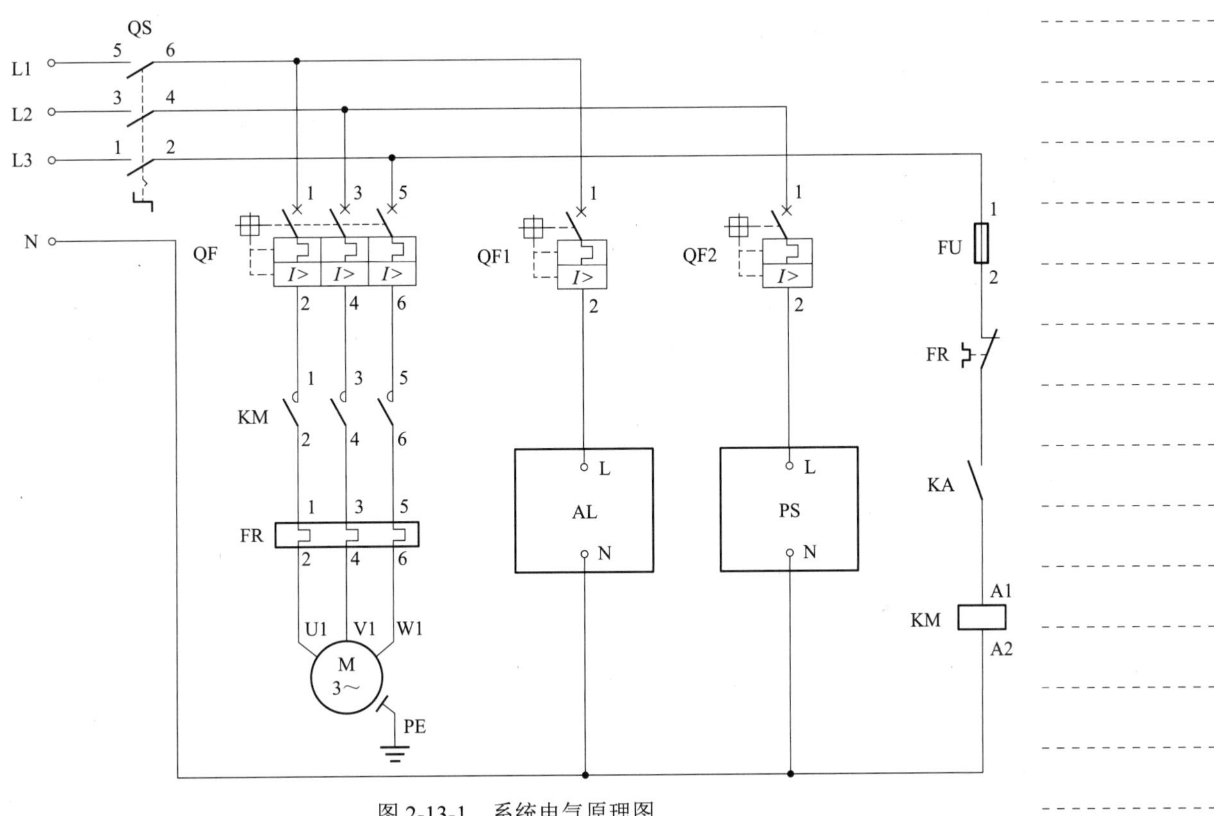

图 2-13-1　系统电气原理图

任务实施

1. 完成硬件系统的接线

硬件系统的接线包括主电路接线、PLC 及控制回路接线。

①主电路接线：与继电器 - 接触器控制线路的主电路完全相同。

②模块及端子：如图 2-13-2 所示。从左至右各端子标号含义如表 2-13-1 所示。

笔记栏:

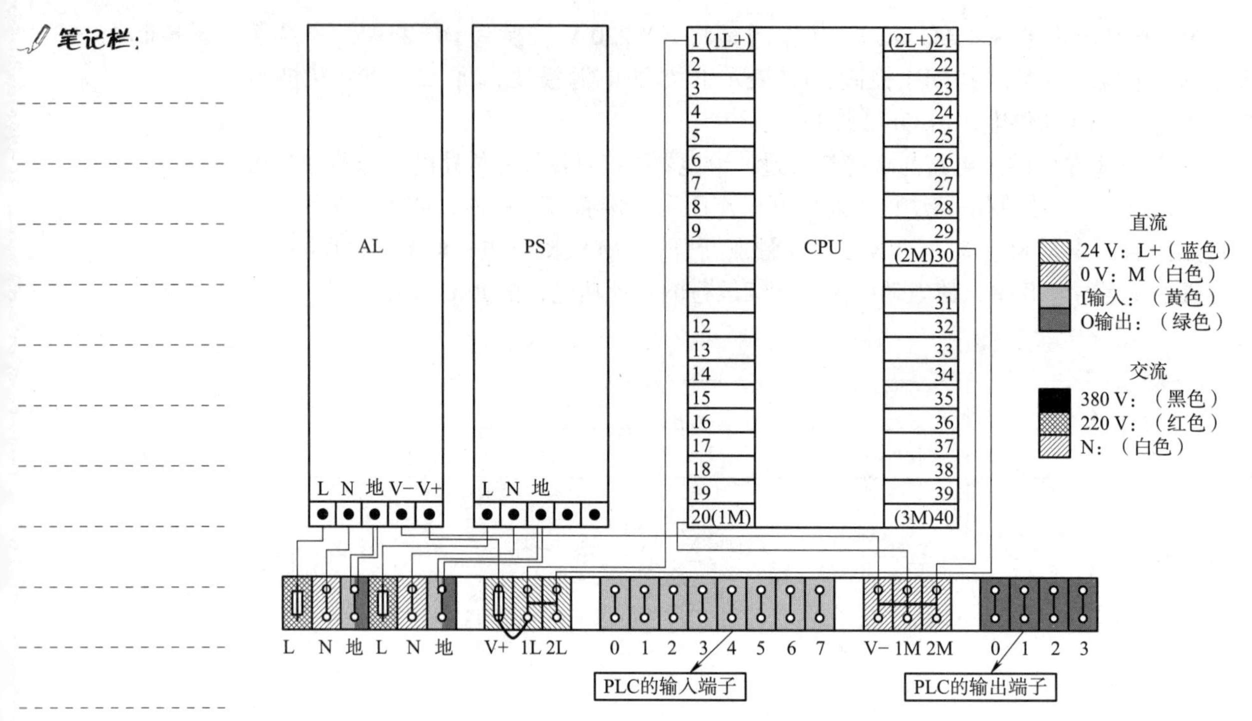

图 2-13-2　模块及端子示意图

表 2-13-1　各端子标号含义

标号	含义	说明	端子颜色
L/N/ 地	AC 220 V/0 V/ 接地	分别送电给 AL 和 PS 模块	红色 / 灰色 / 黄绿色
V+/1 L/2 L	DC 24 V	与 V-/1 M/2 M 端构成直流供电回路	蓝色
中间 0 ~ 7	PLC 输入信号端	接按钮	黄色
V-/1 M/2 M	DC 0 V	与 V+/1 L/2 L 端构成直流供电回路	灰色
右侧 0 ~	PLC 输出信号端	接 KA 线圈	绿色

③如图 2-13-3 所示，可统计出变量见表 2-13-2。

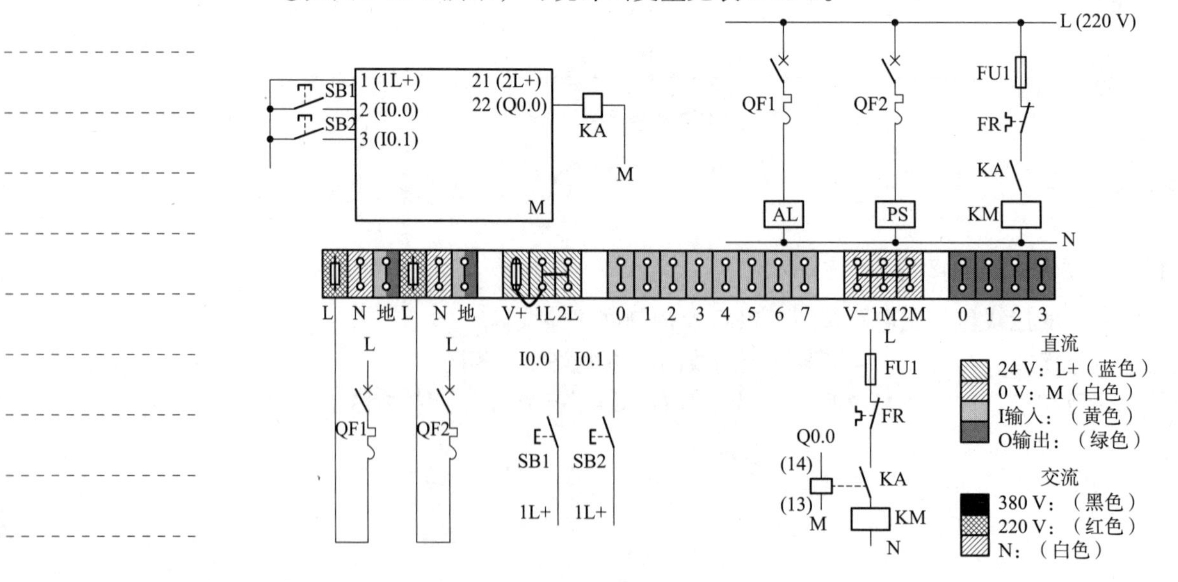

图 2-13-3　PLC 及控制回路接线图

表 2-13-2　PLC 控制三相异步电动机起动、停止 I/O 分配表

输入信号			输出信号		
设备名称	符号	PLC 地址	设备名称	符号	PLC 地址
起动按钮（常开触点）	SB1	I0.0	继电器线圈	KA	Q0.0
停止按钮（常开触点）	SB2	I0.1			

2. 完成软件程序的编写

①在 TIA Portal V14 中创建项目、硬件组态、编辑变量表。

②应用位逻辑指令，编写梯形图（LAD）程序。

③程序下载及系统调试。

注意事项

①完成 PLC 接线后，用万用表测量模块的供电端（DC 24 V 和 0 V），观察是否存在短路情况。

②程序下载之前，保证 PLC 与 PC 之间的通信正常。下载程序时，PLC 工作模式选择 STOP，下载完成后，切换到 RUN 模式，运行程序。

③实训完成后，按照要求进行拆线、清理工作区、整理工具。

思考题

完成下面思考题，并将答案写在实训报告册中。

① PLC 的输入 / 输出单元供电电压是多少?

②在 PLC 程序中，如何实现自锁功能?

③本实训中，中间继电器 KA 的线圈工作电压是多少？ KM 的线圈工作电压是多少?

完成实训报告及测评

按照要求，完成实训报告册中实训报告十三的内容，由教师对本任务完成情况进行测评。

笔记栏:

任务十四 PLC控制三相异步电动机的正反转运行

笔记栏：

任务目标

1. 知识点

①三相异步电动机正反转运行的工作原理，实现互锁功能的原理。

②按钮和继电器线圈作为 PLC 输入和输出信号的工作原理。

③ S7-300 PLC 位逻辑指令在控制系统程序中的作用。

2. 技能点

①熟练使用 TIA Portal 软件进行编程。

②独立完成控制系统的硬件接线。

③具备 S7-300 PLC 控制系统的构建、编程下载、调试技能。

任务描述及要求

1. 任务描述

在实训设备上，按照如下控制要求，完成硬件接线、软件编程、下载及调试。

按下正转起动按钮 SB1，电动机开始正转运行；按下反转起动按钮 SB2，电动机反转运行；按下停止按钮 SB3，无论电动机是正转还是反转时，电动机都停止运行。

2. 任务要求

（1）基本要求

按照要求着装、领取工具，方可进入实训场地。按接线图纸要求，进行元件安装及接线。

（2）创建项目要求

① TIA Portal V14 创建项目、系统硬件组态。

②创建输入 / 输出变量表、LAD 语言编程。

③启动 S7-PLCSIM，下载、仿真、调试程序。

④ S7-300 PLC（CPU314C）硬件接线、下载、调试程序。

⑤实际演示，完成任务实训报告、能力测评。

任务分析

在明确控制要求的基础上，再分析系统电气原理图，如图 2-14-1 所示。其中，

AL 和 PS 与任务十二中的功能相同，不再赘述。

图 2-14-1 中左侧的主电路与之前学习过的继电器 - 接触器控制电动机正反转线路的主电路完全相同。分析可知：当控制电路中的 KA1 常开触点闭合，接通 KM1 线圈，使主电路的 KM1 主触点闭合，电动机正向运行；当 KA2 常开触点断开，接通 KM2 线圈断电，使主电路的 KM2 主触点闭合，电动机反向运行。KM1 和 KM2 的常闭触点，分别串联在对方的线圈所在的支路中，为电气“互锁”环节。其中，使电动机保持连续运行的自锁功能，由 PLC 程序实现。

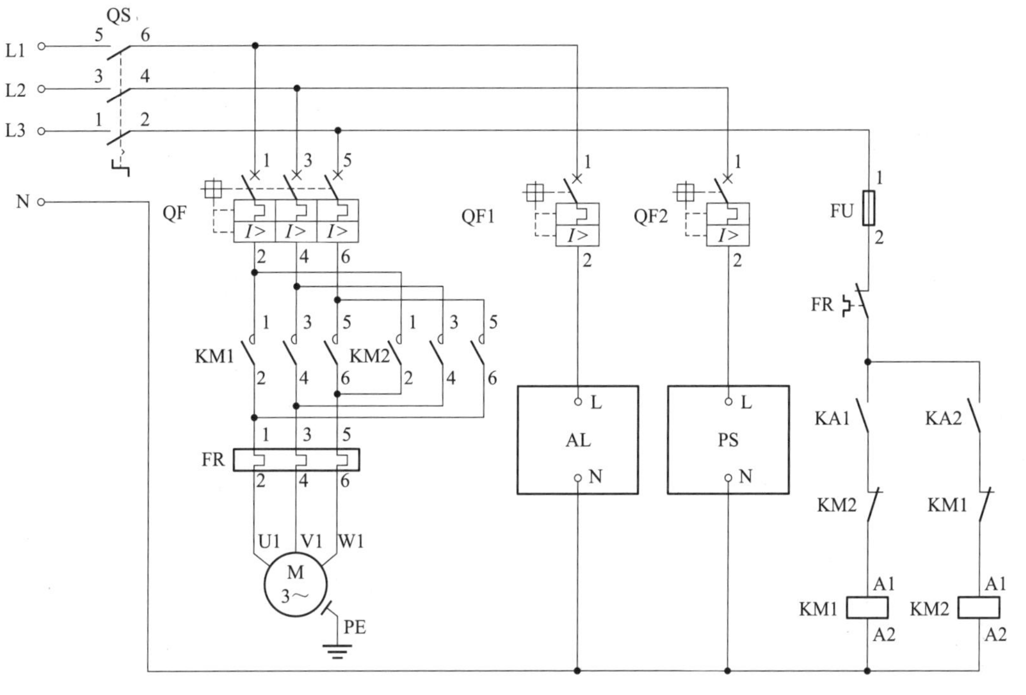

图 2-14-1　系统电气原理图

任务实施

1. 完成硬件系统的接线

硬件系统的接线包括主电路接线、PLC 及控制回路接线。

①主电路接线：与继电器 - 接触器控制线路的主电路完全相同。

②模块及端子：各端子标号含义与任务十三相同，见表 2-13-1 和图 2-13-2。

③ PLC 及控制回路接线如图 2-14-2 所示，表 2-14-1 为 PLC 控制三相异步电动机正反转运行 I/O 分配表。

笔记栏：

笔记栏：

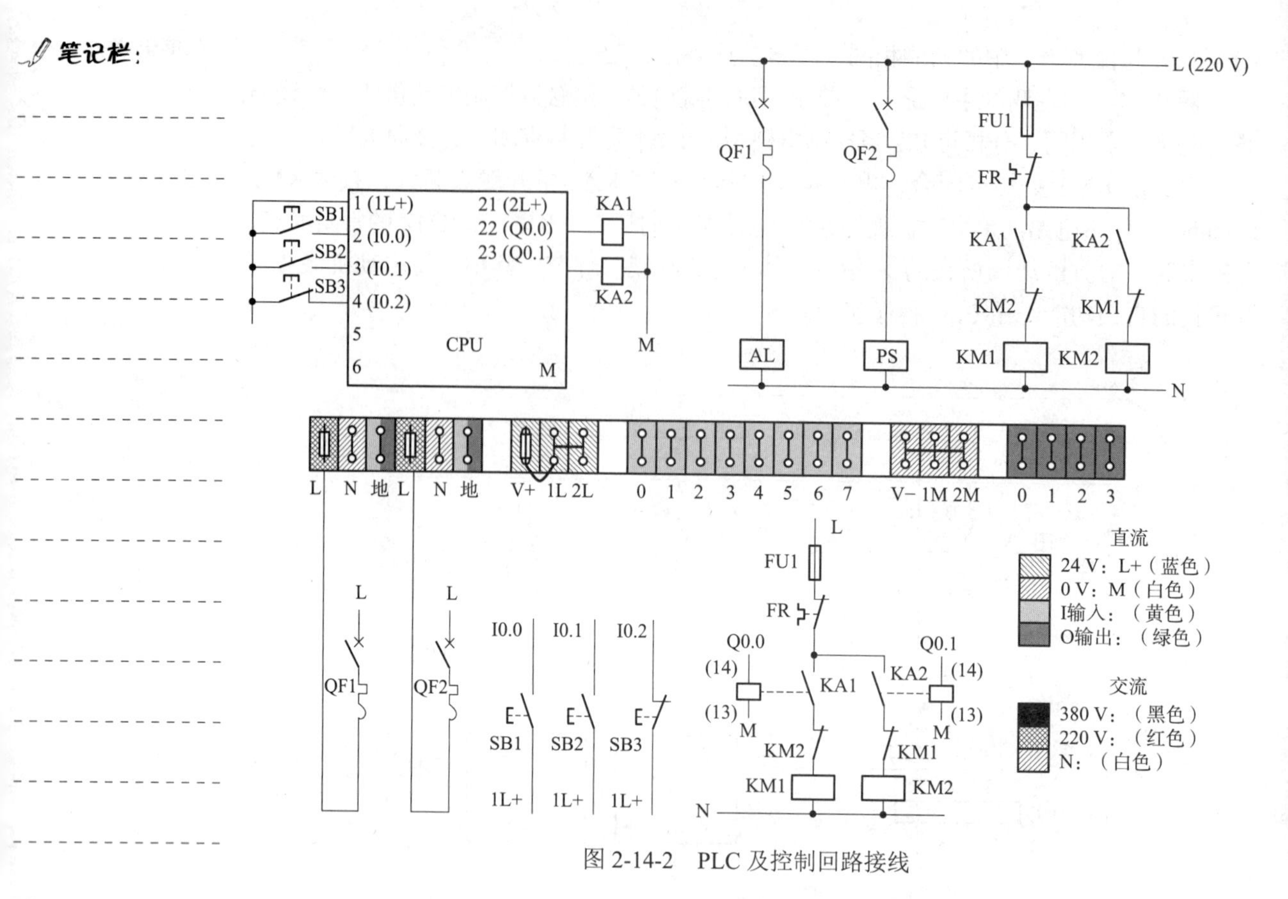

图 2-14-2　PLC 及控制回路接线

表 2-14-1　PLC 控制三相异步电动机的正反转运行 I/O 分配表

输入信号			输出信号		
设备名称	符号	PLC 地址	设备名称	符号	PLC 地址
正转起动按钮（常开触点）	SB1	I0.0	正转继电器线圈	KA1	Q0.0
反转起动按钮（常开触点）	SB2	I0.1	反转继电器线圈	KA2	Q0.1
停止按钮（常闭触点）	SB3	I0.2			

2. 完成软件程序的编写

①在 TIA Portal V14 创建项目、硬件组态，编辑变量表。

②应用位逻辑指令，编写梯形图（LAD）程序。

③程序下载及系统调试。

注意事项

①完成 PLC 接线后，用万用表测量模块的供电端（DC 24 V 和 0 V），观察是否存在短路情况。

②程序下载之前，保证 PLC 与 PC 之间的通信正常。下载程序时，PLC 工作模式选择 STOP，下载完成后，切换到 RUN 模式，运行程序。

③实训完成后，按照要求进行拆线、清理工作区、整理工具。

笔记栏：

思考题

完成下面思考题，并将答案写在实训报告册中。

①如果把 SB3 按钮换成常开触点，PLC 程序应该如何修改？

②在 PLC 程序中，如何实现互锁功能？

完成实训报告及测评

按照要求，完成实训报告册中实训报告十四的内容，由教师对本任务完成情况进行测评。

附录A 常用电器、电机的图形和文字符号

类别	名称	图形符号	文字符号	类别	名称	图形符号	文字符号
开关	单极控制开关	或	SA	位置开关	常开触点		SQ
	手动开关一般符号		SA		常闭触点		SQ
	三极控制开关		QS		复合触点		SQ
	三极隔离开关		QS	按钮	常开按钮		SB
	三极负荷开关		QS		常闭按钮		SB
	组合开关		QS		复合按钮		SB
	低压断路器		QF		急停按钮		SB
	控制器或操作开关	后 前 2 1 0 1 2	SA		钥匙操作式按钮		SB
接触器	线圈操作器件		KM	时间继电器	通电延时线圈		KT
	常开主触点		KM		断电延时线圈		KT
	常开辅助触点		KM		瞬时闭合常开触点		KT
	常闭辅助触点		KM		瞬时断开常闭触点		KT
热继电器	热元件		FR		延时闭合常开触点		KT
	常闭触点		FR		延时断开常闭触点		KT
非电量控制的继电器	速度继电器常开触点		KS		延时闭合常闭触点		KT
	压力继电器常开触点		KP		延时断开常开触点		KT

续表

类别	名称	图形符号	文字符号
电压继电器	过电压线圈	$U>$	KV
	欠电压线圈	$U<$	KV
	常开触点		KV
	常闭触点		KV
熔断器	熔断器		FU
电磁操作器	电磁铁的一般符号	或	YA
	电磁吸盘		YH
变压器	单相变压器		TC
	三相变压器		TM
灯	信号灯（指示灯）		HL
	照明灯		EL
接插器	插头和插座	或	X 插头 XP 插座 XB
电抗器	电抗器		L
电磁操作器	电磁离合器		YC
	电磁制动器		YB
	电磁阀		YV

类别	名称	图形符号	文字符号
中间继电器	线圈		KA
	常开触点		KA
	常闭触点		KA
电流继电器	过电流线圈	$I>$	KA
	欠电流线圈	$I<$	KA
	常开触点		KA
	常闭触点		KA
互感器	电流互感器		TA
	电压互感器		TV
电动机	三相笼形异步电动机	M 3~	M
	三相绕线转子异步电动机	M 3~	M
	他励直流电动机	M	M
	并励直流电动机	M	M
	串励直流电动机	M	M
发电机	发电机	G	G
	直流测速发电机	G	TG

参考文献

[1] 席世达 . 电工技术 [M] . 北京：高等教育出版社，2019.
[2] 邱俊 . 工厂电气控制技术 [M] . 北京：中国水利水电出版社，2009.
[3] 方承远 . 工厂电气控制技术 [M] . 北京：机械工业出版社，2002.
[4] 李敬梅 . 电力拖动控制线路与技能训练 [M] . 北京：中国劳动社会保障出版社，2001.
[5] 张运波 . 工厂电气控制技术 [M] . 北京：高等教育出版社，2001.
[6] 秦曾煌 . 电工学 [M] . 北京：高等教育出版社，2003.
[7] 赵秉衡 . 工厂电气控制设备 [M] . 北京：冶金工业出版社，2001.
[8] 孙骆生 . 电工学基本教材 [M] . 北京：高等教育出版社，2008.
[9] 王兰军，王炳实 . 机床电气控制与 PLC [M] . 北京：机械工业出版社，2017
[10] 杜晋 . 机床电气控制与 PLC：三菱 [M] . 北京：机械工业出版社，2019.
[11] 廖常初 .S7-300/400 PLC 应用教程 [M] .2 版 . 北京：机械工业出版社，2011.
[12] 周忠，彭小平 . 电气控制与 PLC 应用技术：（西门子 PLC）（理实一体化项目教程）[M] . 北京：机械工业出版社，2013.